U0315878

高等学校实验实训规划教材

矿物加工实验方法

于福家　印万忠　刘　杰　赵礼兵　编著

北　京
冶　金　工　业　出　版　社
2010

内 容 简 介

本书主要介绍矿物加工专业实践教学中和选矿生产实践中常用的实验，包括实验目的、原理、方法、步骤、实验数据分析等内容。全书共十一章，包括物料物性分析实验、破碎与磨矿实验、磁电分选实验、重力分选实验、物料的浮游分选实验、化学选矿实验、非金属材料深加工实验、无机非金属材料实验、实验室可选性实验、新型检测方法、实验数据的处理和实验设计。

本书可作为高等院校矿物加工专业本、专科实验教材，也可供相关企业实验室的实验人员和技术人员参考。

图书在版编目(CIP)数据

矿物加工实验方法/于福家等编著. —北京：冶金工业出版社，2010.8

高等学校实验实训规划教材

ISBN 978-7-5024-5331-2

Ⅰ.①矿… Ⅱ.①于… Ⅲ.①选矿—实验—高等学校—教材

Ⅳ.①TD9-33

中国版本图书馆 CIP 数据核字(2010)第 130737 号

出 版 人　曹胜利
地　　址　北京北河沿大街嵩祝院北巷 39 号，邮编 100009
电　　话　(010)64027926　电子信箱　yjcbs@ cnmip. com. cn
责任编辑　李　雪　美术编辑　张媛媛　版式设计　葛新霞
责任校对　卿文春　责任印制　牛晓波
ISBN 978-7-5024-5331-2
北京百善印刷厂印刷；冶金工业出版社发行；各地新华书店经销
2010 年 8 月第 1 版，2010 年 8 月第 1 次印刷
787mm×1092mm　1/16；14.75 印张；387 千字；224 页
33.00 元
冶金工业出版社发行部　电话：(010)64044283　传真：(010)64027893
冶金书店　地址：北京东四西大街 46 号(100711)　电话：(010)65289081
(本书如有印装质量问题，本社发行部负责退换)

前　言

　　理论与实践教学的结合是培养矿物加工工程专业学生创新能力的有效途径。实验教学是对学生进行最佳智能结构培养的重要教学环节之一。其基本任务是对学生进行实验技能的基本训练，加深学生对所学基本理论的认识，提高学生综合运用知识的实践能力，培养学生的创新精神。

　　矿物加工实验技术是矿物加工工程专业实践教学的重要课程，主要是让学生掌握实验研究的基本步骤和方法。本书可作为矿物加工专业本科学生专业实验专用书，也可作为矿物加工专业工程技术人员进行实验研究的参考书。

　　书中不仅包括验证性和单项性实验，而且还包括综合性、设计性、研究性实验。内容涵盖物性检测、金属和非金属选矿、无机非金属材料和非金属深加工。验证性和单项性实验主要介绍矿物加工专业一些常规的、重要的实验，包括实验仪器、设备的规格型号以及其使用方法和步骤。综合性、设计性、研究性实验用于培养学生基础知识的运用能力和动手能力，使学生形成进行专业实验研究的基本思路，学会专业实验研究的基本方法。

　　本书共有十一章，其中第一、二、三、四、九章由东北大学于福家编写，第五、六章由东北大学印万忠编写，第七、八、十章由东北大学刘杰编写，第十一章由河北理工大学赵礼兵编写。东北大学于福家对全书进行了统一整理和修改。

　　由于编者水平有限，书中疏漏之处，敬请读者批评指正。

编　者

2010 年 4 月

目　　录

第一章 物料物性分析实验

实验1-1 块状物料密度测定

一、目的要求

1. 充分理解密度的概念及意义；
2. 掌握大块物料密度的测定原理及方法。

二、测定原理

物料的质量和其体积的比值，即单位体积的某种物料的质量，叫做这种物料密度。用符号 ρ 表示，单位按国际单位制为千克/米^3（kg/m^3），常用单位还有克/厘米^3（g/cm^3）。

矿石的密度是由物料的矿物组成和其结构决定的。当物料的化学组成一定时，由其密度可判断其中的主要矿物组成及矿物加工的方法，有时还可据此判断一些晶相的晶格常数。

大块物料的密度可以采用最简单的称量方法进行测量，即先将大块物料在空气中称量，再浸入液体中称量，然后计算出物料密度。很显然，物料块在液体中所受到的浮力（$v\rho_0$）＝物料块在空气中的重量－物料块在液体中的重量，这样由浮力定律就可以求出物料的体积。根据密度的定义，物料在空气中的质量与该体积之比即为所测物料块的密度。

三、实验仪器、设备及器具

1. 精度 $0.01 \sim 0.02g$ 天平一架；
2. $2000mL$ 烧杯一个；
3. 电鼓风干燥箱一台；
4. 自制盛料金属丝小笼子若干，测量装置如图 1-1-1 所示；
5. 待测块状物料若干块。

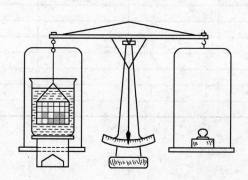

图 1-1-1 天平块状物料密度测定装置

四、测量步骤和数据处理

1. 将物料块清洗干净，并在105℃±2℃进行干燥；
2. 用一尽可能细的金属丝挂钩将金属小笼子挂在天平梁上；
3. 称量小笼子在空气中的重量；
4. 将待测料块放入金属小笼子中；
5. 称量料块和金属小笼子在空气中的重量；
6. 将金属小笼子放入盛满水（介质一般用水，也可用其他介质）的烧杯中（小笼子要全部浸入水中）；
7. 称量金属小笼子在介质中的重量；
8. 将装有料块的金属小笼子放入盛满水的烧杯中；
9. 称量料块和金属小笼子在介质中的重量；
10. 计算测量料块的密度。

计算公式为：

$$\rho = \frac{G_3 - G_1}{(G_3 - G_1) - (G_4 - G_2)} \cdot \Delta \cdot \qquad (1\text{-}1\text{-}1)$$

式中　ρ——块状物料密度；

　　　G_1——金属小笼子在空气中的重量；

　　　G_2——金属小笼子在介质中的重量；

　　　G_3——料块和金属小笼子在空气中的重量；

　　　G_4——料块和金属小笼子在介质中的重量；

　　　Δ——介质密度。

11. 重复上述测量步骤继续测量，得到密度 δ_1、δ_2、δ_3、$\cdots$、δ_n（由于被测料块结构可能不均一，只测量一块误差很大，应尽量多测一些）；

12. 将每次所测结果取平均值，即

$$\delta = \frac{\delta_1 + \delta_2 + \delta_3 + \cdots + \delta_n}{n} \qquad (1\text{-}1\text{-}2)$$

此平均值就是所测大块物料的密度。

块状物料比重测定结果见表1-1-1。

表 1-1-1　块状物料比重测定结果

序　号	G_1/kg	G_2/kg	G_3/kg	G_4/kg	δ/kg·m^{-3}
1					
2					
3					
4					
…					
n					
平均值					

五、思考题

1. 密度的含义是什么？
2. 测定密度的意义是什么？

实验 1-2　粉状物料密度测定

一、目的要求

1. 理解密度的概念及其在生产、科研中的作用；
2. 学会用比重瓶法测定粉体真密度的方法。

二、测定原理

粉状物料的密度是指粉状物料质量与其实体体积之比。所谓实体体积是指不包括存在于颗粒内部封闭空洞的颗粒体积。因此，如果粉状物料充分细，其密度的测定可采用浸液法和气体容积法进行测定。

浸液法是将粉末浸入在易于润湿颗粒表面的浸液中，测定其所排除液体的体积。此法必须真空脱气以完全排除气泡。真空脱气操作有加热法（煮沸）和抽真空法，或两法同时并用。浸液法又有比重瓶法和悬吊法。浸液法对浸液的要求如下：（1）不溶解试样；（2）容易润湿试样的颗粒表面；（3）沸点为 100℃ 以上，有低蒸气压，高真空下脱气时能减少发泡所引起的粉末飞散和浸液损失。对无机粉末状物料来说，符合上述条件的浸液可以采用二甲苯、煤油和水等。浸液法中，比重瓶法具有仪器简单、操作方便、结果可靠等优点。

气体容积法是以气体取代液体测定所排出的体积。此法排除了浸液法对试样溶解的可能性，具有不损坏试样的优点。但测定时受温度的影响，需注意漏气问题。气体容积法分为定容积法与不定容积法。定容积法：对预先给定的一定容积进行压缩或膨胀，测定其压力变化。然后求出密闭容器的体积，从装入试样时与不装试样时体积之差，可求得试样的体积。由于只用流体压力计测定压力，所以很简单，但不易使水银面正确的对齐标线。不定容积法：为了省去对齐标线的麻烦，把水银储存球位置固定在上、下两处。因为压缩或膨胀的体积并不恒定，所以读取流体压力计读数时，同时也就测出粉状物料的密度。

矿物加工实验中通常采用比重瓶法测量矿物粉体的密度。

根据阿基米德原理，将待测粉状物料浸入对其润湿而不溶解的浸液中，抽真空排除气泡，求出粉末试样从已知容量的容器中排出已知密度的液体量，就可计算粉末的密度。计算公式如下：

$$\rho = \frac{G\rho_0}{G_1 + G - G_2} \tag{1-2-1}$$

式中　ρ——试样密度，kg/m^3；

　　G——试样干重，kg；

　　G_1——瓶、水合重，kg；

　　G_2——瓶、水、样合重，kg；

　　ρ_0——介质密度，kg/m^3。

三、实验仪器设备及器具

1. 50 ~ 100mL 比重瓶一个（图 1-2-1）；
2. 电热干燥箱一台；

3. 干燥器一个；

4. 精度 0.001g、称量范围 200g 电子天平一台；

5. 电磁微波炉一台；

6. 250mL 烧杯两个；

7. 漏斗一个；

8. 真空抽气装置一套（真空泵、压力计、真空抽气缸、保护罩等）。

图 1-2-1　比重瓶示意图

四、实验物料

待测粉状物料100g左右。

五、测量步骤

1. 将比重瓶先用热洗液洗去油污，然后用自来水冲洗，最后用蒸馏水洗净。

2. 将粉状物料放入容器，用干燥箱在105℃±2℃进行干燥。

3. 称取经干燥的试样20g左右（不超过比重瓶容积的1/3）。

4. 借助漏斗将试样小心倒入比重瓶内，并将附着在漏斗壁上的试样扫入瓶中，切勿使试样飞扬或抛失。

5. 向比重瓶中注入蒸馏水至其容积的1/2，并摇动比重瓶使试样分散。

6. 将比重瓶和装有实验用蒸馏水的烧杯同时置于真空气缸中进行抽气，其缸内残余压力不得超过2cm水银柱，抽气时间不得少于1h（为了完全除去比重瓶中的气泡，也可在抽真空的同时将比重瓶置于60～70℃的热水中，使水沸腾，然后再冷却到室温下进行称量）。

7. 取出比重瓶，用经过抽气的蒸馏水注入比重瓶至近满，并放置比重瓶于恒温水槽内，待瓶内浸液温度稳定。

8. 将比重瓶的瓶塞塞好，使多余的水自瓶塞毛细管中溢出，擦干瓶外的水分后，称量瓶、水、样合重 G_2。

9. 将比重瓶中样品倒出，洗净比重瓶。

10. 用经过抽气的蒸馏水注入比重瓶至近满，塞好瓶塞，擦干瓶外水分，称量瓶、水合重 G_1。

11. 按式（1-2-1）计算所测物料比重；

12. 重复上述操作进行下一次测量；比重测定需平行测3～5次，求其算数平均值作为最终结果，计算时取两位小数，其两个平行实验结果差值不得大于0.02。如果其中有2个以上的数据超过上述误差范围时，应重新取一组样品进行测定。

将测定结果列入表1-2-1。

表 1-2-1　粉状物料比重测定结果表

序　号	试样重 G/kg	瓶＋水合重 G_1/kg	瓶＋水＋样合重 G_2/kg	介质比重 ρ_0	物料比重 ρ
1					
2					
3					
4					
5					
平　均					

六、思考题

1. 什么是粉状物料的密度？
2. 比重瓶法测定粉状物料密度的原理是什么？

附 1-1：

矿物加工中，测量矿石密度时，浸液一般选用蒸馏水；水在4℃使得密度为1，20℃时的密度为0.998232，在其他温度下的密度可查表1-2-2，但当对精度要求不高时可近似地认为等于1。

表 1-2-2　不同温度下水的密度

温度 t/℃	密度/$kg \cdot m^{-3}$	温度 t/℃	密度/$kg \cdot m^{-3}$
0	0.999868	18	0.998623
1	0.999927	19	0.998433
2	0.999968	20	0.998232
3	0.999992	21	0.998021
4	1.000000	22	0.997799
5	0.999992	23	0.997567
6	0.999968	24	0.997326
7	0.999929	25	0.997074
8	0.999876	26	0.996813
9	0.999809	27	0.996542
10	0.999728	28	0.996262
11	0.999632	29	0.995973
12	0.999525	30	0.995676
13	0.999404	31	0.995369
14	0.999271	32	0.995054
15	0.999126	33	0.994731
16	0.998970	34	0.994399
17	0.998802	35	0.994059

实验 1-3　堆密度

一、目的要求

1. 加深理解堆密度的概念；
2. 学会堆密度的测定方法。

二、测量原理

自然充满单位体积容器的物料质量，称为该物料的堆密度或松散密度，即一定粒级的颗粒料单位体积堆积体的质量。此单位体积堆积体内包括颗粒实体的体积、颗粒内气孔与颗粒间空隙的体积。物料质量除以此体积所得的值即为堆积密度。物料自然堆积时，空隙体积占物料总堆积体积的分数，称为物料的空隙度。堆积密度、空隙度是工程设计和工艺计算的重要基础数据。

可见，测出碎散物料质量和堆积体积，即可计算出该物料的堆密度。

三、实验仪器、设备及器具

1. 长方体规则测定容器一个；

2. 天平一架；

3. 长方形刮板一块；

4. 钢板尺一把。

四、实验物料

待测碎散物料10kg左右。

五、测量步骤

1. 测出测定容器的容积。

2. 称量容器的重量。

3. 将物料慢慢装入容器，并使物料略高于容器上表面。

4. 用刮板将容器上表面刮平，除去多余物料。

5. 称量物料、容器合重。

6. 按下式计算物料的堆密度和空隙度：

$$\rho_D = \frac{G_1 - G_0}{V} \tag{1-3-1}$$

$$e = \frac{\rho - \rho_D}{\rho} \tag{1-3-2}$$

式中　ρ_D——物料的堆密度，kg/m^3；

　　　　e——物料的空隙度，以小数表示；

　　　　G_0——装料前容器的重量，kg；

　　　　G_1——装料后容器与物料的合重，kg；

　　　　V——容器的容积，m^3；

　　　　ρ——物料的密度，kg/m^3。

7. 重复上述实验步骤进行多次测量，然后取其算数平均值作为最终结果（表1-3-1）。

表 1-3-1　堆密度测定结果表

序　号	容器体积 V/m^3	容器重量 G_0/kg	容器 + 物料合重 G_1/kg	物料堆密度 $\rho_D/kg \cdot m^{-3}$	空隙度 e
1					
2					
3					
…					
n					
平　均					

注意：实验用测定容器不应太小，否则会使测定的准确性变差。一般而言，即使物料块较大，容器的边长最少也要比最大块尺寸大5倍以上。

六、思考题

1. 堆密度的意义是什么？
2. 测定堆密度对工业设计、研究有什么用途。

实验1-4　摩擦角测定

一、目的要求

1. 掌握摩擦角的概念；
2. 学会摩擦角的测定方法。

二、测量原理

摩擦角是指物料恰好能从粗糙斜面开始下滑时的斜面倾角，即物料在粗糙斜面处于滑落临界状态时斜面的倾角。

根据摩擦角的定义，可以制作一台摩擦角测定仪。摩擦角测定仪如图1-4-1所示，取一块木制平板（也可用胶板或其他材质的平板），将其一端铰接固定，另一端可借细绳的牵引自由升降。利用摩擦角测定仪按照摩擦角的定义即可测出待测物料的摩擦角。

三、实验仪器、设备及器具

1. 自制摩擦角测定仪一台（如图1-4-1所示）；
2. 量角器、直尺一套。

四、实验物料

待测物料5～10kg。

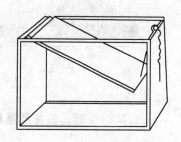

五、测定步骤

图1-4-1　摩擦角测定仪示意图

1. 将摩擦角测定仪的平板置于水平位置。
2. 将适量的待测物料放到平板上。
3. 牵引细绳使平板缓缓下降，注意观察板上物料，当物料开始运动时，立即停止平板的下降，并将平板的位置固定。
4. 测量此时平板的倾角，该倾角即为物料的摩擦角。
5. 重复上述测量步骤进行多次测定，然后取其平均值作为最终测定值（表1-4-1）。

表1-4-1　摩擦角测定实验结果

测量次数	第一次测量	第二次测量	第三次测量	测量平均值
摩擦角/(°)				

六、思考题

1. 粉体物料摩擦角的含义是什么？
2. 测定物料摩擦角在工业生产、设计和研究中有什么用途？

实验 1-5　堆积角测定

一、目的要求

1. 加深堆积角概念的理解；
2. 学会松散物料堆积角的测定方法。

二、基本原理

堆积角是松散物料自然下落堆积成料锥时，堆积层的自由表面在平衡状态下与水平面形成的最大角度，也称为安息角或休止角。堆积角的大小是物料流动性的一个指标，堆积角越小，物料的流动性就越好。松散物料堆积角形态如图 1-5-1 所示。堆积角的测量方法有自然堆积法和朗氏法两种。

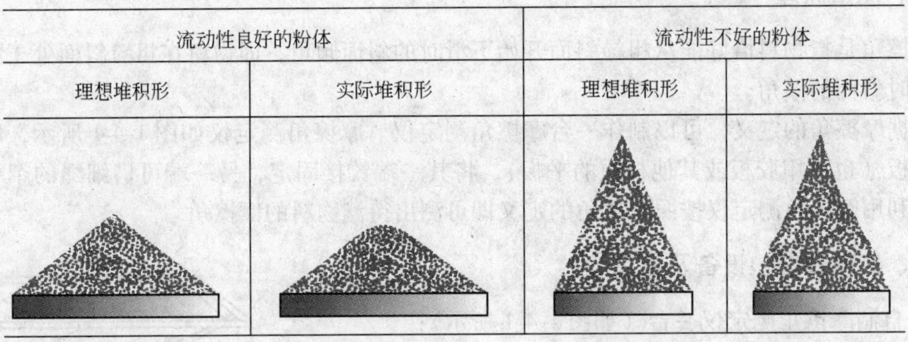

流动性良好的粉体		流动性不好的粉体	
理想堆积形	实际堆积形	理想堆积形	实际堆积形

图 1-5-1　堆积角的理想状态与实际状态示意图

三、实验仪器、设备及器具

1. 料铲一把；
2. 堆积角测定仪一台；
3. 直尺一把；
4. 量角器一个。

四、实验物料

待测碎散物料 5～10kg。

五、测定方法

1. 自然堆积法

自然堆积法很简单，只需有较平的台面或地面，将物料自然堆积，测量物料形成的圆锥表面与水平面的夹角即可。

测定步骤：

（1）选定一块大小合适的较平整的台面或地面。

（2）用料铲将物料铲到台面或地面，进行自然堆锥（要使物料自锥顶慢慢落下）。

（3）用直尺和量角器测出料锥表面与水平面的夹角，即为所测堆积角。

（4）重新堆锥，重复测量 3~5 次，取其平均值。

2. 朗氏法

朗氏法的测定装置如图 1-5-2 所示，试料由漏斗落到一个高架圆台上，在台上形成料锥，测出料锥表面与水平面的夹角即可得到物料的堆积角。

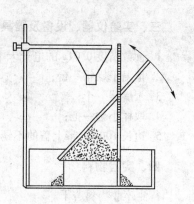

图 1-5-2 堆积角测定仪示意图

测定步骤：

（1）调整堆积角测定仪漏斗的高度，使其与高架圆台有合适的间距。

（2）调整堆积角测定仪的漏斗位置，使其与高架圆台同心。

（3）将试料铲于漏斗，使物料经漏斗缓缓落下，并在圆台上形成圆锥体，直至试料沿料锥的各边都等同地下滑时，停止加料。

（4）转动活动直尺，测出堆积角。

（5）重复测量 3 次取其平均值为终测量值。

六、思考题

1. 堆积角的测量方法有哪些？
2. 堆积角大小的含义是什么？
3. 堆积角对物料的堆放场地、堆放方式的选择设计有什么作用？

实验 1-6 物料水分测定

一、目的要求

1. 了解物料水分的存在形态；
2. 学会物料水分的测定方法。

二、测量原理

物料水分一般分为：

1. 外在水分或表面水分。它覆盖在颗粒表面上，在干燥环境下保存时，这部分水分就会逐渐蒸发掉，直至变为"风干"状态。

2. 分析水分或吸着水分。它含在颗粒的孔隙和裂隙中，其含量与水蒸气的压力和空气的相对湿度有关。

3. 化合水或结晶水。

一般情况下，矿物加工工程中，需要测定的是物料的外在水分和分析水分两项，这两项水分的总和叫做总水分或游离水分。其测定方法就是在适当的温度下，将物料的游离水分烘干，通过称量物料烘干前后的重量，计算出物料的水分。这里的水分测定是指粒度相对比较粗物料的水分测定，如果被测物料为粉末状，则其水分可以利用水分测定仪直接测出。

三、实验仪器、设备及器具

1. 读数精度 0.01g 的电子天平一台；
2. 恒温干燥箱一台；
3. 干燥器一个；
4. 取样小勺一把；
5. 边长 100mm 带上盖的不锈钢料盒一个（也可选择其他材质和规格的器皿）。

四、实验物料

待测碎散物料若干。

五、测量步骤

1. 称取料盒重量；
2. 将待测物料破碎至 -2mm，混匀并取试样 100g；
3. 将样品放入料盒中，并将其摊薄均匀；
4. 将料盒置于烘干箱内，让盖子斜开着，控制烘干箱温度在 105~110℃ 进行烘干；
5. 烘干 8h 后关闭烘箱，将料盒移入干燥器内冷却；
6. 冷却后（约半小时）迅速盖上盒盖，从干燥器中取出料盒称重；
7. 计算物料水分；按下式计算：

$$W = \frac{G - G_1}{G} \times 100\% = \frac{G - G_2 + G_0}{G} \times 100\% \qquad (1\text{-}6\text{-}1)$$

式中　W——物料的水分，%；

　　　G——待测样品（湿样）重量，g；

　　　G_0——料盒重量，g；

　　　G_1——烘干后干样重量，g；

　　　G_2——料盒、干样合重，g。

8. 重复上述测定步骤，测出三个平行样的水分，取其平均值作为最终测定结果（表 1-6-1）。

表 1-6-1　物料水分测定结果

测量次数	第一次测量	第二次测量	第三次测量	测量平均值
水分/%				

注意：

（1）为了准确测定物料外在水分或总水分，必须及时采样，及时测定。大块物料只能就地测定。方法是先测湿重，然后测风干重（风干至恒重），最后测烘干重，依次可计算出外在水分和总水分。

（2）如果试样粒度大，实验量大，可先在采样地点及时测出外在水分，然后将风干试样破碎缩分，取出少量有代表性试样测定吸着水。

六、思考题

1. 物料的水分有哪几种？
2. 物料的水分在矿物加工过程中，会对哪些作业产生影响？

实验1-7　硬度系数（f值）测定

一、目的要求

1. 理解矿石硬度的概念及意义；
2. 学会硬度系数的测定方法。

二、测量原理

材料局部抵抗硬物压入其表面的能力称为硬度。固体对外界物体入侵的局部抵抗能力，是比较各种材料软硬的指标。由于规定了不同的测试方法，所以有不同的硬度标准。各种硬度标准的力学含义不同，相互不能直接换算，但可通过实验加以对比。硬度分为：

（1）划痕硬度。测量方法是选一根一端硬一端软的棒，将被测材料沿棒划过，根据出现划痕的位置确定被测材料的软硬。

（2）压入硬度。测量方法是用一定的载荷将规定的压头压入被测材料，以材料表面局部塑性变形的大小比较被测材料的软硬。由于压头、载荷以及载荷持续时间的不同，压入硬度有多种，主要是布氏硬度、洛氏硬度、维氏硬度和显微硬度等几种。

（3）回跳硬度。测量方法是使一特制的小锤从一定高度自由下落冲击被测材料的试样，并以试样在冲击过程中储存（继而释放）应变能的多少（通过小锤的回跳高度测定）确定材料的硬度。

矿石的软硬程度通常用莫氏硬度和硬度系数表示。莫氏硬度属于划痕硬度，共有十个硬度级别，滑石最软硬度为1，金刚石最硬硬度为10，莫氏硬度可按硬度表的标准由莫氏硬度计测得。莫氏硬度表中所刊载的数字，并没有比例上的关系，数字的大小仅表明矿物硬度的排行。硬度系数（f值）也叫普氏硬度系数或坚固性系数，普氏硬度属于压入硬度。矿石的硬度系数可由其制成的标准试件在压力机上测得的破坏载荷计算出来，计算公式如下：

$$R = \frac{P}{S} \qquad\qquad (1\text{-}7\text{-}1)$$

式中　R——矿石试件的抗压强度，N/mm^2、MPa；

　　　P——矿石试件的破坏载荷，N；

　　　S——试件承载面的面积，mm^2。

$$f = \frac{R}{100} \qquad\qquad (1\text{-}7\text{-}2)$$

式中　f——硬度系数，N/mm^2、MPa。

通常根据矿石的硬度系数可将矿石分为四个硬度级别：（1）极坚硬矿石 $f = 15 \sim 20$（如坚固的花岗岩、石灰岩、石英岩等）；（2）坚硬矿石 $f = 8 \sim 10$（如不坚固的花岗岩、坚固的砂岩等）；（3）中等坚硬岩石 $f = 4 \sim 6$（如普通砂岩、铁矿等）；（4）不坚硬矿石 $f = 0.8 \sim 3$（如黄土，仅为 0.3）。

硬度系数是用来描述矿石物理、力学性质的物理量，f值的大小表示矿石破碎的难易程度，是设计选择矿石破碎和磨矿设备的重要参数。

三、实验仪器、设备及器具

1. YE—1000 压力实验机一台（如图 1-7-1 所示）；
2. 制样设备一套；
3. 游标卡尺一把；
4. 百分表检验台一个。

图 1-7-1　数字式与指针式压力实验机外形图
a—数字式压力实验机；b—指针式压力实验机

四、实验物料

有代表性大于 150mm 的待测块状矿石若干块。

五、测量步骤

1. 仔细阅读压力实验机使用说明书，掌握设备的使用方法。

2. 用制样设备将待测矿石制成直径为 50mm、高度为 100mm 圆柱体的试件（也可制成边长为 50mm 的立方体试件）。

3. 将试件用抛光机抛光，使试件达到下列要求：（1）沿试件高度，直径的误差不超过 0.3mm，试件两端面不平行度误差，最大不超过 0.05mm；（2）端面应垂直于轴线，最大偏差不超过 0.25°。

4. 用卡尺分别测出试件两端面和中点断面的直径，取其平均值作试件直径；在试件两端面等距取三点测出试件的高，取其平均值作为试件的高，测量试件高度的同时注意检验两端面的平整度；将测量结果填入表 1-7-1。

5. 将试件置于实验机承压板中心，调整球形座使试件均匀受载。

6. 以 0.5~1.0MPa/s 的加载速度加载，直至试件被破坏为止，记下破坏荷载（P）。

7. 按式（1-7-1）和式（1-7-2），计算试件的抗压强度 R 和硬度系数 f 值，计算结果填入表 1-7-1。

8. 重复上述实验步骤直至完成所有试件测定。

表 1-7-1　硬度系数测定实验结果

试件编号	直径/mm	高度/mm	试件面积/mm	载荷/kN	抗压强度/MPa	硬度系数/MPa	平均值
1-1							
1-2							
1-3							
2-1							
2-2							
2-3							
…							

注意：

为了获得较准确的 f 值，测定过程中需要注意如下问题：（1）选取的检测矿石和岩石标本应具有充分的代表性；（2）由于矿石不同表面上抗压强度有差异，同样的标本一般应选三块，分别测定各个面的 f 值，然后取其平均值；（3）每组标本样应取 3~5 个，并取其平均的 f 值。

六、思考题

1. 矿石的硬度大小对矿物加工的哪些作业有影响？
2. 矿石的莫氏硬度值与硬度系数 f 值有何区别？

实验 1-8　粉体白度测定

一、目的要求

1. 掌握粉体白度的概念及含义；
2. 学会粉体白度的测定方法。

二、测量原理

白度是表征物体色白的程度，用符号 W 或 W_{10} 表示。白度值越大，表示白的程度越高。GB/T 17749—2008 规定光谱反射比均为 1 的理想完全反射漫射体的白度是 100。粉体的白度可由专门测量白度的白度仪测得。

白度测定仪用于测量物体表面的蓝光白度，它利用测光积分球实现绝对光谱漫反射率的测量。其光电原理为：由白度仪的卤钨灯发出光线，经聚光镜和滤色片形成蓝紫色光线，进入积分球的光线在积分球内壁漫反射后，照射在测试口的试样上，试样反射的光线由硅光电池接收，并转换成电信号。另有一路硅光电池接收球体内的基底信号，两路电信号分别放大，经混合处理后得到测定结果。

白度仪的种类很多，适用的场合各不相同。测量粉体的白度时，要注意白度仪的选择，要求所使用的白度仪：一要适合粉体白度的测量，二要测量精度和测量程序符合国家的相关标准。图 1-8-1 是适用于粉体测量的白度仪。

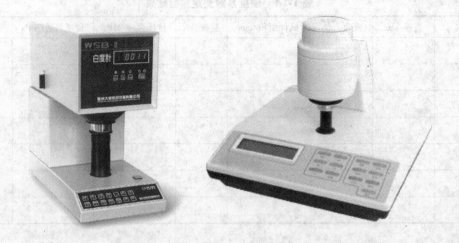

图 1-8-1　两种粉体白度测定仪外形图

三、实验仪器、设备及器具

1. 白度仪一台；
2. 制样器（粉末成型器）一个。

四、实验物料

白色粉末状物料 100g 左右。

五、实验步骤

1. 操作准备

（1）检查仪器电源连接及电压是否正常。

（2）用酒精棉将仪器的试样座与测量口擦拭干净，以免沾污白板及测试样品。

2. 操作顺序

（1）预热。接通电源，开启仪器的电源开关，使白度仪预热 15～30min。

（2）安置滤光插件。将 1 号滤光器插件插到 1 号光道孔，2 号滤光器插件插到 2 号光道孔，面板上显示"R457"。

（3）校零。用左手按下"滑筒"，用右手将"黑筒"放在试样座上，将滑筒升至测量口，按键盘上的"校零"键，显示屏即显示 0 0.0，再按"回车"键，显示 0 0.0 校零完毕。

（4）将工作标准白板的标称值输入仪器。

（5）校准。按下仪器的"滑筒"，取出"黑筒"，换上工作标准白板，把工作标准白板升至测量口，按"校准"键，显示 Jxx. x，再按"回车"键，显示屏显示 Jxx. x 值，校准完毕。

（6）将待测粉末放入样品盒，并用粉末成型器将其制成要求的测试样。

（7）测试样品。按下"滑筒"，取出工作标准白板，将样品放在试样座上，把滑筒升至测量口，按工作键，显示屏上即显示出该试样的白度值。

（8）每一样品重复测量三次，然后取其平均值作为最终结果（表 1-8-1）。

（9）关机。样品测试完毕，切断仪器电源，将仪器套上防尘罩。

3. 注意事项

（1）白度仪应放置在干燥、无振动、无强电磁场干扰、无强电流干扰、无灰尘的室内环境中。

（2）白度仪存放处不得有酸、碱等腐蚀气体积存。

（3）仪器接地应良好，电源电压必须符合工作条件。

（4）仪器四周应留有足够的散热空间。

（5）不可使黑筒及工作白板受到污染，以免影响检验结果准确度。

（6）检验操作时，要小心缓慢升降滑筒，避免样品进入测量口内，影响检验结果的准确。

（7）仪器长时间停用后，应相应延长预热时间，以提高稳定性。

表 1-8-1　物料白度测定结果

测量次数	第一次测量	第二次测量	第三次测量	测量平均值
白度/%				

六、思考题

1. 白度的单位是什么，为什么？

2. 测定粉末的白度时粉末的粒度对测量结果有何影响？

实验 1-9　料浆黏度测定

一、目的要求

1. 了解料浆黏度对选矿过程的影响；

2. 学会料浆黏度的测定方法。

二、测定原理

将流动着的液体看作许多相互平行移动的液层，各层速度不同，形成速度梯度，这是流动的基本特征（见图 1-9-1）。

由于速度梯度的存在，流动较慢的液层阻滞较快液层的流动，因此液体产生运动阻力，为使液层维持一定的速度梯度运动，必须对液层施加一个与阻力相反的反向力，即切应力。对于牛顿流体，根据牛顿定律有：

$$\tau = \eta D \qquad\qquad (1\text{-}9\text{-}1)$$

式中　τ——切应力；

　　　η——黏滞系数，即黏度；

　　　D——切变速率。

黏度的意义是将两块面积为 $1m^2$ 的板浸入液体中，两板距离为 $1m$，若加 $1N$ 的切应力，使两板之间的相对速率为 $1m/s$ 时，则此液体的黏度为 $1Pa \cdot s$。

黏性是料浆主要物理性质之一。在矿物加工过

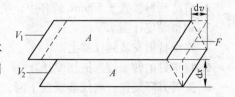

图 1-9-1　流体流动特征示意图

程中，料浆黏度大小直接影响磨矿效率、分级效率、分选效率和浓缩过滤效率。料浆的黏度可用黏度计测出，常用的黏度计有毛细管黏度计、旋转黏度计、恩格列黏度计、振动黏度计等多种型式。具体料浆的黏度需要根据料浆的特性和测量要求选择合适的黏度计进行测定，矿浆的黏度常采用旋转黏度计测量。

国产的 NDJ 型数显黏度计结构示意图见图 1-9-2，其原理图见图 1-9-3。如图 1-9-3 所示，同步电机以稳定的速度旋转带动电机传感器片，再通过游丝带动与之连接的游丝传感器片、转轴及转子旋转。如果转子未受到液体阻力，上下两传感器片同速旋转，保持在仪器"零"的位置上。反之，如果转子受到液体的黏滞阻力，则游丝产生扭矩与黏滞阻力抗衡，最后达到平衡。光电转换装置上下传感器片相对平衡位置转换成计算机能识别的信息，经过计算机处理，最后输出显示被测液体的黏度值。

图 1-9-2　NDJ 型黏度计结构图

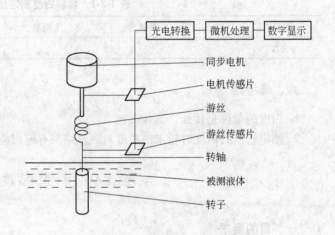

图 1-9-3　NDJ 型黏度计原理图

三、仪器和器具

1. NDJ 型数显黏度计一台；
2. 500mL 烧杯一个；
3. 温度计一只。

四、实验物料

待测料浆 500mL 左右。

五、测量步骤

1. 测定前应认真阅读黏度计的使用说明书。
2. 将待测料浆置于 500mL 烧杯中，测量并准确控制被测料浆的温度。
3. 调整黏度计至水平。
4. 将保持架安装到仪器上。
5. 将选好的转子旋入链接螺杆。
6. 旋转升降旋钮，将仪器缓慢下降，使转子逐渐浸入被测料浆中，直至料浆的表面与转子的液面线相平为止。

7. 选定转子及转子转速。

8. 接通电源，打开电机开关。

9. 将已选定的有关参数输入计算机。

10. 按下测量按钮进行测量，显示器显示测定数据。

11. 测量过程中，如果显示器显示所测数据超出量程范围，则需要变换转子或转速重新测量。

注意：

（1）测量时，要先估计所测料浆的黏度范围，然后根据说明书给定的参数，选择出适当的转子和转速；如测定约3000mPa·s左右的料浆的黏度时，可根据测量上限表，选用配合：2号转子6r/min或3号转子30r/min。

（2）当估计不出被测料浆的黏度时，应假定较高的黏度；可试用由小到大的转子和由低到高的转速；原则是高黏度料浆选用小转子、低转速，低黏度的料浆选择大转子和高转速，见表1-9-1。

表 1-9-1　各转子不同转速时测量黏度的上限值　　　　　　　　（mPa·s）

转子	转子转速/r·min⁻¹							
	60	30	12	6	3	1.5	0.6	0.3
1	100	200	500	1000	2000	4000	10000	20000
2	500	1000	2500	5000	10000	20000	50000	100000
3	2000	4000	10000	20000	40000	80000	200000	400000
4	10000	20000	50000	100000	200000	400000	1000000	2000000

六、思考题

1. 料浆黏度对矿物加工过程有何影响？

2. 常用黏度计主要有哪几种？

第二章　破碎与磨矿实验

实验 2-1　物料粒度的筛分分析

一、目的要求

1. 通过实验掌握用标准筛分析物料的粒度组成特性的方法；
2. 学会物料粒度的筛分分析实验数据的处理及粒度特性曲线的绘制方法。

二、基本原理

物料的粒度就是物料颗粒或粒子的大小，它表明物料的碎散程度，单位一般用 mm 或 μm 表示。用某种分级方法将粒度范围较宽的碎散物料粒群分成粒度范围较窄的若干个级别，这些级别称为粒级。记录碎散物料粒群中各个粒级的质量分数或累计质量分数的文字资料就称为物料的粒度组成，它表明物料的粒度构成情况，是对碎散物料粒度分布特征的一种数字描述。选矿过程中，各个作业的给料和产物的粒度组成情况是评价这些作业工作情况的一项重要指标。

选矿生产和选矿研究中，常用的粒度分析方法有筛分分析法、水力沉降分析、显微镜分析法和粒度仪分析法 4 种，其中又以筛分分析法应用最广。

筛分分析法通常简称为筛析法，它是利用一套筛孔尺寸大小不同的筛子对物料进行粒度分析的方法。采用 n 层筛子可以把物料分成 $n+1$ 个粒级，每个粒级的粒度上限是该粒级中所有颗粒都能通过的（也就是上面一层筛子）方形筛孔的边长（b_1），而它的粒度下限则是其中的所有颗粒都不能通过的（也就是下面一层筛子）方形筛孔的边长（b_2）。于是，两层筛子之间的这一粒级的粒度就可以表示为 $-b_1 + b_2$ 或 $b_1 \sim b_2$。筛分分析适用的物料粒度范围很宽，当物料粒度较粗（如大于 0.1mm）时多采用干筛，当物料粒度较细（如小于 0.1mm）时常采用湿筛，当物料中含有较多细颗粒（如 -0.076mm 含量大于 20%）时则可以采用干、湿联合筛析。

三、实验仪器、设备及器具

1. 摇筛机一台；
2. ϕ200mm 标准套筛一套；
3. 精度 0.01 天平一台；
4. 取样用具一套；
5. 干燥箱一台；
6. 秒表一块；
7. ϕ30mm 大盆 6 个，ϕ20mm 小盆 10 个。

四、实验物料

松散颗粒状物料 1000g 左右，粒度范围为 2～0mm。

五、实验步骤

1. 干式筛析实验步骤

（1）称取试样，重量（按 $Q = kd^2$）如大于200g时，筛分实验分两次进行。

（2）将标准筛筛面清除干净，按筛孔尺寸的大小从上至下逐渐减小的顺序装好，并记下筛序，装上筛底。

（3）将待分析物料倒入最上层筛面上，盖上筛盖，放到摇（振）筛机上固定好。

（4）启动摇筛机，记录筛分时间。

（5）筛分 10～15min 后停止筛分，并将套筛从摇筛机上取下。

（6）进行筛分质量检查：取下最下层筛子，放在干净的筛底上并盖上筛盖，用手摇动筛子进行手筛，若在一分钟内，筛下量小于1%筛上量时，即可认为筛分进行到终点，否则应继续筛分。

（7）确认筛分结束后，从上到下将各层筛子依次取下，将各粒级产品称重后装入试料袋内。

（8）将筛析结果记入表 2-1-1。

表 2-1-1　筛析实验结果

粒　级		重量/g	产率/%		备　注
网　目	mm		级　别	累　计	
$+ d_1$	$+ d_1$				
$- d_1 + d_2$	$- d_1 + d_2$				
$- d_2 + d_3$	$- d_2 + d_3$				
$- d_3 + d_4$	$- d_3 + d_4$				
...	...				
$- d_n$	$- d_n$				

2. 湿式筛析实验步骤

（1）取大盆两个，并分别盛上半盆水。

（2）选取合适筛孔的筛子（如 -0.074mm 筛子），放入盛水的大盆中。

（3）将待筛物料慢慢倒入筛子上（注意一次加入筛面的物料量不要超过100g）。

（4）先在一个盆里摇动筛子进行筛洗（注意湿筛过程中，不要将筛子拿出水面筛）。

（5）在适当时候，将筛子移到另一清水盆内继续筛洗，直到盆内水清为止。

（6）湿筛终点检查：将筛子移到放有清水的盆中，湿筛一分钟，筛下量小于1%筛上量时，即可认为筛分进行到终点，否则应继续筛分。

（7）将筛上产品倒至一个小盆内，并将其烘干。

（8）将各粒级产品称重，结果记入表 2-1-1（注意上下产品重量 = 物料总重量 - 筛上产品重量）。

3. 干、湿式联合筛析实验步骤

（1）根据物料粒度粗细和实验需要，选取筛析用标准套筛一套。

（2）取所选取的标准套筛中筛孔最小的标准筛，按步骤（2）中的湿筛方法将待筛物料进行湿式筛析。

（3）将湿筛筛上产品烘干，并冷却。

（4）将烘干的湿筛筛上产品按步骤（1）的干筛方法进行干筛（注意：一般干筛套筛最底层筛的筛孔尺寸应与湿筛筛孔尺寸相同）。

（5）将干、湿筛的各粒级产品称重，结果记入表 2-1-1。

六、实验结果处理

1. 将筛分结果按表 2-1-1 进行记录和计算。

2. 根据表 2-1-1 的数据，在直角坐标系、半对数坐标系和对数坐标系中绘出 $\Sigma r_i = f(d_i)$ 粒度特性曲线，并分析之。

七、思考题

1. 粒度、粒级、粒度分布的含义各是什么？

2. 干式、湿式和干、湿式联合筛析方法各适合什么样的物料？

附 2-1：常见的标准筛筛制表

表 2-1-2　常见的标准筛筛制一览表

美国泰勒标准筛		英国标准筛（B.S）		德国标准筛		国际标准筛	中国上海标准筛	
网目 /孔·吋$^{-1}$	筛孔/mm	网目 /孔·吋$^{-1}$	筛孔/mm	网目 /孔·吋$^{-1}$	筛孔/mm	筛孔/mm	网目 /孔·吋$^{-1}$	筛孔/mm
2.5	7.925	—	—	—	—	8.0	—	—
3	6.680	—	—	—	—	6.3	—	—
3.5	5.691	—	—	—	—	—	—	—
4	4.699	—	—	—	—	5.0	4	5.0
5	3.962	5	3.34	—	—	4.0	5	4.0
6	3.327	6	2.81	—	—	3.35	6	3.52
7	2.794	7	2.41	—	—	2.8	—	—
8	2.262	8	2.05	—	—	2.36	8	2.616
9	1.981	—	—	—	—	2.0	—	—
10	1.651	10	1.67	4	1.5	1.6	10	1.98
12	1.397	12	1.40	5	1.2	1.4	12	1.66
14	1.168	14	1.20	6	1.02	1.18	14	1.43
15	0.991	16	1.00	—	—	1.0	16	1.27
20	0.833	18	0.85	—	—	0.8	20	0.995
24	0.701	22	0.70	8	0.75	0.71	24	0.823
28	0.589	25	0.60	10	0.60	0.6	28	0.674
32	0.495	30	0.50	11	0.54	0.5	32	0.56
35	0.417	36	0.42	12	0.49	0.4	34	0.533

美国泰勒标准筛		英国标准筛（B. S）		德国标准筛		国际标准筛	中国上海标准筛	
网目/孔·时$^{-1}$	筛孔/mm	网目/孔·时$^{-1}$	筛孔/mm	网目/孔·时$^{-1}$	筛孔/mm	筛孔/mm	网目/孔·时$^{-1}$	筛孔/mm
42	0.351	44	0.35	14	0.43	0.355	42	0.452
48	0.295	52	0.30	16	0.385	0.3	48	0.376
50	0.246	60	0.252	20	0.30	0.25	60	0.295
65	0.208	72	0.211	24	0.25	0.2	70	0.251
80	0.175	85	0.177	30	0.20	0.18	80	0.20
100	0.147	100	0.152	40	0.15	0.15	110	0.139
115	0.124	120	0.123	50	0.12	0.125	120	0.13
150	0.104	150	0.105	60	0	0.1	160	0.097
170	0.088	170	0.088	70	10	0.09	180	0.09
200	0.074	200	0.076	80	0.088	0.075	200	0.077
230	0.062	240	0.065	100	0.06	0.063	230	0.065
270	0.053	—	—	—	—	0.05	280	0.056
325	0.043	300	0.053	—	—	0.04	320	0.050
400	0.038	—	—	—	—			
500	0.030	—	—	—	—			

实验 2-2　筛分效率测定实验

一、目的要求

1. 掌握筛分效率的测定方法；
2. 了解筛分效率的影响因素。

二、基本原理

筛分是将颗粒大小不等的碎散物料，利用单层或多层筛子严格地按着筛孔尺寸将其分离成若干个粒度级别的过程。物料的筛分是由筛分机械完成的，在选矿生产实际中，根据筛分的目的筛分作业可分为：预先筛分、检查筛分、准备筛分、独立筛分和选择筛分。

实践表明，入筛物料中小于筛孔尺寸 3/4 的那部分颗粒，非常容易透过筛面，这部分颗粒称为易筛颗粒。入筛物料中粒度小于筛孔尺寸但又大于筛孔尺寸 3/4 的那部分颗粒，它们透过筛面的几率很小，这部分颗粒称为难筛颗粒。入筛物料中粒度在筛孔尺寸的 1~1.5 倍的那部分颗粒，极易堵塞筛孔，干扰筛分过程的正常进行，这部分颗粒称为阻碍颗粒。

筛分作业的目的就是将入筛物料中小于筛孔尺寸的那部分物料分离出来。理想的情况是，入筛物料中粒度小于筛孔尺寸的所有颗粒全部都进入筛下产物中，而粒度大于筛孔的所有颗粒全部都留在筛面上形成筛上物。然而实际生产中，由于受到筛分机械的性能、操作的条件以及物料的特性等多种因素的影响，使得筛上产物中总是或多或少地残留一些比筛孔尺寸小的细颗粒，而筛下产物中有时也会混入一些粒度比筛孔尺寸大的粗颗粒。为了评价筛分作业的质量，在筛分作业中引入了筛分效率这一评价指标。

所谓筛分效率，就是通过筛分实际得到的筛下物中某一粒级的质量占入筛物料中所含该粒级物料质量的百分数。以全部小于筛孔尺寸粒级计算的筛分效率称为总筛分效率，以某一粒级计算的筛分效率称为部分筛分效率。影响筛分作业筛分效率的主要因素有：（1）筛分机械的运动特性；（2）筛孔尺寸大小和形状；（3）筛子的有效面积；（4）入筛物料的粒度组成；（5）筛子的安装角度；（6）物料的含水量和含泥量；（7）物料给入筛面的均匀程度。

筛分效率的计算公式为：

$$E = \frac{\beta(\alpha - \theta)}{\alpha(\beta - \theta)} \times 100\% \tag{2-2-1}$$

式中　E——筛分效率,%；

　　　α——给料中指定粒级含量,%；

　　　β——筛下产物中指定粒级含量,%；

　　　θ——筛上产物中指定粒级含量,%。

可见，在工业生产中，可以通过取样测定入筛物料及筛上、筛下物料的粒度组成，来计算出筛分作业的筛分效率。

三、实验仪器、设备及器具

1. 实验室小型振动筛一台，筛孔尺寸为 1mm；
2. 磅秤一台、天平一架；
3. 含有筛孔尺寸为 1mm 的标准筛一套；
4. 铁锹、油刷、取样铲各一把。

四、实验物料

松散颗粒状物料 10kg 左右，粒度范围为 2~0mm。

五、实验方法及步骤

1. 检查设备是否完好，特别要检验筛孔尺寸（筛网筛孔为 1mm）。
2. 将 10kg 实验矿样缩分取样，测出给料 -1mm 粒级含量。
3. 先将筛面倾角调小些，并测出其倾角值。
4. 启动振动筛，待其运行平稳将物料匀速给到筛面上。
5. 筛分过程中分别接好筛上物和筛下物，筛分完毕停车。
6. 对筛上物和筛下物分别进行取样，测出各自 -1mm 粒级含量。
7. 记录实验结果。
8. 将筛面倾角调大两次，重复上述实验步骤。

六、实验结果处理

1. 将实验结果填入表 2-2-1 中；
2. 根据表 2-2-1 中的实验结果，利用式（2-2-1）的筛分效率计算公式计算出不同倾角下的筛分效率。
3. 讨论实验结果并进行分析。

表 2-2-1　筛分效率实验结果记录

筛面倾角/（°）	入筛物料 – 1mm 含量/%	筛下物 – 1mm 含量/%	筛上物 – 1mm 含量/%	筛分效率/%
5				
15				
25				

七、思考题

1. 总筛分效率和部分筛分效率有何区别，如何计算？
2. 影响筛分效率的主要因素有哪些？
3. 工业生产中如何测定筛分作业的筛分效率？

实验 2-3　磨矿影响因素实验

一、目的要求

1. 学会使用实验室小型球磨机，掌握磨矿实验的操作方法；
2. 学会磨矿实验数据的处理方法。

二、基本原理

物料的粉磨是在磨机中进行的，磨机筒体转动时将筒体内研磨介质带到一定高度后落下，研磨介质在运动过程中通过对物料的冲击和磨剥作用，实现了物料的粉碎。将物料磨矿至合适的细度，是物料分选的前提条件。

影响磨矿过程的因素有很多，属于物料性质方面的有：矿石的可磨度、给料粒度、产品粒度，属于磨机机构方面的有：磨机规格、磨机型式、衬板型式，属于磨机操作方面的有：介质形状、介质尺寸、介质配比、介质材质、介质充填率、磨机转速、返砂比、分级效率、磨矿浓度和料浆黏度等。因此，选择合适结构的磨机，优化磨矿工艺参数，对提高磨矿效率具有重要的作用。

磨矿影响因素实验通过磨矿浓度和磨机转速两个影响因素对磨矿效果的影响实验，加深操作者对磨矿作业和磨矿作业各影响因素的认识和理解。

三、实验仪器、设备及器具

1. 有效容积为 4 ~ 6L 可调转速球磨机一台；
2. 秒表一块；
3. 天平一架；
4. – 0.074mm 标准筛 2 个；
5. 取样用具一套；
6. 250mL 量筒、洗瓶各 1 个；
7. 大、小铝盆各 6 个。

四、实验物料

经闭路破碎的矿样 5kg 左右，粒度范围 2 ~ 0mm。

五、实验步骤

1. 称取试样 10 份，每份 500g，其中 2 份作为备样。

2. 检查球磨机是否完好，测量球磨介质充填率及装球尺寸比例和重量，并记录之。

3. 将磨机的转速率固定为 80%，选定磨矿时间（如 8min 等）。

4. 取试样 4 份，分别按磨矿浓度 60%、70%、80% 和 90% 进行磨矿。

5. 用 −0.074mm 标准筛对各磨矿产品进行湿筛。

6. 将筛上烘干、称重。

7. 计算各磨矿产品 −0.074mm 产率，并将结果填入表 2-3-1。

8. 再固定磨矿浓度 70%，选定磨矿时间（如 8min）。

9. 另取试样 4 份，分别以 60%、70%、80%、90% 的转速率进行磨矿。

10. 用 −0.074mm 标准筛对各磨矿产品进行湿筛。

11. 将筛上烘干、称重。

12. 计算各磨矿产品 −0.074mm 产率，并将结果填入表 2-3-2。

六、实验结果处理

1. 记录磨机的规格、型式、转速率、球介质尺寸、介质充填率，试样重量、试样粒度，磨矿浓度和加水量等。

2. 磨矿浓度影响实验结果填入表 2-3-1 中，计算各磨矿浓度条件下磨矿产品中 −200 目级别的含量，利用表 2-3-1 的实验数据在直角坐标系中，以磨矿浓度为横坐标，−200 目产品产率为纵坐标，绘出磨矿细度与磨矿浓度关系的曲线，即 $r_{-200} = f(c)$。

表 2-3-1　磨矿细度与磨矿浓度实验结果

磨矿浓度	60%		70%		80%		90%	
	重量/g	产率/%	重量/g	产率/%	重量/g	产率/%	重量/g	产率/%
+200 目								
−200 目								
合　计								

3. 磨机转速率影响实验结果填入表 2-3-2 中，计算各转速率条件下磨矿产品中 −200 目级别的含量，利用表 2-3-2 的实验数据在直角坐标系中，以磨机转速率为横坐标，−200 目产品产率为纵坐标，绘出磨矿细度与磨矿浓度关系的曲线，即 $r_{-200} = f(\varphi)$。

表 2-3-2　磨矿细度与磨机转速率实验结果

磨机转速率	70%		80%		90%		100%	
	重量/g	产率/%	重量/g	产率/%	重量/g	产率/%	重量/g	产率/%
+200 目								
−200 目								
合　计								

4. 分析实验结果，编写实验报告。

七、思考题

1. 磨矿作业的影响因素有几类？都是什么？
2. 磨矿作业的操作影响因素有哪些？它们对磨矿效果有何影响？

附 2-2：磨矿操作方法

1. 磨矿前，先将球磨机充上水（淹没钢球），盖上磨机端盖研磨 5min，以清除磨机筒壁及钢球表面的锈垢。
2. 停机后，用洗瓶将磨机筒壁及钢球清洗干净。
3. 按磨矿浓度计算加水量。
4. 用量筒量取所需的加水量，并先向磨机中加入约 1/3 左右。
5. 将试样加入磨机中，并将剩余的 2/3 水加入磨机，加入时应注意将试样润湿。
6. 盖好磨机端盖，启动球磨机，并进行计时。
7. 磨矿结束后，关闭磨机开关，打开磨机端盖，将磨矿料浆倒入接料盆中。
8. 用洗瓶将粘在磨机端盖、内壁及钢球上的矿浆冲到接料盆中。
9. 磨矿结束后将磨机加满水（最好加一点生石灰，以防磨机氧化），并盖好端盖，将磨机摆正放好。

实验 2-4　磨矿动力学实验

一、目的要求

1. 学会使用实验室小型球磨机，掌握磨矿实验的操作方法；
2. 学会求解磨矿动力学方程的参数。

二、基本原理

物料批次磨矿实验时存在一种现象：磨矿初期，磨矿产品中粗粒级别含量减少速度很快，随着磨矿时间的延长，粗粒级别含量的减少速度逐渐变慢。这是由于物料磨细后，颗粒上面存在的裂隙和缺陷会减少，颗粒越细这种裂隙和缺陷就越少，因此越细越难磨。标志磨矿粗级别消失速度的磨矿时间与粗级别残留物含量的关系是有规律的。

设 R_0 为被磨物料中粗级别含量，设 R 为经过磨矿时间 t 后磨矿产品中粗级别含量，则有磨矿动力学方程：

$$R = R_0 e^{-kt^m} \quad \text{或} \quad \frac{R_0}{R} = e^{kt^m} \tag{2-4-1}$$

式中　R——经过时间 t 后，物料中指定粗级别含量，%；

R_0——$t = 0$ 时，物料中指定粗级别含量，%；

t——磨矿时间，min；

k——与磨矿条件有关的参数；

m——与物料性质有关的参数；

e——自然对数底。

从式（2-4-1）可以看出，对于某种物料，它的粗级别残留量除与磨矿时间有关外，还与磨矿条件和物料性质有关。在磨矿条件和物料性质不变时，k 和 m 为常数。因此，通过磨矿实验取得数据，然后利用最小二乘法求出 k、m 值，既可以得到具体磨矿条件的磨矿动力学方程。

三、实验仪器、设备及器具

1. 有效容积为 4～6L 球磨机一台；
2. 秒表一块；
3. 天平一台；
4. 200 目标准筛 2 个；
5. 取样用具一套；
6. 250mL 量筒、洗瓶各 1 个；
7. 大、小铝盆各 6 个。

四、实验物料

经闭路破碎的矿样 3kg 左右，粒度范围 2～0mm。

五、实验步骤

1. 检查球磨机是否完好，测量球磨介质充填率及装球尺寸比例和重量，并记录之。
2. 称取试样 5 份，每份 500g。
3. 确定磨矿时间，例如：5min，10min，15min，20min 等。
4. 确定磨矿浓度（一般可取磨矿浓度 70%），计算加水量。
5. 将取好的各份试样，分别按已确定好的不同磨矿时间进行磨矿。
6. 将各磨矿产品用 0.074mm 标准筛进行湿筛。
7. 将湿筛的筛上产品烘干，冷却后再用 0.074mm 标准筛进行干筛。
8. 将干筛的筛上产品称重并计算 −0.074mm 含量，结果记入表 2-4-1。

表 2-4-1　不同磨矿时间磨矿实验结果

磨矿时间	0min		5min		10min		15min		20min	
	重量/g	产率/%	重量/g	产率/%	重量/g	产率/%	重量/g	产率/%	重量/g	产率/%
+200 目										
−200 目										
合　计										

六、实验结果处理

1. 记录磨机的形式、尺寸、介质充填率，试样重量、试样粒度，磨矿浓度和加水量。

2. 计算各磨矿产品中 −0.074mm 含量，并以磨矿时间 t 为横坐标、−0.074mm 含量 γ 为纵坐标在直角坐标系中绘出 −0.074mm 含量与磨矿时间关系的曲线，即 $\gamma_{-200} = f(t)$。

3. 根据表 2-4-1 的实验结果，求出磨矿动力学方程。

方程的参考求法：

由 $\dfrac{R_0}{R} = e^{kt^m}$ 取二次对数得：

$$\ln\left(\ln\frac{R_0}{R}\right) = m\ln t + \ln k \tag{2-4-2}$$

式（2-4-2）为一直线方程，其截距为 $\ln k$、斜率为 n。将四组实验的观测值 t 和 R 代入式（2-4-2），可得到 4 个 m、$\ln k$ 为未知量的二元一次方程，将 4 个方程采用两两相加后合并成二个二元一次方程，再解这两个方程，则可求得参数 m 和 k，代入动力学方程，即可求得实验条件下的磨矿动力学方程。

4. 分析实验结果，编写实验报告。

七、思考题

1. 磨矿动力学方程有什么用途？
2. 磨矿动力学方程中 m、k 两参数的数值各与哪些因素有关？

实验 2-5　磨矿介质运动状态实验（演示实验）

一、目的要求

1. 加深学习者对磨机内介质运动形态的理解和认识；
2. 了解磨机工作参数对磨矿介质的运动的影响。

二、基本原理

磨机结构简单，但磨机内介质的运动却很复杂。物料在磨机中被粉碎是磨机内介质运动的结果。磨矿功耗、钢耗及磨矿生产指标都直接与介质的运动形态密切相关。根据已有的研究成果，可以将球磨机中球介质的运动状态归纳为：泻落式、抛落式和离心运转。磨机内介质的运动形态受介质的充填率、介质的形状、介质的尺寸配比以及球料比、磨机转速、衬板形式、磨矿浓度等因素制约。因此，研究磨机中介质运动形态及其与磨矿因素的关系，可以进一步弄清磨矿的基本原理，为实现磨矿的最优化状态创造条件。

三、实验仪器、设备及器具

1. ϕ420mm×450mm 可调速球磨机一台，将球磨机的排料端改造成如图 2-5-1 所示的可透视的格栅结构；
2. 台秤一台；
3. 摄像机、照相机各一台。

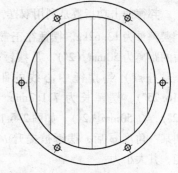

图 2-5-1　球磨机排料端
端盖结构示意图

四、实验步骤

1. 计算磨机的有效容积；
2. 按充填率 10%（考察充填率较低时的运动状态，也可取充填率≤20%）计算加球量；
3. 按选定配比称取球介质，加入球磨机中；
4. 计算磨机的临界转速，计算转速率为 20%、40%、60%、80%、100% 的磨机转数；
5. 分别以 20%、40%、60%、80% 和 100% 的转速率运转球磨机；
6. 认真观察各转速率条件下球介质的运动状态，并用照相机、摄像机进行拍摄记录；

7. 将球磨机的介质充填率增加到40%（40%左右均可）；

8. 重复实验步骤3~6；

9. 注意观察比较同一充填率不同转速率条件下球介质的运动状态，注意观察比较同一转数不同充填率条件下球介质的运动状态；

10. 将拍摄到的球介质运动图像进行分析，并与教材中的描述进行对照。

五、思考题

1. 磨机中介质的典型的运动状态有哪几种？分别予以描述。

2. 介质的运动状态受哪些因素的影响限制？

实验 2-6　邦德（Bond）破碎功指数的测定实验

一、目的要求

1. 掌握邦德破碎功指数的意义与用途；

2. 学会邦德破碎功指数的测定方法。

二、实验原理

固体物料的粉碎是使物料粒度减小的高能耗、低效率的工艺过程。因此，人们在进行粉碎理论研究时，多以能耗问题为重心。各国学者在大量研究的基础上，提出了各种不同的理论和观点，面积说、体积说和裂缝说是最有代表性的三大粉碎功耗学说，其中邦德的裂缝说（亦即第三定律）应用较为广泛。

邦德破碎功指数 W_c 又称为冲击功指数，它是衡量矿石在冲击作用下（例如在破碎机中）破碎物所耗能量的一种指标。邦德破碎功指数的大小，反映了该矿石被破碎的难易程度，是矿石可碎性判据之一。根据物料破碎功指数的大小可选择和计算破碎机以及初步判断矿石进行自磨的可能性。

邦德冲击功指数是利用双摆锤破碎功指数实验机测定的。该机由两个对称的摆锤组成，每个摆锤重为 13.62kg。摆锤在正常位置时，两个锤面的距离为 50mm（2″）。从摆锤轮轴（相当于摆锤悬挂点）到摆锤中心线的距离为 412.75mm（16.25″），摆锤长为 711.2mm（28″），宽 50mm（2″），高 50mm（2″）。如图 2-6-1 所示，当摆锤转到某一角度 φ 后，摆锤被提升 h，因此贮存了势能，其大小为：

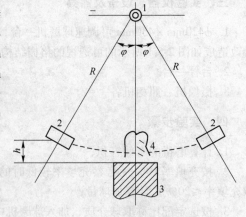

$$E_p = 2mgR(1 - \cos\varphi) \qquad (2\text{-}6\text{-}1)$$

式中　E_p——两个摆锤在 φ 角处时所具有的势能，

　　　　 kg·m；

　　 mg——摆锤重量 13.62kg；

　　　 R——摆锤中心到吊轮中心的距离 412.75mm；

　　　 φ——摆锤的提升角度。

图 2-6-1　Bond 破碎功指数
实验机工作原理示意图
1—吊轮；2—摆锤；3—载物台；4—矿块

将有关数据代入式（2-6-1）得：

$$E_p = 9.96(1 - \cos\varphi) \tag{2-6-2}$$

破碎功指数 W_c 按下式计算：

$$W_p = 52.42\frac{E_p}{b \cdot \delta} \tag{2-6-3}$$

式中　W_p——破碎功指数，$kW \cdot h/t$；

　　　b——被破碎矿块厚度，m；

　　　δ——被粉碎矿块密度，kg/m^3。

三、实验仪器、设备及器具

1. 双摆锤式破碎功指数测定机一台（如图 2-6-2 所示），其主要技术性能如下：

摆锤重量	$2 \times 13.62kg$
摆锤打击面积	$25cm^2$
摆锤间距	30mm
摆锤最大提升角度	120°
设备外形尺寸	2230mm×460mm×2610mm
设备总重	约389kg

图 2-6-2　邦德破碎功
指数实验机外形图

2. 精度 0.1g 天平一台；

3. 锤子、钢板尺各一把。

四、实验物料

待测物料为块状，其尺寸为 75～50mm，数量 50 块左右。

五、实验步骤

1. 随机取待测矿块 20 块（最少不能少于 10 块），其尺寸为 75～50mm（3″～2″）；在选取矿块时，尽量挑选有两个近似平行平面的矿块。

2. 将选好的矿块进行编号、称重（以克计，精确到 0.1g）。

3. 测量待测矿块两个被冲击面间（近似平行的两个面）的厚度。

4. 测出待测矿块的密度 δ（g/cm^3）。

5. 将试件置于载物台上，并升、降载物台，调整载物台上试件高低位置，尽量使摆锤的打击点作用在试件的中心位置。

6. 提升摆锤 5°，然后放开摆锤使摆锤下落，此时二摆锤同时打击在待测矿块的两个近似平行面上。

7. 检查试件是否被击碎或有裂缝，如果没有，则将摆锤的提升角度 φ 再增加 5°，重新冲击。这样每次提升角度以 5°梯度增加，直至试件被击碎为止（注意：试件产生掉片、掉角不应认为是碎裂，只有大部分试件碎裂开来才认为是破碎）。

8. 记录实验结果，将所测数据填入表 2-6-1 中，这些数据包括：

（1）矿块的厚度；（2）试件破碎时摆锤提升角度 φ 值；（3）试件被破碎后的块数。

六、实验数据处理

根据所测数据进行计算，并将计算结果填入表 2-6-1。

1. 按公式（2-6-2）和公式（2-6-3）计算冲击功及冲击功指数；
2. 计算试件冲击功及冲击功指数的最大、最小块和平均值；
3. 计算标准差。

表 2-6-1　实验记录表

物料名称				实验日期　年　月　日			操作者
试件编号	厚度 b/mm	重量/g	产品块数	角度 ϕ/(°)	冲击功/kg·m^{-1}	冲击功指数/kW·h·t^{-1}	
1							
2							
3							
4							
5							
⋮							
20							

附 2-3：记录及计算格式举例

表 2-6-2　实验记录及计算格式表

物料名称		矿石	实验日期　年　月　日				操作者
试件编号	厚度 b/mm	重量/g	产品块数	角度 ϕ/(°)	冲击功/kg·m^{-1}	冲击功指数/kW·h·t^{-1}	
1	44	443	3	30	6.3	6.16	
2	57	689	2	40	8.5	7.48	
3	42	472	2	45	14.5	12.65	
4	49	662	3	45	12.4	10.89	
5	34	504	2	25	5.7	4.95	
6	57	493	4	50	13.1	11.30	
7	50	647	2	35	7.5	6.6	
8	53	721	5	35	7.1	6.16	
9	56	634	3	50	13.3	11.55	
10	47	696	2	30	5.9	5.17	
11	51	853	6	40	6.6	8.36	
12	37	290	3	25	5.3	4.62	
13	57	564	3	60	18.3	15.95	
14	33	387	4	25	5.9	5.17	
15	39	738	2	35	9.7	8.36	
16	58	547	5	55	15.3	13.31	

物料名称		矿石	实验日期	年　月　日		操作者	
试件编号	厚度 b/mm	重量/g	产品块数	角度 ϕ/(°)	冲击功/kg·m^{-1}	冲击功指数/kW·h·t^{-1}	
17	42	800	4	45	14.5	12.21	
18	44	421	3	40	11.1	9.68	
19	26	561	4	30	10.7	9.36	
20	41	480	3	30	6.8	5.4	
1. 最大值					18.3	15.95	
2. 最小值					5.3	4.62	
3. 平均值					10.8	8.80	
4. 标准差（σ'）					3.74	3.0	
5. 平均值的标准差（$\overline{\sigma'} = \dfrac{\sigma'}{\sqrt{n}}$）					0.83	0.67	
1. 除去最大最小的平均值					9.89	8.58	
2. 标准差（σ'）					3.24	2.6	
3. 平均值的标准差（$\overline{\sigma'} = \dfrac{\sigma'}{\sqrt{n}}$）					0.76	0.61	
4. 试样比重 δ							

七、思考题

1. 测定破碎功指数有何用途？
2. 为什么破碎功指数可以作为矿石可碎性判据？

实验 2-7　邦德（Bond）球磨功指数的测定

一、目的要求

1. 理解邦德球磨功指数和邦德球磨可磨度的概念；
2. 学会邦德功指数和邦德球磨可磨度的测定方法。

二、基本原理

　　邦德球磨功指数是物料在球磨机内粉磨至一定细度所耗能量的一种指标。邦德球磨功指数的大小，反映了该物料球磨的难易程度，是物料的球磨可磨度，是物料球磨可磨性判据之一。根据物料球磨功指数的大小，可以进行球磨机的选择和计算。

　　Bond 球磨机闭路可磨度实验是用来确定物料在球磨机中磨至指定细度的功指数，是一个重要的磨矿工艺参数。它表示物料在球磨机中抵抗磨碎的阻力。Bond 球磨功指数可用下式计算：

$$W_{ib} = \frac{49.04}{\left[p_1^{0.23} \cdot G_{bp}^{0.82} \cdot \left(\dfrac{10}{\sqrt{P_{80}}} - \dfrac{10}{\sqrt{F_{80}}} \right) \right]}$$

$$(2-7-1)$$

式中　W_{ib}——Bond 球磨功指数，kW·h/t；

P_1——实验筛孔尺寸，μm；

G_{bp}——球磨机每运转一转新产生的实验筛孔以下粒级物料的重量（可磨度），g/r；

P_{80}——筛下产品中 80% 物料通过的粒度尺寸，μm；

F_{80}——给矿中 80% 物料通过的粒度尺寸，μm。

按式（2-7-1）计算的球磨功指数值与内径为 2.44m（8 呎）的溢流型球磨机湿式闭路磨矿的球磨功指数相一致。如果工作条件不同，应对按公式（2-7-1）计算的功指数值加以修正。

球磨功指数可在实验室利用专门的球磨功指数实验磨机测得，球磨功指数实验磨机的规格为 φ305mm×305mm，实验采用干式闭路磨矿，磨矿各个参数均已固定，实验过程要严格按照规定的操作程序进行。对于给定物料的球磨功指数，只需将物料按照规定的操作方法在球磨机中进行磨矿，测出有关参数，即可由式（2-7-1）球磨功指数计算公式计算出来。

球磨功指数、球磨可磨度实验适用于磨矿细度为 28 目到 500 目磨矿产品，其中常用实验筛孔为 100 目、150 目、200 目和 270 目。

三、实验仪器、设备及器具

1. φ305mm×305mm Bond 球磨功指数实验机一台。该球磨机是专门设计和制造的专用设备，磨机具有光滑的筒体（无衬板），筒体与端盖连接处有光滑的圆角。磨矿机装有转数计数器，而且能够在完成指定的转数运转后自动停车。磨机以 70r/min 的速度运转，相当于临界转速的 91.3%。球磨机内装有 285 个钢球，钢球总重量为 20.125kg，计算表面积为 0.31m²（482in²）。钢球径尺寸配比组成如下：

φ36.5mm（φ1.45″）43 个；

φ30.2mm（φ1.17″）67 个；

φ25.4mm（φ1.00″）10 个；

φ19.1mm（φ0.75″）71 个；

φ15.9mm（φ0.61″）94 个；

总计 285 个。

2. 测量容积密度和密度的仪器一套。

3. 旋转式试料缩分器一台。

4. 各种破碎设备及筛分设备一套。

5. 标准筛一套、振筛机一台。

6. 取样工具一套、天平一台、大小盆若干。

四、实验物料

粒度为 −3.4mm（−6 目）或者稍细一些的实验物料 3～5L 约 8kg 左右，通常这些物料可供九个循环周期的磨矿使用。

注意：如果试料过粗，则必须经过破碎，使其全部达到 −3.4mm 的粒度。可采用阶段破碎，但应避免破碎得过细而影响实验的准确性。大于 50mm 的物料可采用手锤或小型颚式破碎机、旋回式破碎机进行破碎。−50mm 的物料可以使用实验室旋回破碎机破碎或小型颚式破碎机破碎到

−12mm，然后使用实验室对辊式破碎机把试料从 −12mm 破碎到 −3.4mm。破碎过程中，为了防止破碎得过细，注意不要将物料填满破碎机的破碎腔。如果实验物料潮湿，需将其烘干。

五、实验方法与步骤

实验采用干式闭路磨矿，循环负荷为 250%。原则上要在 10 ~ 12 个周期内完成实验。实验结束时要求球磨机达到稳定，也就是说每转所产生的实验筛孔以下的产量 G_{bp} 在最后 2 ~ 3 个周期达到平衡或者 G_{bp} 出现最大值或最小值，而循环负荷为 250% ±5%，满足这两个条件后，才能结束实验。

1. 根据需要确定实验筛孔，通常实验筛孔采用 100 目或 150 目、200 目、270 目，其中 200 目、100 目应用最多；

2. 将实验物料在 120℃ 下烘干；

3. 取足够量的 −6 目试料，测定容积密度 S_V；

4. 取约 50cm³ 物料研磨至 −200 目，测定物料的密度 S_g；

5. 将物料用旋转式缩分器分成 15 个等份，从其中取出 1 ~ 2 份做球磨给矿粒度筛分分析，并求出 F_{80}（μm）；

6. 按式（2-7-2）取 700cm³ 物料作为球磨机负荷装入球磨机中

$$q_0 = 700 \cdot S_V \qquad (2\text{-}7\text{-}2)$$

式中 q_0——球磨机起始负荷；

7. 估计磨机第一次磨矿转数（这要考虑矿石的性质，一般估计为 100r），将估计的磨机转数值输入磨机控制器，并启动球磨机；

8. 磨矿结束后倒出球磨机中物料，用实验筛孔筛子进行筛分，筛后称出筛上物料，计算筛下量，并保留筛下物料；

9. 将筛上物料补加一部分新矿，重新加到球磨机中作为第二次磨矿的给矿，补加新料的重量应等于筛下量，使球磨机负荷总量不变（粒度组成发生了变化）；

10. 确定第二次磨矿转数。从第二周期开始球磨机的转数可根据前一周期 G_{bp} 计算而预测，其目的在于确定使其循环负荷达到 250% 的可能转数；

预测计算方法如下：

由图 2-7-1 可见，当磨机运转平衡时：

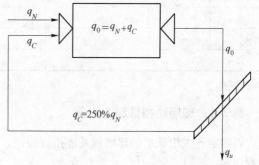

图 2-7-1 球磨功指数磨矿示意图

$$q_0 = q_N + q_C = 3.5 q_N$$

$$q_N = \frac{q_0}{3.5} = \frac{700 \cdot S_V}{3.5}$$

$$q_N = q_u$$

下一周期球磨机适宜转数 n_i 为：

$$n_i = \frac{\text{期望 } q_u - q_N \text{ 中含有通过实验筛孔的质量}}{G_{bp}(\text{上一周期测得的})} \qquad (2\text{-}7\text{-}3)$$

11. 第二次磨矿结束后,同样倒出磨机内物料并进行筛分,计算出筛下产品质量,然后又与该质量相同的新给矿和筛上产品一起作为第三次磨矿的给矿,进行第三次磨矿实验;

12. 依次反复进行上述磨矿操作,直至磨机作业的循环负荷稳定在250%为止。注意从第三次实验开始应计算循环负荷,一般说来,10次左右可达到稳定,计算循环负荷的误差应在±5%范围内,即250%±5%;

13. 磨矿达到稳定后,求出最后三次的G_{bp}平均值,但最后三次G_{bp}的最大值和最小值之差不能大于平均值的3%。G_{bp}即为矿石的球磨可磨度;

14. 取筛下产品进行筛析(将稳定后2～3个周期的筛下产品缩分取样),筛序是3目、4目、8目、10目、14目、20目、25目、35目、48目、65目、100目、150目、200目和270目,求出P_{80};

15. 取循环负荷样品进行筛析(将最后周期的筛上产品缩分取样),筛序是3目、4目、8目、10目、14目、20目、25目、35目…至实验筛孔网目。

六、实验数据处理

1. 将实验结果填入表2-7-1中。
2. 按式(2-7-1)计算球磨功指数。

表 2-7-1　球磨功指数实验记录

磨矿次序	球磨机转数 /r	磨矿产品中 -100目 含量/g	给矿中 -100目 含量/g	磨矿所净生成 -100目 含量/g	每一转所生成 -100目 G_{bp}/g·r^{-1}
1					
2					
3					
4					
⋮					
12					

附2-4：球磨功指数测定实例

以测定齐大山铁矿的球磨机功能指数为例,说明测定球磨可磨度和冲击功指数的方法及操作程序。

首先取齐大山矿样10kg左右,全部破碎至 -6目(-3.36mm),并取样经过筛分分析测出磨矿给料粒度组成(粒度特性曲线略),计算出给料80%通过方孔筛的筛孔尺寸,即F_{80} = 2.15mm;确定实验筛孔$P_1 = 154\mu m$(100目)。给矿中 -100目含量占19.2%。

然后用容重测定仪测定容积密度,结果得到实验物料的容积密度$S_v = 2.186g/cm^3$,计算装入磨机的物料量为$q_0 = 700S_v = 700 \times 2.186 = 1530g$。

第1次运转100r,磨机给矿量为1530g,磨矿产品中 -100目含量为555g。给矿中 -100目含量为1530g × 19.3% = 294g。净生成 -100目量为555g - 294g = 261g。$G_{bp} = 261g/100r = 2.61g/r$。

第2次运转126r,给矿量为975g + 555g = 1530g。磨矿产品中 -100目含量为469g。新给矿中 -100目含量为555g × 19.2% = 107g。净生成 -100目的量为469g - 107g = 362g。$G_{bp} = 362g/$

126r = 2.873g/r。

第 3 次运转 121r。磨机给矿量为 1034g + 469g = 1530g，磨矿产品中 − 100 目含量为 412g。新给矿中 − 100 目含量为 469g × 19.2% = 90g，净生成 − 100 目的量为 412g − 90g = 322g。G_{bp} = 2.661g/r。

第 4 次运转 135r，磨机给矿量为 1118g + 412g = 1530g，磨矿产品中 − 100 目含量为 432g，新给矿中 − 100 目含量为 412g × 19.2% = 79g。净生成 − 100 目含量为 432g − 79g = 359g。G_{bp} = 2.615g/r。

第 5 ~ 7 次从略。

第 8 次旋转 137r，磨机给矿量为 1089g + 441g = 1530g，磨矿产品中 − 100 目含量为 438g。新给矿中 − 100 目含量为 441g × 19.2% = 85g。净生成 − 100 目含量为 438g − 85g = 353g。G_{bp} = 353g/137r = 2.577g/r。计算磨机的循环负荷为 1092g/438g = 250%。保留 − 100 目产品。

用同样的操作方法求出第 9 次磨矿的 G_{bp} = 2.577g/r，计算磨机的循环负荷为 1092g/437g = 250%。第 10 次磨矿的 G_{bp} = 2.583g/r，计算磨机的循环负荷为 1.092g/438g = 250%。

实验结果列于表 2-7-2 中。

表 2-7-2　齐大山铁矿球磨功指数实验结果

磨矿次序	球磨机转数 /r	磨矿产品中 − 100 目 含量/g	给矿中 − 100 目 含量/g	磨矿所净生成 − 100 目含量/g	每一转所生成 − 100 目 G_{bp}/g·r^{-1}
1	100	555	294	261	2.610
2	126	469	107	362	2.873
3	121	412	90	322	2.661
4	135	432	79	353	2.615
5	135	503	83	420	2.545
6	134	437	97	340	2.537
7	139	441	84	357	2.568
8	137	438	85	353	2.577
9	137	437	84	353	2.577
10	137	438	84	354	2.583

根据表 2-7-2 中的数据可计算出，稳定后最后三个周期的平均可磨度 G_{bp} = 2.579g/r，循环负荷 (1530g − 438g)/438g = 250%。

把稳定后的最后三个周期的 − 100 目产品混匀取样，用标准套筛进行筛析，求出筛下产品（ − 100 目）80% 过筛的筛孔尺寸 P_{80} = 123μm。再将磨机的循环负荷取样进行筛分分析。

最后根据实验所获得的数据，利用式（2-7-1）球磨机的计算公式，计算出齐大山铁矿球磨功指数：

已知 P_{80} = 123μm，F_{80} = 2150μm，G_{bp} = 2.579g/r，实验筛孔 149μm，将数据代入式（2-7-1），齐大山铁矿球磨功指数 W_{ib} 为

$$W_{ib} = \frac{44.5}{(149)^{0.23} \cdot (2.579)^{0.82} \cdot \left(\frac{10}{\sqrt{123}} - \frac{10}{\sqrt{2150}} \right)}$$

$$= 9.57 = 10.55 \text{kW} \cdot \text{h/t}$$

附 2-5：实测各种物料邦德球磨功指数（实验筛孔 200 目）

表 2-7-3　Allis-ehamers 公司测得的各种物料 Bond 球磨功指数汇总表

物料	实验次数 /次	W_{bi}平均值 /kW·h·t^{-1}	W_{bi}变化范围 /kW·h·t^{-1}	物料	实验次数 /次	W_{bi}平均值 /kW·h·t^{-1}	W_{bi}变化范围 /kW·h·t^{-1}
铝钒矿	6	19.73	7.72~37.48	菱铁矿	5	11.46	9.92~15.42
重晶石	7	6.39	4.41~9.92	铅矿石	12	11.35	8.82~14.33
铝土矿	29	15.98	1.10~14.33	铅锌矿石	58	13.78	7.72~28.66
水泥熟料	180	14.99	7.72~84.88	石灰石	177	10.91	4.41~39.68
水泥生料	284	11.02	3.31~29.76	生石灰	5	12.13	6.61~19.84
铬铁矿	5	14.77	7.72~18.74	菱镁矿	18	16.10	5.51~27.56
黏土	11	11.09	4.41~25.35	锰矿石	19	15.32	6.61~25.35
煅烧黏土	7	21.60	16.53~28.66	钼矿石	43	12.79	11.02~17.64
煤	6	16.98	14.33~19.84	镍冰铜	6	31.31	13.33~40.78
焦炭	4	36.93	31.97~44.09	镍矿	39	13.78	2.20~26.45
铜镍矿	6	17.09	14.33~19.84	贝壳	5	16.64	14.33~20.94
铜矿石	769	14.11	4.41~33.07	磷肥	6	18.19	13.23~33.07
铜锌矿石	9	1080	5.51~15.32	磷灰石	36	14.99	3.31~27.56
闪锌矿石	2	13.12	11.02~14.33	黄铁矿	6	11.13	7.72~14.33
白云石	5	15.32	6.61~27.56	石英	13	15.87	12.13~23.15
长石	7	12.89	9.92~15.43	石英砂	45	26.23	9.92~61.73
铬铁矿	6	22.49	3.31~84.88	砂岩	8	30.20	17.64~41.89
镁铁矿	5	7.94	6.61~9.92	硅岩	11	15.76	8.82~25.35
锰铁矿	5	8.71	5.51~15.43	硅铁矿	19	18.74	14.33~24.25
硅铁矿	8	19.73	6.61~56.22	炉渣	26	18.96	11.02~29.76
燧石	5	30.20	24.25~34.17	高炉渣	8	20.17	13.23~28.66
萤石	9	14.00	6.61~27.56	钢渣	16	24.36	6.61~42.99
金矿	188	16.09	3.31~46.30	滑石	10	16.87	8.82~24.25
花岗岩	8	10.91	11.02~12.13	锡矿石	12	13.01	11.02~15.43
赤铁矿	116	12.24	2.20~34.17	钛铁矿	9	12.57	7.72~18.74
赤铁精矿	5	20.39	7.72~31.97	钨矿石	4	12.13	7.72~18.74
褐铁矿	20	9.92	5.51~11.02	铀矿石	18	16.09	11.02~22.05
磁铁矿	73	14.55	6.61~31.67	锌矿石	9	11.79	6.61~20.94
磁铁精矿	23	21.16	7.72~29.76				

实验2-8　邦德（Bond）棒磨功指数的测定

一、目的要求

1. 理解邦德棒磨功指数和邦德棒磨可磨度的概念；
2. 学会邦德棒磨功指数和邦德棒磨可磨度的测定方法。

二、基本原理

邦德棒磨功指数表示物料在以棒为介质的磨机中粉磨时，物料的被磨特性。邦德棒磨功指数的大小，反映了该物料棒磨的难易程度，是物料的棒磨可磨度，是物料棒磨可磨性判据之一。根据物料棒磨功指数的大小，可以进行棒磨机的选择和计算。

Bond 棒磨功指数与 Bond 球磨功指数相类似，它是指 $\phi2.44$mm 溢流型棒磨机闭路湿式磨矿作业中某物料在指定给料粒度条件下，将该物料粉磨至要求粒度所消耗的功，它表示物料在棒磨机中抵抗磨碎的阻力，是一个重要的棒磨工艺参数。

实验室测定 Bond 棒磨功指数是在专门制造的棒磨机中完成的。Bond 棒磨功指数可用下式计算：

$$W_{ir} = \frac{68.32}{\left[p_1^{0.23} \cdot G_{rp}^{0.625} \cdot \left(\dfrac{10}{\sqrt{P_{80}}} - \dfrac{10}{\sqrt{F_{80}}} \right) \right]} \tag{2-8-1}$$

式中　W_{ir}——Bond 棒磨功指数，kW·h/t；

P_1——实验筛孔尺寸，μm；

G_{rp}——棒磨机每一转新产生的实验筛孔以下粒级物料的重量（棒磨可磨度），g/r；

P_{80}——产品中80%物料通过的粒度尺寸，μm；

F_{80}——给矿中80%物料通过的粒度尺寸，μm。

按上式计算的棒磨功指数值与内径为 2.44m（8 呎）的溢流型棒磨机湿式闭路磨矿的棒磨功指数相一致。如果工作条件不同，应对按公式（2-8-1）计算的功指数值加以修正。

棒磨功指数实验磨机的规格为 $\phi305$mm $\times310$mm，实验采用干式闭路磨矿，实验过程要严格按照规定的操作程序进行。对于给定物料的棒磨功指数，只需将物料按照规定的操作方法在棒磨功指数磨机中进行磨矿，测出有关参数，即可由棒磨功指数计算公式（2-8-1）计算出来。邦德棒磨功指数的磨矿实验过程如图 2-8-1 所示。

棒磨功指数、棒磨可磨度实验适用于磨矿产品细度为 3~0.2mm，实验时常用实验筛孔为 10 目、20 目、30 目和 40 目。

图 2-8-1　邦德棒磨功指数实验机

三、实验仪器、设备及器具

1. Bond 棒磨功指数实验磨机一台。磨机规格为 $\phi305$mm $\times610$mm，内部装有波形衬板，磨机转数为 46 r/min，相当于临界转速的 60%。磨矿机装有转数计数器，能够在完成指定的转数运转后自动停车。为了实验时装卸物料方便，同时也为防止磨机内物料偏析，磨机筒体可以轴为中心在 0 ~ 45° 范围内倾斜变化。棒磨机内装有 8 根钢棒作为研磨介质，钢棒规格分别为 ϕ44.45（1.75 吋）× 533.4mm（21 吋）2 根，ϕ31.75mm（1.25 吋）× 533.4mm（21 吋）6 根，总重量为 33.38kg；

2. 测量容积密度和密度的仪器一套；

3. 各种破碎设备及筛分设备一套；

4. 标准筛一套、振筛机一台；

5. 取样工具一套、天平一台、大小盆若干。

四、实验物料准备

每一个实验筛孔的实验需粒度为 – 12.7mm 或者稍细一些的物料 6L 左右，通常这些物料可供 9 个循环周期的磨矿使用。

如果试料过粗，则必须经过破碎，使其全部达到 – 12.7mm 的粒度。破碎时，可采用旋回破碎机、颚式破碎机和对辊破碎机进行阶段破碎，但不要挤满给矿以避免破碎得过细而影响实验的准确性。

五、实验方法

实验采用干式闭路操作，循环负荷为 100%。原则上要在 6 ~ 10 个周期内完成实验。实验结束时要求棒磨机达到稳定，也就是说每转所产生的实验筛孔以下的量 G_{rp} 在最后 2 ~ 3 个周期达到平衡，同时循环负荷为 100% ±5%，在满足这两个条件后，才能结束实验。

1. 根据需要确定实验筛孔，通常实验筛孔采用 10 目或 20 目、40 目；

2. 将实验物料在 120℃ 下烘干；

3. 取足够的 – 12.7mm 试料，测定容积密度 S_v；

4. 将物料缩分成 10 个等份，从其中取出 1 ~ 2 份做棒磨给矿粒度筛分分析，并求出 F_{80}（μm）；

5. 按式（2-8-2）取 1250cm^3 物料作为棒磨机负荷装入球磨机中

$$q_0 = 1250 \cdot S_v \tag{2-8-2}$$

式中　q_0——球磨机起始负荷；

6. 估计磨机第一次磨矿转数（这要考虑矿石的性质，一般估计为 50r），将估计的磨机转数值输入磨机控制器，并启动棒磨机；

7. 磨矿结束，倒出棒磨机中物料，用实验筛孔筛子进行筛分，筛后称出筛上物料，计算筛下量，并保留筛下物料；

8. 计算每转新生成小于实验筛孔的物料量，即棒磨可磨度 G_{rp}；

9. 将筛上物料补加一部分新料，重新加到球磨机中当作第二次磨矿的给矿，补加新料的重量应等于筛下量，使球磨机负荷总量不变（粒度组成发生了变化）；

10. 确定第二次磨矿转数。从第 2 周期开始棒磨机的转数可根据前一周期 G_{rp} 计算而预测，其目的在于确定使其循环负荷达到 100% 的可能转数；

计算预测方法如下：

由图 2-8-2 可知，当磨机运转平衡时

$$q_0 = q_N + q_C = 2q_N$$

$$q_N = \frac{q_0}{2} = \frac{1.250 \cdot S_V}{2}$$

$$q_N = q_U$$

下一周期球磨机适宜转数 n_i 为：

$$n_i = \frac{q_u（期望）- q_N（给料中含有小于实验筛孔的物料重量）}{G_{bp}（上一周期测得）} \qquad (2\text{-}8\text{-}3)$$

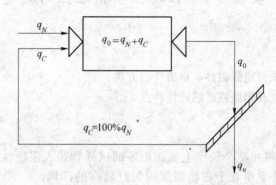

图 2-8-2　功指数棒磨机磨矿示意图

11. 第二次磨矿结束后，同样倒出磨机内物料并进行筛分，计算出筛下产品重量，然后将与该重量相同的新给矿和筛上产品一起作为第三次磨矿的给矿，进行第三次磨矿实验；

12. 依次反复进行上述磨矿操作，直至磨矿作业的循环负荷稳定在 100% 为止。注意从第三次实验开始应计算循环负荷，一般说来，八个磨矿周期左右可达到稳定，磨矿稳定时，最后三个磨矿周期计算的循环负荷误差应在 ±5% 范围内，即 100% ±5%；

13. 磨矿达到稳定后，求出最后三次的 G_{bp} 平均值，但最后三次 G_{rp} 的最大值和最小值之差不能大于平均值的 3%。G_{rp} 即为矿石的棒磨可磨度；

14. 将平衡后最后 2~3 个周期的筛下产品缩分取样进行筛析，求出 P_{80}；

15. 取循环负荷样品进行筛析（将最后周期的筛上产品缩分取样筛析）；

16. 将实验结果填入表 2-8-1 中；

17. 按式（2-8-3）计算球磨功指数。

表 2-8-1　棒磨功指数实验记录

磨矿次序	球磨机转数 /r	磨矿产品中 -100 目含量/g	给矿中 -100 目含量/g	磨矿所净生成 -100 目含量/g	每一转所生成 -100 目 G_{bp}/g·r^{-1}
1					
2					
3					
4					
⋮					
12					

第三章　磁电分选实验

实验 3-1　强磁性矿物磁性的测定

一、目的要求

1. 掌握用磁力天平测定强磁性矿物磁性的方法；
2. 了解天然磁铁矿和焙烧铁矿的磁性特点。

二、测量原理

如图 3-1-1 所示，将在整个长度上截面相等的试样管装入强磁性矿粉（如磁铁矿矿粉）后，置入磁场中，使其下端处于磁场强度均匀且较高的区域，而另一端处于磁场强度很低的区域。此时试样沿磁场轴线方向所受的磁力 $f_{磁}$ 为：

$$f_{磁} = \int_{H_2}^{H_1} \mu_0 K_0 \cdot \mathrm{d}l \cdot SH \cdot \frac{\mathrm{d}H}{\mathrm{d}l} = \frac{\mu_0 K_0}{2}(H_1^2 - H_2^2)S \quad (3\text{-}1\text{-}1)$$

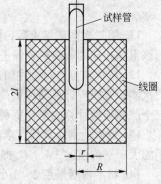

图 3-1-1　多层螺管线圈

式中　$f_{磁}$——试样所受的磁力，N；

　　K_0——试样的物体容积磁化系数；

　　μ_0——真空磁导率，H/m；

H_1，H_2——试样两端处的磁场强度，A/m；

　　S——试样的截面积，m^2。

当试样足够长，且 $H_1 >> H_2$，磁场强度 H_2 很小可忽略不计时，上式就可写成：

$$f_{磁} = \frac{\mu_0 K_0}{2}H_1^2 S \quad\quad\quad (3\text{-}1\text{-}2)$$

所受磁力用天平测出，即：

$$f_{磁} = \Delta m \cdot g \quad\quad\quad (3\text{-}1\text{-}3)$$

式中　g——重力加速度，$9.81\mathrm{m/s^2}$；

　　Δm——试样在磁场中重量的变化量，kg。

此时：

$$\Delta m \cdot g = \frac{\mu_0 K_0}{2}H_1^2 S \quad\quad\quad (3\text{-}1\text{-}4)$$

已知：

$$K_0 = x_0\rho = x_0\frac{m}{lS}$$

代入式（3-1-4）得：

$$\Delta m \cdot g = \frac{1}{2} \frac{\mu_0 x_0 m}{lS} H_1^2 \cdot S$$

$$x_0 = \frac{2L\Delta mg}{\mu_0 mH_1^2} \tag{3-1-5}$$

式中　x_0——试样的物体比磁化系数，m^3/kg；

　　　m——试样重量，kg；

　　　l——试样的长度，m；

　　　ρ——试样的密度，kg/m^3。

当试样的长度 l 很长，且截面 S 很小时，则

$$x = x_0 = \frac{2l\Delta mg}{\mu_0 mH_1^2} \tag{3-1-6}$$

式中　x——试样的物质比磁化系数，m^3/kg。

上式 l、g 和 m 值为已知，实验时改变 H 的大小，测定 Δm 值，通过上式可计算 x 值，而且还能确定比磁化强度，即

$$J = XH_1 = \frac{2l\Delta mg}{\mu_0 mH_1} \tag{3-1-7}$$

式中　J——矿物的比磁化强度。

试样所处的磁场是由多层螺管线圈通入直流电形成，线圈内某点的磁场强度可由下式求出：

$$H = \frac{2\pi ni}{10(R-r)} \left[l_1 l_n \cdot \frac{R + \sqrt{R^2 + l_1^2}}{r + \sqrt{r^2 + l_1^2}} + l_2 l_n \cdot \frac{R + \sqrt{R^2 + l_2^2}}{r + \sqrt{r^2 + l_2^2}} \right] \tag{3-1-8}$$

式中　H——多层螺管线圈内中心线上的磁场强度，Oe；

　　　n——线圈单位长度的匝数；

　　　i——线圈所通过的电流，A；

　　　R——线圈外半径，cm；

　　　l_1——线圈内某点（测点）到线圈的上端的距离，cm；

　　　l_2——线圈内某点到线圈下端的距离，cm。

因在线圈内中心点 $l_1 = l_2$，R，r，n 为固定值，故 $H = CI(\text{Oe})$（C— 常数）。根据在不同的磁场强度下测得试样的比磁化强度 J 和比磁化系数 X，可作出 $J = f(H)$ 和 $X = f(H)$ 的曲线，求出试样的比剩余磁化强度 Jr 及矫顽磁力 H_c 值。

三、实验仪器和设备

测量装置如图 3-1-2 所示，主要由分析天平，多层螺管线圈，直流电表计，开关及薄壁玻璃管等组成。

四、实验物料

粉末状磁铁矿、磁黄铁矿、钛磁铁矿等。

五、测量方法与步骤

1. 检查并熟悉线路和实验装置；

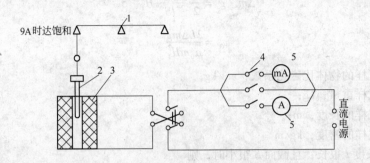

图 3-1-2　测定矿物磁性装置的线路图
1—分析天平；2—薄壁玻璃管；3—磁化线圈；4—开关；5—直流电流表

2. 在天平上称量试管重量 P_0 后，装入已知粒度和品位的磁铁矿（或磁黄铁矿或钛磁铁矿）粉并轻轻振动使其紧密，量出其长度 L（约为 $25\sim30\text{cm}$）并记录；

3. 将装有磁铁矿矿粉的试样管装在天平的吊链上置入磁化磁场的线圈中，使试样的一端接近磁化磁场线圈的中心，并且不要碰到线圈的内壁；

4. 用砝码调整使天平平衡，记录试管与试样的合重 P_1；

5. 试样退磁。将磁化线圈给入约为 8.5A 的大电流（磁场约 2000Oe 左右），翻转双投开关约 20 次左右（在转向前应先将两电流表的开关拉开，合上线路中间短路开关使电流不经过电流表），电流逐次降低，上述操作直到电流为 0；

6. 拟定磁化磁场强度大小（如 25、50、100、500、1000、1500、2000Oe）。依次通入相应的电流使磁场强度达到需要之值，翻转双投开关 10 余次进行试样的磁锻炼（注意翻转后电流方向一定），进行磁锻炼后调整天平测出试样在磁场中的重量 P_2（测量时电流只能升不允许往下调整）。当电流升至 8.5A，磁场强度约为 2000Oe 左右以后，降低磁场（如 1500，1000，500，100，50，25Oe），调整天平测定试样在不同磁场中的重量 P_2（电流只能减少，不允许增加，且不进行磁锻炼），测磁滞回线。当磁场降低为 25Oe 左右后，反转双投开关改变磁场方向并进行试样重量 P_2 的测定。缓慢增加磁场使砝码重量等于 P_1，测出矫顽磁力 H_0。

六、测量结果的处理

1. 将测出的数据填入表 3-1-1，并在微机上进行数据处理。

表 3-1-1　物料磁性测量记录表

试样管重量 m_0/kg	试样长度 L/m	试样+管重 P_1/kg	试样重量 $P=P_1-P_0$	电流 /A	磁化线圈磁场 H /A·m^{-1}	H_1^2	样品在不同磁场下的重量 m_2	样品在不同磁场下的重量 $\Delta P=P_2-P_1$	比磁化系数 X /m^3·kg^{-1}	比磁化强度 J /A·(m·kg)$^{-1}$	剩磁 Jr /T	矫顽磁力 H_0 /T

2. 根据计算结果在图 3-1-3 中绘制 $X=f(H)$ 和 $J=f(H)$ 曲线，并求出 J 及 H_0 值。

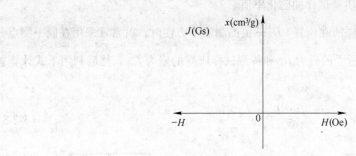

图 3-1-3 磁场特性曲线

七、思考题

1. 何谓物体比磁化系数和物质比磁化系数？二者有何不同？
2. 实验过程中观察到哪些现象，说明了什么？

实验 3-2 弱磁性矿物磁性的测定

一、目的要求

1. 掌握用比较法测量矿物磁性的方法；
2. 通过测量几种常见弱磁性矿物的磁化率从而了解弱磁性物质的磁性特点。

二、测量原理

弱磁性矿物磁性的测量方法与强磁性矿物磁性的测量方法同属于有质动力法，都是依据试样在磁场中所受磁力的大小来确定其磁性的强、弱。弱磁性矿物磁性的测量方法与强磁性矿物磁性的测量方法不同之处，是测量弱磁性矿物磁性时所用样品的体积很小。因此，试样被置于磁场中某点，在试样体积范围之内 $\dfrac{\mathrm{d}H}{\mathrm{d}l}$ 值可以看作是常数或某一平均值。这时，如果试样周围介质的磁性可以忽略，那么

$$f_1 = xmH\frac{\mathrm{d}H}{\mathrm{d}l} \qquad\qquad (3\text{-}2\text{-}1)$$

于是

$$x = \frac{f_1}{mH\dfrac{\mathrm{d}H}{\mathrm{d}l}} \qquad\qquad (3\text{-}2\text{-}2)$$

式中 f_1——试样在 l 方向上所受的磁力；

　　x——单位质量试样的磁化率；

　　m——试样质量。

$H\dfrac{\mathrm{d}H}{\mathrm{d}l}$——试样位置在 l 方向上的场力。

显然，依照上式如果置于磁场某点的试样质量 m 和该点的 $\dfrac{\mathrm{d}H}{\mathrm{d}l}$ 值均为已知时，只要测出试

样所受的磁力 f_1 即可获得单位质量试样的磁化率值。

在实践中，当对测点（试样所在位置）$H\dfrac{\mathrm{d}H}{\mathrm{d}l}$ 值的测量不方便时，就常常采用在同一测点分别测出 x 值为已知的标准试样所受的磁力 $f_{1标}$ 和待测试样所受的磁力 $f_{1试}$，然后利用下式计算被测试样的磁化率：

$$x_{试} = \frac{f_{1试} \cdot x_{标} \cdot m_{标}}{f_{1标} \cdot m_{试}} \tag{3-2-3}$$

式中　$x_{试}$——被测试样的磁化率；

$x_{标}$——标准试样的磁化率；

$f_{1试}$——被测试样在磁场某点所受的磁力；

$f_{1标}$——标准试样在磁场某点所受的磁力；

$m_{试}$——被测试样的质量；

$m_{标}$——标准试样的质量。

这种方法，通常被称作比较法。磁力测定装置原理如图 3-2-1 所示。用作标准试样的一些稳定化合物，主要包括氧化钆（20℃时的比磁化系数为 $1.65 \times 10 \sim 6m^3/kg$）、氯化锰（比磁化系数为 $1.45 \times 10 \sim 6m^3/kg$）、硫酸锰（比磁化系数为 $0.82 \times 10 \sim 6m^3/kg$）、多结晶铋矿（比磁化系数为 $1.68 \times 10 \sim 8m^3/kg$）、纯水（比磁化系数为 $-9.05 \times 10 \sim 9m^3/kg$）等。

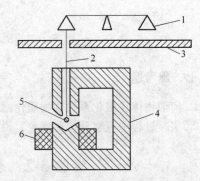

图 3-2-1　等磁力磁极的磁天平装置
1—分析天平；2—非导磁材料作的线；
3—磁屏；4—铁芯；5—矿样；6—线圈

三、测量仪器设备

1. 扭力天平一台（见图 3-2-2）；
2. 磁化场一套（永久磁铁）。

四、实验物料

1. 赤铁矿、黑钨矿、铬铁矿等；

图 3-2-2　扭力天平外形图

2. 石英、白云石、菱镁矿等；

3. 标准试样焦磷酸锰 $x = 99 \times 10^{-6} \text{m}^3/\text{kg}$。

五、测量方法与步骤

1. 调整扭力天平零点位置；

2. 用扭力天平称取 5～10mg 焦磷硫锰标准试样，称量完毕（试样不要从天平盘上取下）将天平锁闭；

3. 将一专用永久磁铁置于试样盘下方的固定位置；

4. 开启天平称量试样在磁场中的重量，并计算出此时试样所受的磁力 f_1 值；

5. 关闭天平，移出磁铁，将所测结果记入表 3-2-1，并准备下一次测量；

6. 再用扭力天平称取 5～10mg 另一待测试样，重复 2～5 实验步骤，逐一测出所有待测样品的磁化率；

7. 为了保证测量结果的准确性，每种试样都要重复测量 3～5 次，然后求其平均的比磁化系数 x 值。

表 3-2-1　弱磁性矿物磁性测量表

序　号	试样名称	试样重量/mg	f_1/mg	X 值/cm$^3 \cdot$ g^{-1}	备　注
1					
2					
3					
计					
1					
2					
3					
计					
⋮					

六、思考题

1. 弱磁性矿物的磁性特点是什么？

2. 用比较法测量弱磁性矿物比磁化系数的原理是什么？

实验 3-3　磁力脱水槽磁场特性测量实验

一、目的要求

1. 了解和掌握磁力脱水槽磁场的分布规律；

2. 掌握磁力脱水槽磁场的测量方法；

3. 学会磁场测量仪器的使用方法。

二、基本原理

磁力脱水槽也称为磁力脱泥槽，是一种重力和磁力联合作用的选别设备，主要用于脱除物料中非磁性或磁性较弱的微细粒级部分，也用作预先浓缩设备。

　　磁力脱水槽的磁源有电磁和永磁两种。在两种磁力脱水槽内，沿轴向的磁场强度都是上部弱下部强；沿径向的磁场强度都是外部弱中间强。永磁磁力脱水槽的等磁场强度线（磁场强度相同点的连线）大致和塔形磁系表面平行，电磁磁力脱水槽的等磁场强度线在拢料圈周围大致呈圆柱面。

　　在磁力脱水槽的分选过程中，矿浆由给矿管沿切线方向给入给矿筒内，比较均匀地分散在脱水槽的磁场中。磁性颗粒在磁力和重力的作用下克服上升水流的向上作用力而沉降到槽体底部，从排矿口排出；非磁性细颗粒则在上升水流的作用下，克服重力作用而与上升水流一起进入溢流中。可见，在分选过程中，磁场对磁力脱水槽的分选效果起着至关重要的作用。

　　磁力脱水槽内的磁场分布特性，对磁力脱水槽的分选指标有很大的影响，是评价和选择磁力脱水槽的重要参数。实际中，每一台磁力脱水槽的磁场分布可用特斯拉计测量出来，特斯拉计的测量原理和使用方法见附3-1。

三、实验仪器及设备

1. 磁力脱水槽一台（实验用脱水槽为顶部电磁磁系）；
2. 特斯拉计一台；
3. 各种量具一套。

四、测量方法与步骤

1. 在过脱水槽中心轴的平面内取中心轴与一侧锥形槽之间的空间作为测量区域，在该区域选定被测点如图 3-3-1 所示的 1，2，3，…，n 点。

2. 调试特斯拉计（见附注特斯拉计的使用说明）。

3. 给脱磁力水槽的电磁系通入激磁电流。

4. 根据被测电磁力走向，将特斯拉计的霍尔变送器在被测点沿与磁力线垂直的平面放置，轻轻转动霍尔变送器，同时在表盘上读取显示的最大值，取该值为被测点的磁场强度值。

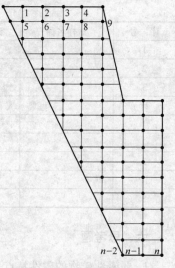

图 3-3-1　脱水槽磁场测定图

5. 按照步骤 4 所述的测量方法依次测定步骤 1 中选中的各被测点的磁场强度值，并将测量结果填入表 3-3-1。

表 3-3-1　磁力脱水槽磁场测量结果

测量点	1	2	3	4	5	6	7	8	9	10	11
磁场强度/kA · m^{-1}											
测量点	12	13	14	15	16	17	18	19	20	…	n
磁场强度/kA · m^{-1}											

五、实验数据处理

用等位线描述磁力脱水槽内部磁场分布特性。

六、思考题

1. 根据实验结果，可以看到磁力脱水槽磁系、磁场分布规律怎样？
2. 磁力脱水槽磁场分布与筒式磁选机有何不同？

实验 3-4 筒式磁选机磁场特性测量实验

一、实验目的

1. 了解和掌握永磁筒式磁选机的磁场分布规律；
2. 掌握磁场测量和绘制磁选机磁场特性图的方法。

二、基本原理

磁选机的磁场特性是指其磁系所产生的磁场强度及其分布规律。筒式弱磁场磁选机圆筒表面的平均磁场强度一般为 120kA/m 左右。在选分区域内，磁场强度随着距磁极表面距离的增加而减小；在圆筒表面，磁极边缘处的磁场强度高于磁极面中心和极间隙中心处的磁场强度；距离圆筒表面 50mm 以后，除最外边两点外，其余各点磁场强度相近。

筒式磁选机的磁场特性，对其选别指标有很大的影响。磁选机选分区的磁场特性是由磁选机的磁系机构和磁性材料的材质决定的。由于各生产厂家生产的磁选机的磁系结构和磁性材料的材质各不相同，加之在磁选机使用过程中磁系会发生退磁现象，因此适时测量磁选机的磁场分布特性，对于筒式磁选机的选择和评价具有重要意义。

筒式磁选机的磁场特性通常由特斯拉计实际测得，特斯拉计的测量原理和使用方法见附 3-1。

三、测量仪器和设备

1. 实验室永磁筒式磁选机一台；
2. 数字式特斯拉计一台；
3. 各种量具一套。

四、实验步骤

1. 在磁选机圆筒表面某一截面（靠近筒体中间且平行于端面）圆周上画一曲线，曲线内部为磁系所在位置；
2. 调试特斯拉计（见附注特斯拉计的使用说明）；
3. 用特斯拉计的霍尔传感器（探头）沿圆筒表面所画的曲线逐点测量，根据特斯拉计显示的数据判断内部磁系的极数和极性；
4. 用一小铁钉沿圆筒表面所画曲线的一端向另一端慢慢移动，如果移动至某一点时，小铁钉能够垂直立于筒体表面，则该点就是磁极极心的位置，如果小铁钉正切于筒体表面，则该点就是磁极间隙中间的位置，用此方法判定并标出磁极的极心位置和两极间隙中间位置；
5. 以磁极极心为测点，用特斯拉计分别测出距筒体表面"0mm、10mm、20mm、30mm、40mm、50mm"的磁场强度（注意：测量时特斯拉计霍尔传感器——探头测量表面应平行于测量点圆周的切平面）；
6. 以两磁极间隙中间位置为测点，用特斯拉计分别测出距筒体表面"0mm、10mm、20mm、30mm、40mm、50mm"的磁场强度（注意：测量时特斯拉计霍尔传感器——探头测量表面应垂直于测量点圆周的切平面，即立放探头）。

五、实验数据处理

（1）将实验结果填入表 3-4-1 中；

表 3-4-1　筒式磁选机磁场分布测定结果

测点与筒体表面距离/mm	磁场强度/kA·m⁻¹						平均磁场强度/kA·m⁻¹
	极心 1	极隙 1	极心 2	极隙 2	极心 3	极隙 3	
0							
10							
20							
30							
40							
50							

（2）绘制磁系沿与圆筒半径方向垂直的不同圆周面的磁场强度分布曲线图；

（3）根据实验结果分析筒式磁选机磁系、磁场分布规律，阐述磁选机是怎样合理利用这些规律的？

六、思考题

1. 根据实验结果，说明筒式磁选机磁系、磁场分布规律。

2. 筒式磁选机磁系的各结构参数对磁选机磁场和分选特性有何影响？

附 3-1：HT100 数字特斯拉计的使用说明

特斯拉计是利用霍尔效应原理制成的，是测量磁体直流磁感应强度、检测磁性材料磁性能的专用仪器。

1. 测量原理

在一块半导体单晶薄片（一般为锗薄片）的纵向两端（如图 3-4-1 中的 1，2）通一电流 I_H，此时半导体中的电子沿着和 I_H 相反的方向运动。当放入垂直于半导体平面的磁场 B 中，电子会受到磁场力 F_B（即洛伦兹力）的作用而发生偏转，使薄片的一个横断面上产生了电子积累，造成二横断面（如图 3-4-1 中 3，4）之间建立了电场，使电子受到电场力 F_E，它起到

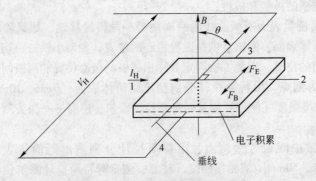

图 3-4-1　特斯拉计的霍尔效应原理

阻止电子偏转的作用，当 $F_B = F_E$ 时，电子在一侧的积累达到动态平衡，就产生了一个稳定的霍尔电势 V_H，其基本关系式为：

$$V_H = K_H I_H B \cos\theta \tag{3-4-1}$$

式中　V_H——霍尔电势；

　　　I_H——工作电流；

　　　B——磁通密度；

　　　K_H——元件灵敏度（与半导体单晶薄片的形状、厚度和霍尔常数有关）；

　　　θ——表示磁场方向和半导体平面（即霍尔元件平面）的夹角。

由上式可知，当半导体材料的几何尺寸选定，工作电流 I_H 给定，霍尔元件与磁场的位置固定于 $\theta = 0°$（即磁场方向与霍尔元件平面垂直时），此时 V_H 正比于 B，且 V_H 达到最大值。特斯拉计根据上述原理制造而成，它通过数据转换，直接在表盘上读取被测点（空中点）的磁场强度值。

2. 使用方法

国产 HT100 数字式特斯拉计的外形如图 3-4-2 所示。其使用方法如下。

（1）接通电源，将仪器后面板上的电源开关至"I"，数字电压表显示数据；

（2）按下量程开关至所需要的挡位，数字显示应为 000，如不为零，则调节面板上的调零电位器，使数字电压表显示为 000；

（3）将霍尔传感器插入仪器前面板的传感器输入处旋紧；

（4）将霍尔传感器有效位置垂直且紧密接触被测材料表面进行测量，表盘数字显示值即为被测材料表面该点垂直于传感器测量面方向的磁场强度的大小；

（5）仪器所配的传感器均可互换，使用非原配的传感器时仪器的误差为 ±2%；

（6）传感器前端霍尔元件上有个黑点为有效位置，该作用面接触磁体时仪表显示为负数时则表明该极为 S 极，如无负数显示则为 N 极。

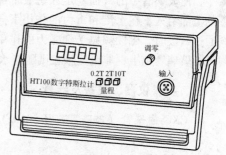

图 3-4-2　HT100 数字特斯拉计

按下 0.2T 量程时表头读数单位为 mT，其余量程单位均为 T。0.1mT = 1Gs、1T = 10000Gs。

3. 注意事项

（1）霍尔变送器是易损元件，必须防止变送器受压、挤、扭、弯和碰撞等，以免损坏元件而无法使用；

（2）变送器不宜在局部强光照射下或大于 60℃ 的高温和腐蚀性气体场合使用；

（3）仪器不宜在强磁场处存放，放置时至少应距离强磁场 1m 以上。

实验 3-5　强磁性物料的磁性分析实验

一、目的要求

1. 掌握用磁选管作强磁性物料的磁性分析的方法；

2. 学会磁选管的实验操作。

二、基本原理

磁选是根据物料中各种组分的磁性差异进行分选的一种分离方法，要确定物料磁选的可能性，需要研究物料各组成成分的磁性，进行物料的磁性分析。磁性分析的目的在于确定物料中磁性组分的磁性大小和磁性物含量。通常在进行矿产评价、确定物料磁选可选性指标以及检验磁选产品和磁选设备工作情况时，都会进行磁性分析。

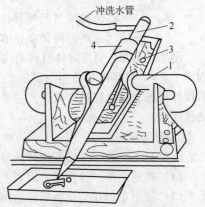

在实验室进行磁性分析的设备主要有：磁选管、手动磁力分析仪、自动磁力分析仪、湿式强磁力分析仪和交直流电磁分选等。其中磁选管应用最为普遍。

磁选管的构造如图 3-5-1 所示。在"C"字形铁芯上绕有线圈，分选时线圈通以直流电，电流强度可通过变阻器进行调节，最高磁场强度可达 280kA/m。玻璃管（直径稍大于磁极的间隙，一般为 φ40～100mm）被嵌在铜套中，通过支架架在两磁极之间，并与水平成一定角度。为使物料得到充分的选别，玻璃管在适当传动装置的带动下，可以作上下往复移动和转动。

图 3-5-1　磁选管示意图
1—电磁铁；2—玻璃管；3—非磁性
材料金属架；4—玻璃管的夹头

实验时，向玻璃管中加入水，调节下部排料端水流大小，使玻璃管中的液面稳定在磁极上部。物料由磁选管的上部给入，在水流和重力的作用下向下运动，当物料通过磁极时，磁性颗粒受到磁力的作用被吸引到磁极附近的玻璃管壁上，非磁性颗粒则随着水流继续向下运动直至被排出玻璃管。

三、实验仪器、设备及器具

1. CXG-磁选管（玻璃管直径 50mm）一台；
2. 天平一台；
3. 烧杯两个、接样盆数个；
4. 取样工具一套（包括：取样布、取样板、油刷、料铲等）。

四、实验物料

−0.076mm（−200 目）磁铁矿矿粉 100g 左右。

五、实验步骤

1. 取细磨试样 10～20g（品位低时，试样量要大些），并放入烧杯中搅拌成浆；
2. 阅读磁选管使用说明书，熟悉磁选管的构造，了解磁选管控制线路；
3. 接通电源并开动电机进行空转实验，检查机械运转部分及磁路是否有问题；
4. 确认磁选管一切正常后，将磁选管充满水，但不要溢出管外，调节排料口水流速度至合适流量；
5. 根据实验需要确定磁场强度值；
6. 调节激磁电流大小，使磁场强度达到要求值；
7. 将烧杯中的料浆徐徐地加入到玻璃管中，试样中的磁性矿粒被吸附在磁极附近的管壁上，而非磁性部分随水由管的下端排出；

8. 不断向玻璃管中补加清水，并保持管内水位不变（水面稍高于磁极面）；

9. 选分 5~10min，见到管内水清晰不浑浊时关闭电动机；

10. 先将玻璃管内的水放掉，并用小水将积在管壁上的非磁性物冲到非磁性产品接料盆内；

11. 关闭激磁电流，将玻璃管内的磁性产品冲入磁性产物接料盆内；

12. 将所得的磁性和非磁性产品脱水，烘干称量，取样进行化验分析；

13. 改变磁场强度（即改变激磁电流大小），重复上述 4~11 步骤继续实验。

六、实验结果的处理

1. 将实验结果填入表 3-5-1 中；

2. 计算出产率（r）及回收率（ε），对比实验结果，并进行分析。

表 3-5-1　强磁性物料分选实验结果表

产品名称	重量/g	产率 r/%	品位 β/%	收率 ε/%
磁性产品 1				
非磁性产品 1				
磁性产品 2				
非磁性产品 2				

注：该实验亦可用于小量强磁性矿石磁选条件实验。

七、思考题

1. 为什么要进行物料的磁性分析？

2. 进行物料磁性组分含量分析的磁性分析设备有哪些？

实验 3-6　强磁性物料湿式弱磁选实验

一、目的要求

1. 了解湿式筒式弱磁场磁选机结构及类型；

2. 学会湿式永磁筒式磁选机的使用操作方法。

二、实验原理

永磁筒式磁选机是强磁性物料湿式分选的一种常用设备。按着槽体（底箱）结构类型的不同，永磁筒式磁选机分为顺流型、逆流型和半逆流型三种。三种类型磁选机底箱结构如图 3-6-1 所示。湿式弱磁场磁选机主要由圆筒、磁系、槽体、喷水管、给料槽、卸水管、磁偏角调整装置和传动机构等组成，其半逆流型磁选机结构如图 3-6-2 所示。

分选时，矿浆经给矿箱流入槽体，在给料喷水管的水流作用下，矿粒呈松散状态进入槽体的给料区。在磁场的作用下，磁性矿粒发生磁聚而形成"磁团"或"磁链"，"磁团"或"磁链"在料浆中受磁力作用，向磁极运动，而被吸附在圆筒上。由于磁极的极性沿圆筒旋转方向交替排列，并且在工作时固定不动，"磁团"或"磁链"在随圆筒旋转时，由于磁极交替而产生磁搅拌现象。于是，夹杂在"磁团"或"磁链"中的脉石等非磁性矿物在翻动中脱落下来，

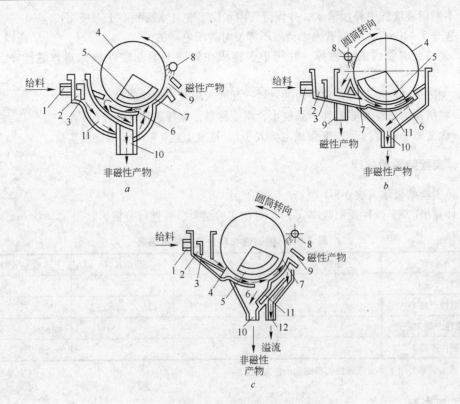

图 3-6-1 磁选机三种类型底箱示意图

a—顺流型；b—逆流型；c—半逆流型

1—给料管；2—给料箱；3—挡板；4—圆筒；5—磁系；6—扫选区；7—脱水区；
8—冲洗区；9—磁性产物管；10—非磁性产物管；11—底板；12—溢流管

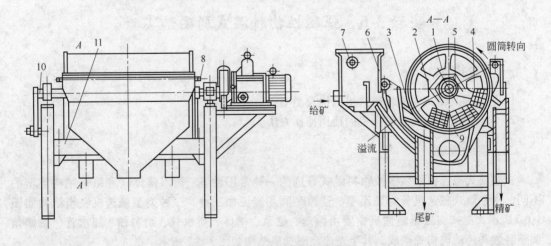

图 3-6-2 半逆流型永磁筒式磁选机

1—筒体；2—磁系；3—槽体；4—磁导板；5—支架；6—喷水管；7—给料箱；8—卸矿水管

最终被吸在圆筒表面的"磁团"或"磁链"即为精矿。精矿随圆筒转到磁系边缘磁力最弱处，在卸矿水管喷出的冲洗水流作用下被卸到精矿槽中。非磁性或弱磁性矿物被留在矿浆中随矿浆排出槽外成为尾矿。

三、实验仪器、设备及器具

1. 实验室小型湿式永磁筒式磁选机（$\phi200mm \times 110mm$ 或 $\phi400mm \times 300mm$ 型等）一台；
2. 25L 塑料桶数个、$\phi300mm$ 样盆数个；
3. 天平一台；
4. 取样工具一套；
5. 电热烘干箱一台。

四、实验物料

$-2mm$ 磁铁矿 $5 \sim 10kg$ 左右。

五、实验步骤

1. 取试样 4 份，每份 1000g；
2. 将试样分别用球磨机磨至指定的细度（如 -200 目含量 60%、70%、80%、90% 等）；
3. 检查磁选机，在确认没有问题时，开动磁选机；
4. 打开喷水管和精矿卸料水管阀门，并调节至适当流量；
5. 将塑料桶放于尾矿排出口，样盆放于精矿排出口；
6. 取出一份磨好的试样，慢慢地、均匀地给入磁选机；
7. 选别结束，关闭磁选机，并将圆筒上吸附的磁性物和底箱中残留的尾矿清理干净；
8. 将精矿和尾矿分别放到适当的地方使其自然沉淀澄清；
9. 再取另一份磨好的试样，重复 $4 \sim 8$ 实验步骤继续实验，直至完成所有试样的选别；
10. 分别将精矿和尾矿烘干、称重，并将结果记入表 3-6-1 中；
11. 分别取精矿和尾矿样进行化验分析。

六、实验结果的处理

1. 将实验数据和计算结果填入表 3-6-1 中；
2. 分别以磨矿细度为横坐标，以精矿品位和精矿回收率为纵坐标，绘出精矿品位、精矿回收率与磨矿细度关系的曲线。
3. 对实验结果进行分析。

表 3-6-1　强磁性矿物分选实验结果

试样	细度	重量/g			产率/%			品位/%			金属回收率/%		
		原矿	精矿	尾矿	原矿	精矿	尾矿	原矿	精矿	尾矿	原矿	精矿	尾矿
1													
2													
3													
4													

七、思考题

1. 湿式弱磁场筒型磁选机有哪几种，各适合什么样的物料？
2. 什么是湿式弱磁场筒型磁选机的磁搅拌现象？
3. 实验磁选机底箱结构属于哪一类，为什么？

实验 3-7　弱磁性物料湿式强磁选实验

一、目的要求

1. 学会琼斯型（间断作业）磁选机分选弱磁性矿物的操作方法；
2. 了解和掌握磁场强度、尾矿冲洗水量等因素对分离过程和磁选指标的影响。

二、实验原理

弱磁性物料可以利用强磁场选别设备进行分选，强磁场磁选机磁场强度通常在 800 ~ 1600kA/m（10000 ~ 20000Oe）范围内。

湿式强磁场磁选机种类很多，但这些磁选机结构上有着共同特点：一是它们都采用电磁磁系，磁系都由磁轭、铁芯和激磁线圈组成；二是它们的分选室都安装了不同形式的聚磁介质，以获得较高的磁场强度和磁场梯度。由于各种湿式强磁选机的聚磁介质各不相同，因此所获得的选别磁场特性和选别效果各有差别。本实验使用的磁选机为仿琼斯湿式强磁场磁选机，它的聚磁介质是不锈钢导磁材料制成的齿形聚磁板。

弱磁性物料的湿式强磁选过程为：将物料由给料装置给入磁选机的分选箱（室）后，物料随即进入磁场内，料浆在强磁场中流动时，非磁性颗粒随着料浆流通过聚磁介质间隙流入下部非磁性产品接矿槽，成为非磁性产物；磁性颗粒在磁力作用下被吸在聚磁介质上，除去分选箱的磁场（电流），用水将聚磁介质上的物料冲到磁性产品接矿槽中，即得到磁性产物。实现了弱磁性物料的强磁分选。

三、实验仪器、设备及器具

1. XQC 型间断作业式强磁选机一台；
2. 天平一台；
3. 秒表一块；
4. 烧杯、接样盆若干；
5. 取样用具一套。

四、实验物料

− 0.1mm 左右赤铁矿若干（也可是菱铁矿、锰矿等其他弱磁性物料）。

五、实验步骤

1. 仔细阅读设备说明书，了解设备的构造和操作方法；
2. 将磁选机操作方式选择开关拨在"手动"位置，接通电源、水源，检查设备有无异常现象；
3. 称取适量试样若干份（每份试样重量视可能得到磁性产物的产率大小而定，一般磁性产物产率在 50% 左右时，每份入选试样可取 50g 左右，其他产率时可类推），放入烧杯内用水调成 40%（固体含量）左右浓度的料浆，并浸泡一定时间，准备分选实验用；
4. 根据物料特性，确定物料分选所需的磁场强度，然后由设备使用说明书中 $H = f(I)$ 曲线查出各磁场强度相对应的激磁电流值；

5. 在磁选机排矿漏斗下部放一接样盆,准备承接非磁性产品;

6. 按下强磁选机控制器上的"磁场"键,接通激磁线圈,然后通过主机面板上的"激磁升、降"键将激磁电流调到需要值;

7. 按下控制器上的"给料"键,然后用洗瓶将烧杯内的矿浆给入机内;

8. 给矿完毕后,将"给料"键复位,并向给料槽中加入适量的冲洗水;

9. 按下"尾冲"键,按照实验前拟定的冲洗时间,在磁场存在条件下进行净化、清洗(冲洗时间用秒表计时);

10. 尾矿冲洗完毕,将非磁性产品接料盆移走,再在磁选机排矿漏斗下部放一接样盆,准备承接磁性产品;

11. 使"磁场"键复位消掉磁场,然后用"精冲"键将磁性产物冲入精矿盆中;

12. 对所得实验产品烘干、称量,并进行化学分析。

六、实验结果处理

1. 将在实验中所选定的工艺条件,以图示和文字形式加以说明;

2. 将实验中所改变的条件和相应的实验结果,记入表 3-7-1。

表 3-7-1　磁性矿物分选结果

实验条件	产率/%			品位/%			金属回收率/%			备 注
	原矿	精矿	尾矿	原矿	精矿	尾矿	原矿	精矿	尾矿	

七、思考题

1. 强磁场磁选机适合处理物料的物质比磁化系数的范围是多少?

2. 通常情况下,强磁场磁选机磁场强度的范围是多少?

实验 3-8　磁化焙烧—磁选实验

一、目的要求

1. 掌握在实验室进行小型还原焙烧实验的方法;

2. 了解弱磁性铁矿石还原焙烧的过程和条件;

3. 了解还原温度、还原时间等因素对矿石还原过程的影响。

二、基本原理

磁化焙烧用以增加弱磁性矿物(赤铁矿、褐铁矿、菱铁矿和黄铁矿等)的磁性。磁化焙烧按照其化学作用的不同分为三类:还原焙烧、中性焙烧和氧化焙烧。还原焙烧是将弱磁性的赤铁矿(α-Fe_2O_3)和含水的氧化铁矿($Fe_2O_3 \cdot nH_2O$)等加热到适当温度(一般约 570℃ 为宜)时,在还原气氛中与还原剂反应生成强磁性氧化铁(Fe_3O_4 或 γ-Fe_2O_3)的焙烧过程。还原焙烧过程可分为三个主要阶段:

（1）热加阶段。矿石以一定的温升速度，被加热到还原反应所需要的温度（一般为570℃）。这个阶段兼有矿石脱水的作用，一般当温度超过100℃时，矿石中的游离水很快蒸发，而当温度超过200℃时，开始除去结晶水。

（2）还原阶段。对还原阶段的要求有三：一是要求 Fe_2O_3 充分转变为 Fe_3O_4，二是要求还原反应速度要快，避免"还原不足"和"过还原"，三是要充分利用还原剂。

常用的还原剂是 H_2、CO、C，它们与 Fe_2O_3 的反应是：

$$3Fe_2O_3 + C =\!=\!= 2Fe_3O_4 + CO \uparrow$$

$$3Fe_2O_3 + CO =\!=\!= 2Fe_3O_4 + CO_2 \uparrow$$

$$3Fe_2O_3 + H_2 =\!=\!= 2Fe_3O_4 + H_2O \uparrow$$

高价氧化铁（Fe_2O_3）与还原剂发生还原反应时，将依次转变为：$Fe_3O_4 \rightarrow FeO \rightarrow Fe$，决定这一过程的主要条件是还原温度、还原时间和还原剂，三者互相制约。

（3）冷却阶段。当矿石被充分还原以后，常常需要在中性气氛中冷却到常温。如果冷却进行到400℃以下时，使矿石与空气接触，矿石可氧化成 γ-Fe_2O_3；如果在400℃以上接触空气，已还原成的 Fe_3O_4 则又按下式生成氧化产物：

$$4Fe_3O_4 + O_2 \longrightarrow 6\alpha Fe_2O_3$$

物料经过磁化焙烧，目的矿物由弱磁性变成了强磁性，这样就可以利用经济有效的弱磁场磁选方法对物料进行分选。

三、实验仪器、设备及器具

1. 具有温度自动控制系统的管状焙烧炉一台；
2. 气体流量计一台；
3. 秒表一块；
4. 煤气灯一支；
5. 天平一台；
6. ϕ20mm 瓷管一支；
7. 磁选管一台；
8. 样品盆和取样用具一套；
9. 还原剂：煤气或天然气足量（亦可采用燃煤作还原剂）。

四、实验物料

–3mm 的赤铁矿或褐铁矿100g 左右。

五、实验步骤

1. 取试样 20～40g；
2. 根据矿石类型和粒度大小，确定焙烧温度、焙烧时间和还原剂的用量；
3. 接通焙烧炉电源，将炉温预热到500℃左右；
4. 将试样均匀放入焙烧磁管的中央部位；
5. 将瓷管的一端与煤气源相连，另一端与煤气灯和温度计（热电偶）相连，放入管状炉膛（见图3-8-1）；
6. 调节温控系统，将试样所在位置的炉膛温度徐徐升至570℃左右，并使炉膛在570℃

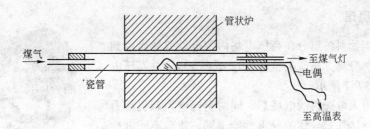

图 3-8-1 还原焙烧实验示意图

恒温；

7. 打开煤气开关，按需要的流量通入煤气，并且开始记录还原时间（还原反应进行时要保持炉内恒温）；

8. 矿石还原过程中，点燃煤气灯将多余煤气燃烧掉；

9. 焙烧过程中要不断地转动瓷管，以使还原反应进行得更充分；

10. 当还原进行到需要的时间时，关闭煤气开关、打开炉盖，取出瓷管；

11. 在不接触空气的情况下进行冷却，直至将瓷管中的物料被冷却到 400℃ 以下；

12. 将试样从瓷管中倒出，并称重；

13. 取焙烧试样 15g，并将其研磨；

14. 按强磁性物料磁性分析的方法对还原焙烧试样进行磁性分析。

六、实验结果处理

1. 将实验结果记入表 3-8-1 中。

2. 分析实验结果，并说明实验中所选的实验条件是否合适，为什么？

表 3-8-1 磁化焙烧实验结果

实验条件	重量/g			产率/%		品位/%			金属回收率/%	
	原矿	精矿	尾矿	精矿	尾矿	原矿	精矿	尾矿	精矿	尾矿

七、思考题

1. 磁化焙烧共有哪几类？各适合什么矿石，举例说明。

2. 矿石磁化焙烧后的磁性与磁铁矿的磁性有什么不同？

实验 3-9 电选分离实验

一、目的要求

1. 掌握电选的原理、观察电选分离矿石的基本过程；

2. 了解电选机的构造及操作方法。

二、基本原理

电选是利用物料各组分在高压电场内的电性差异而达到选分目的的一种分离方法。实验室 XDF 型 $\phi 250 \times 200$ 高压电选机结构如图 3-9-1 所示。

被选物料进入电选机的电场后，同时受到电力和机械力的作用，由于导体和非导体的导电性能不同，使得不同电性颗粒的受力状态不同。导体颗粒在电场内荷电以后很容易放掉电荷，因为静电感应的结果在偏向电极一侧产生与电极电性相反的电荷，导体颗粒被吸向电极一侧，在离心力的作用下偏向电晕电极一侧落下，成为导体产品；非导体在电场内获得电荷（与接地极电性相反）以后不容易放掉，因此吸在接地的转辊上，直到被刷子刷掉成为非导体产品；而导电性介于中间的物料成为中间产物落下。

图 3-9-1　高压电选机外形图

三、实验仪器、设备及器具

1. XDF 型 $\phi 250 \times 200$ 高压电选机 1 台；
2. 秒表 1 块；
3. 天平 1 台；
4. 样品盆 4 个；
5. 取样工具一套。

四、实验物料

－1mm 混合干物料若干（如白钨矿、粉煤、谷物、钛铁矿等）。

五、实验步骤

1. 仔细阅读设备使用说明书，检查设备是否完好；
2. 确定设备没有问题后，按下"电源启动"按钮接通电源；
3. 将试样加入电选机料仓中；
4. 分别在转鼓、料仓温度调节仪上设定加热温度，并将转鼓、料仓加热至设定温度（如 100℃左右）；
5. 按下"转鼓启动"按钮，并调节转鼓转速至合适转速值；
6. 按下"毛刷合"按钮，使毛刷靠近转鼓；
7. 按下"高压启动"按钮，并调节电压至所需电压值（注意：高压电给入前，一定要将电选机的前门关好）；
8. 按动"给料启动"按钮，并调节给料量，将试样给入分选室；
9. 给料结束，关好料仓闸门，将电压调节至零；
10. 依次按下"高压停止"、"毛刷离"、"给料停止"、"转鼓停止"按钮，并将"给料调节"调至零位；
11. 按下"电源停止"按钮，断开电源；
12. 打开电选机前门，清扫分选室，将精矿、中矿和尾矿分别收集好，并称重记录；

13. 将给料、精矿、尾矿分别取样进行化验；
14. 改变条件（电压、极距、转速及物料粒度等）继续上述实验。

六、实验结果处理

1. 按表 3-9-1 所列项目进行计算，并将实验结果填入表中；
2. 对实验结果进行分析。

表 3-9-1 电选实验结果

实验条件	重量/g			产率/%			品位/%			金属回收率/%		
	原矿	精矿	尾矿	原矿	精矿	尾矿	原矿	精矿	尾矿	原矿	精矿	尾矿

七、思考题

1. 影响电选过程有哪些因素？
2. 电选适合什么样的物料的分选？

第四章　重力分选实验

实验4-1　干涉沉降实验

一、目的要求

1. 观察干涉沉降中颗粒的沉降行为，加深对干涉沉降过程的认识和理解；
2. 掌握均匀粒群干涉沉降系数 n 的测定方法。

二、基本原理

固体颗粒在介质中的沉降可以分为两种形式：即自由沉降与干涉沉降。干涉沉降是指固体颗粒在流体中除受自身重力和流体浮力作用外，还受周围其他颗粒或器壁等附加作用力干扰的沉降过程。固体颗粒干涉沉降中所受到的附加作用力包括：颗粒向下沉降时，局部流体沿颗粒间或颗粒与器壁间的空隙向上涌起，形成上升股流，从而增加了流体的阻力；固体颗粒群与流体构成悬浮体，增大了流体的密度，从而增加了对颗粒的浮力；同时，在沉降过程中颗粒之间还会产生碰撞、摩擦，使其运动途径及速度发生变化。因此颗粒的干涉沉降速度小于自由沉降速度。重选过程中颗粒的沉降基本上都属于干涉沉降。

干涉沉降速度 V_s 与自由沉降速度 V_0 不同，它不是一个定值，而是容积浓度 λ 的函数。即：

$$V_s = V_0 (1 - \lambda)^n = V_0 \theta^n \qquad (4\text{-}1\text{-}1)$$

式中　V_s——干涉沉降速度，m/s；

　　　V_0——自由沉降速度，m/s；

　　　λ——容积浓度，%；

　　　θ——松散度，%；

　　　n——与介质和物料性质有关的常数。

可见，如果能够测出某种物料在介质中沉降的 n 值，就可以计算出该物料在各种浓度下不同颗粒的干涉沉降速度。

物料的 n 值可由干涉沉降管通过实验测得。干涉沉降实验装置如图 4-1-1 所示。向沉降管中通一上升水流，沉降管中的颗粒便发生悬浮，如果上升水流为匀速水流，且使颗粒悬浮的水流速度为 u_a，则当 u_a 一定时，颗粒在空间的悬浮位置从整体看也是一定的，此时可以认为干涉沉降速度 v_s 等于 u_a。因此，进行沉降管干涉沉降实验时，测出沉降管均匀上升水流速度 u_a 和粒群的悬浮高度 h，由于已知沉降颗粒的粒度，利用式（4-1-1）的计算公式就可以计算出物料的 n 值。

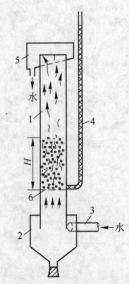

图 4-1-1　干涉沉降实验装置

1—悬浮物料用玻璃管；2—涡流管；

3—切向给水管；4—测压管；

5—溢流管；6—筛网

三、实验仪器、设备及器具

1. 干涉沉降实验装置一套；
2. 秒表一块；
3. 小盆6个；
4. 量筒1个。

四、实验物料

石英、玻璃、煤等均匀粒群（窄粒级），每一粒级物料量200g左右：

(1) 多角形煤　　　　粒度3~4mm（密度为1350kg/m^3）；

(2) 玻璃球　　　　　粒度3~4mm、0.5~0.6mm（密度为2640kg/m^3）；

(3) 多角形石英　　　粒度3~4mm、2~2.5mm、0.5~0.6mm（密度为2650kg/m^3）；

(4) 长条形石英　　　粒度3~4mm、2~2.5mm、0.5~0.6mm（密度为2650kg/m^3）。

五、实验步骤

1. 将沉降管连接好，其给水管应与恒压水箱连接以保证给水稳定；
2. 向沉降管给入清水，检查系统是否正常；
3. 确认沉降实验系统没有问题后，关闭给水阀，将沉降管中的水放出；
4. 称取适量3~4mm的多角形煤放入沉降管中；
5. 慢慢打开给水阀，观察上升水流速度不同时粒群悬浮的状态；
6. 调节并固定阀门位置（上升水流量能够使粒群处于悬浮状态）；
7. 待上升水流流动平稳后，测出水流量和粒群悬浮高度；
8. 关闭给水阀门；
9. 放出沉降管中的水，倒出实验物料；
10. 将沉降管清洗干净，待下次实验使用；
11. 再取另一试样，按上述实验步骤继续实验，直至所有试样实验完成为止。

六、实验数据处理

1. 将实验数据和计算结果填入表4-1-1中；
2. 分析相同粒度不同物料的n值变化；
3. 分析相同物料不同粒度的n值变化；
4. 分析物料颗粒形状与n值的关系；
5. 分析密度、容积浓度与n值的关系；
6. 推导出各物料的干涉沉降速度计算公式。

七、思考题

1. 自由沉降和干涉沉降的主要区别是什么？
2. 沉降指数n值的意义是什么？
3. 如何通过实验确定你所选用物料的自由沉降终速？

表 4-1-1　干涉沉降实验结果

试　样	粒群粒度 /mm	流量 /mL·s⁻¹	水流速度 /m·s⁻¹	悬浮高度 /mm	容积浓度/%	物料密度 /kg·m⁻³	物料的 n
多角形煤	3.0~4.0						
玻璃球	3.0~4.0						
	0.5~0.6						
多角形石英	3.0~4.0						
	2.0~2.5						
	0.5~0.6						
长条形石英	3.0~4.0						
	2.0~2.5						
	2.0~2.5						
	0.5~0.6						

实验 4-2　沉降法水析实验

一、目的要求

1. 掌握沉降水力分析的原理及操作方法；
2. 学会用沉降水析法测定细粒物料粒度特性的方法。

二、基本原理

水析法是进行物料粒度测定的一种方法，它基于物料在介质中的自由沉降原理。自由沉降是指颗粒在介质中沉降时，不受任何机械阻力作用，而只受介质阻力作用。理想的自由沉降条件应是一个颗粒在无限广阔的介质中沉降，实际上这种情况是不存在的。实际中，一般把颗粒在固体容积浓度小于3%时的沉降，视为自由沉降，此时可以忽略颗粒间的影响。

球形颗粒沉降末速通式为：

$$V_0 = \sqrt{\frac{\pi d(\delta - \rho)g}{6\psi\rho}} \tag{4-2-1}$$

式中　V_0——沉降末速，m/s；

$\quad d$——颗粒直径，m；

$\quad \delta$——物料密度，kg/m³；

$\quad \rho$——介质密度，kg/m³；

$\quad g$——物体在介质中的重力加速度，m/s；

$\quad \psi$——阻力系数，与雷诺数有关的无因次量。

当介质的雷诺数 Re 在层流阻力范围时，由颗粒的有效重力与斯托克斯阻力相等关系可以导出此种情况下的沉降末速公式为：

$$V_{0s} = 54.5\frac{\delta - \rho}{\mu}d^2 \tag{4-2-2}$$

式（4-2-1）称为斯托克斯沉降末速公式。其中 μ 为黏滞系数简称黏度，单位为（Pa·s）。在 20℃ 时，水的黏度为 0.001kg/(m·s)。

水力分析（简称水析）是借测定颗粒沉降速度间接测定颗粒粒度的方法。水析时，介质为水，水析过程一般都是在室温下进行，控制沉降条件使颗粒的沉降处于自由沉降状态，此时颗粒的沉降末速符合式（4-2-1）。沉降水析法是常用的水析方法之一，适合于 −0.1mm 物料的粒度分析。

沉降法水析装置见图 4-1-1。取适量待分析物料放入大烧杯中，把烧杯加满水，将物料和水搅拌均匀，停止搅拌后，烧杯中各种尺寸的颗粒即开始自由沉降。由斯托克斯沉降末速公式可以计算出颗粒 d 自液面沉降 h 高度时所需要的时间 t，当烧杯中的物料沉降 t 时间后，将液面以下 h 高度液体吸出，则吸出液中的物料即为小于 d 的颗粒。如此反复沉降淘洗，直至将大烧杯中小于 d 的颗粒全部淘洗到吸出液中，这样就将被分析物料分成了大于 d 和小于 d 两个粒度级别。

三、实验仪器、设备及器具

1. 沉降水析装置一套（烧杯为 1000mL）；
2. 塑料桶 6 个；
3. 取样工具一套；
4. 接样盆若干个；
5. 秒表一块。

四、实验物料

−0.1mm 石英 200g 左右（亦可采用其他物料）。

五、沉降法（虹吸法）水析实验步骤

1. 按图 4-2-1 装好沉降分析装置，并将虹吸管充满水；
2. 称取 −0.1mm 石英 30g 放入 1000mL 大烧杯中（注意：试样量应根据烧杯的容积大小来定，前提是保证溶液的容积浓度不大于 3%）；
3. 按斯托克斯公式计算 76μm、54μm、37μm、19μm 石英粒子的自由沉降末速 V_{0s}。
4. 测出虹吸管的插入深度 h（液面至虹吸管底口的高度）；
5. 按 $t = \dfrac{h}{V_{0s}}$ 公式确定不同粒径石英颗粒的沉降时间；
6. 把烧杯装水至 $h + 5\text{mm}$ 处（虹吸管底口距沉淀物料层要保持 5mm 左右以防大于分级粒度的物料被吸出）；
7. 用玻璃棒搅拌烧杯中的料浆，使物料充分悬浮，停止搅拌，立即用秒表记下沉降时间；
8. 待计时到计算的沉降时间 $t_{19\mu}$ 秒（19μm 颗粒的

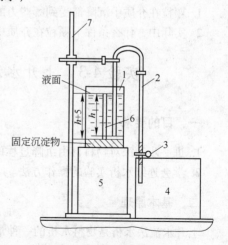

图 4-2-1　沉降水析装置

1—烧杯；2—虹吸管；3—夹子；
4—溢流盛装容器；5—烧杯座；
6—标尺；7—铁架台

沉降时间）后，打开夹子，吸出 h 高度下的全部悬浮液到容器中（塑料桶）；

9. 按上述实验步骤 6~8 重复多次，直至吸出的液体完全澄清为止；

10. 将吸出的液体静置沉淀，沉淀颗粒即为物料中 $-19\mu m$ 颗粒；

11. 再将烧杯装水至 $h+5mm$ 处，按沉降时间 $t_{37\mu}$（$37\mu m$ 沉降时间）继续进行水析，此时吸出液中的颗粒即为 $-37+19\mu m$ 粒级；

12. 以此类推，完成各个粒度的分级；

13. 将各个分级产品沉淀、过滤、烘干并称重，将实验结果填入表 4-2-1。

注：对每一粒度的沉降水析也可以各采取一份原料样，经计算可得到与上述方法相同的结果。

表 4-2-1　粒度沉降实验结果

粒度/μm	重量/g	产率/%		备　注
		级　别	累　计	
+76				
-76+54				
-54+37				
-37+19				
-19				

六、实验结果处理

1. 按表 4-2-1 进行实验结果计算；

2. 在直角坐标系中以粒度为横坐标、粒级产率为纵坐标绘出 $\Sigma r_i = f(d_i)$ 粒度特性曲线，并分析之。

七、思考题

1. 颗粒在介质中沉降都受到哪些力的作用？

2. 实际中，什么条件下颗粒在介质中的沉降可视为自由沉降？

实验 4-3　上升水流法水析（连续水析）实验

一、目的要求

1. 进一步加深对物料自由沉降过程的认识和理解；

2. 学会连续水析实验的操作方法。

二、基本原理

上升水流法水析是物料水析的一种常用方法，它利用的实验装置是连续水析器。连续水析器如图 4-3-1 所示。水析时，以相同流量的水流依次从每一个分级管（分级室）的下部流入，液流沿管上升流过不同直径的分级管，在每个分级管内产生不同流速的上升水流，于是物料就按沉降速度不同被分成不同的粒度级别。

每个分级管的分级粒度由分级管的直径和给水量确定。如果分级管的断面积为 A、内径为

D，给水量为 Q，则存在如下关系：

$$A = \frac{\pi}{4}D^2 = \frac{Q}{v_0}$$

(4-3-1)

在每个分级管中，沉降速度 v_0 大于管内上升水流速度 U_a 的颗粒便沉降下来；小于 U_a 的颗粒则进入下一个分级管内依次进行分级。而每个分级管中保持悬浮的颗粒就是该次分级的临界颗粒。

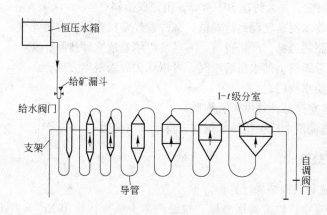

图 4-3-1　连续水析器示意图

三、实验仪器、设备及器具

1. 连续水析器一套；
2. 塑料桶若干个；
3. 取样工具一套；
4. 接样盆 10 个；
5. 500mL 烧杯 2 个。

四、实验物料

−0.1mm 石英 200g 左右（也可采用其他物料）。

五、实验步骤

1. 按连续水析装置图 4-3-1 接通水路，注意检查装置有无渗漏现象；
2. 称取物料 50g 放入烧杯，以适量水润湿，同时加入少量水玻璃作分散剂；
3. 按分级临界粒度要求计算上升水流速度。计算公式为：

$$V_0 = 54.5d^2(\delta - 1)/\mu$$

(4-3-2)

式中　V_0——自由沉降终速，m/s；

　　　d——分级粒度，m；

　　　δ——物料的密度，kg/m³；

　　　μ——水的黏性系数，常温取 μ 为 0.001Pa·s。

$$Q = V_0 \cdot A$$

(4-3-3)

式中　Q——某分级室流量，m³/s；

A——某分级室断面积 m^2，$A = \dfrac{\pi D^2}{4}$。

1 ~ 7 室横断面的直径分别为 $D_1 = 20mm$、$D_2 = 28mm$、$D_3 = 40mm$、$D_4 = 56mm$、$D_5 = 80mm$、$D_6 = 112mm$、$D_7 = 160mm$；

4. 打开给水阀门，调整流速为计算值的 70% 左右；

5. 将试料慢慢给入连续水析器，注意给料速度，保证给料的容积浓度应不大于 3%，先给入细颗粒后给入粗颗粒，并大约在 30 ~ 40min 内完成给料；

6. 给料完毕再将水流速度调到计算值，并注意经常检查使其保持不变；

7. 注意各级管路的通畅，严防进气，一旦发生堵塞应立即排除；

8. 待最后一级分级管上部水层清晰时，可以认为分级基本完成；

9. 关闭水析器给水阀门；

10. 分别收集各室产品，并烘干、称重；

11. 水析器内充满清水后关闭给水阀门，待下一次使用。

六、实验结果处理

1. 按表 4-3-1 进行实验结果计算；

2. 在直角坐标系中以粒度为横坐标、粒级产率为纵坐标绘出 $\Sigma r_i = f(d_i)$ 粒度特性曲线，并分析之。

表 4-3-1　粒度沉降实验结果

粒度/μm	重量/g	产率/%		备注
		级　别	累　计	
$+ d_1$				
$- d_1 + d_2$				
$- d_2 + d_3$				
$- d_3 + d_4$				
$- d_4 + d_5$				
$- d_5 + d_6$				
$- d_6 + d_7$				
$- d_7$				

七、思考题

1. 物料粒度的水力分析与筛析有何不同，为什么？

2. 连续水析过程中颗粒的形状和密度对水析结果有何影响？

实验 4-4　跳汰分选实验

一、目的要求

1. 了解跳汰选别的分层过程和粒度对跳汰选别的影响；

2. 观察筛下补加水对跳汰选别的影响；

3. 测量冲程、冲次并观察冲程、冲次对床层松散及选别的影响。

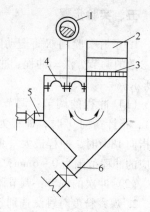

二、基本原理

跳汰分选是在垂直交变介质流中按密度分选固体物料的过程。典型的跳汰机结构如图4-4-1所示，它通过偏心连杆机构或凸轮杠杆机构推动橡胶隔膜做往复运动，从而使水流在跳汰室内产生脉动运动。跳汰机分选固体物料时，物料给到跳汰机的筛板上，形成一个密集的物料床层，从筛板下面透过筛板周期地给入上下交变的介质流，当水流上升时，床层被推动松散，使颗粒获得发生相对位移的空间条件，水流下降时床层又恢复紧密。经过床层的反复松散与紧密，就实现了跳汰室内物料的按密度分层（见图4-4-2），密度大的颗粒集中到底层，密度小的颗粒移动到上层。上层的低密度颗粒由水平流动的介质流带出跳汰室，形成低密度

图 4-4-1　跳汰机结构示意图
1—偏心轮；2—跳汰室；3—筛板；
4—橡胶隔膜；5—筛下给水管；
6—筛下高密度产物排出管

产物；下层高密度的颗粒或者透过筛孔或者通过特殊的排料装置排出，成为高密度产物。这样物料就在交变介质流的作用下，按密度被分选成高密度和低密度两种产品。

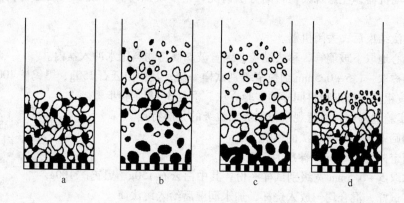

图 4-4-2　跳汰分层过程示意图

三、实验仪器、设备及器具

1. 实验室型双筒（玻璃筒）侧动隔膜跳汰机一台；

2. 天平一台；

3. 接样盆若干个；

4. 秒表一块。

四、实验物料

粗粒窄级别：−5.0 + 2.0mm，其中白云石300g、黑钨矿200g；

细粒窄级别：−1.5 + 0.5mm，其中白云石300g、黑钨矿200g；

宽级别：−5.0 + 0.5mm，其中白云石300g、黑钨石200g。

五、实验步骤

1. 了解实验用双筒侧动隔膜跳汰机构造，熟悉各参数的调节方法。冲程、冲次的调节方法如图4-4-3所示。

（1）冲程的调节：调节偏心套（如图4-4-3所示），指针指向0°时，冲程为零（偏心距为零）；指针指向180°时，冲程最大（偏心距最大），0°～180°对应的冲程范围为0～6mm；

（2）冲次的调节：调节调速电机转速。

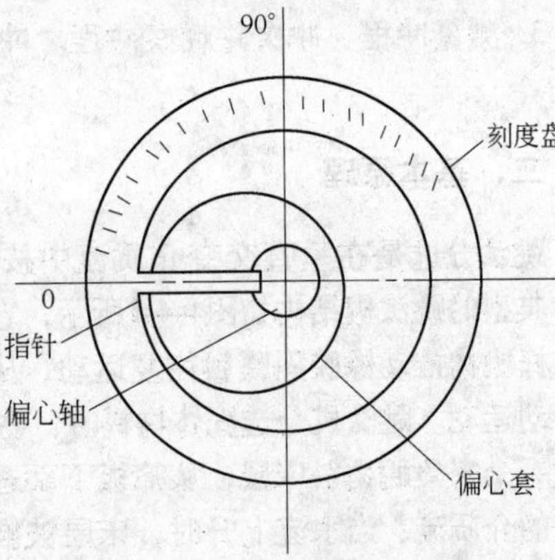

2. 观察粒度对跳汰选别效果的影响

（1）固定冲程为4mm，冲次为350r/min。

（2）称取 -5 +2mm粗粒窄级别试样一份，其中白云石150g、黑钨矿100g。

图 4-4-3　冲程调节示意图

（3）将试样，混合均匀放入烧杯，加水润湿后给入跳汰筒。

（4）轻轻打开筛下给水管，向跳汰室加水至水面高于物料40mm左右。

（5）关闭给水阀门（使选别过程中筛下补加水为零）。

（6）开动机器，注意观察物料的分层情况，记下跳汰时间（跳汰开始至物料分层基本结束的时间）。

（7）跳汰结束后，关闭机器。

（8）小心地取下玻璃管，移去端盖，倒置玻璃筒将物料用水冲入盆内。

（9）再称取 -1.5 +0.5mm细粒窄级别试样一份，其中白云石150g、黑钨矿100g。

（10）按粗粒窄级别物料同样的实验方法，重复3～8实验步骤。

（11）实验过程中，注意观察粗粒级细粒级的分层特点。

3. 观测筛下补加水对跳汰的影响

（1）固定冲程为6mm，冲次为350r/min。

（2）称取-5 +0.5mm宽级别试样一份，其中白云石150g、黑钨矿100g。

（3）将试样，混合均匀放入烧杯，加水润湿后给入跳汰筒。

（4）轻轻打开筛下给水管，向跳汰室加水至水面高于物料40mm左右。

（5）关闭给水阀门（使选别过程中筛下补加水为零）。

（6）开动机器，跳汰30s，观察筛下补加水过小或不加时对跳汰分选过程的影响。

（7）调节筛下补加水，使水量为适宜值（流量约在1000～800mL/30s）。

（8）跳汰30s，观察给入适量筛下补加水时的跳汰选分情况。

（9）再调节筛下补加水量，使水量超过适宜值。

（10）同样跳汰30s，观察给入过量筛下补加水时的跳汰选分情况。

（11）观察不同补加水量时跳汰的分选情况，明确筛下补加水的作用，绘出不同水流量时的分层示意图。

4. 观察冲程、冲次对跳汰选别过程的影响

（1）将冲程固定在6mm。

（2）称取 -5 +0.5mm宽级别试样一份，其中白云石150g、黑钨矿100g。

（3）将试样混合均匀放入烧杯，加水润湿后给入跳汰筒。

（4）轻轻打开筛下给水管，向跳汰室加水至水面高于物料 40mm 左右。

（5）关闭给水阀门，开动机器，每一冲次条件下跳汰 80s。

（6）调节电机转速（即改变冲次），观察不同冲次对跳汰选别的影响。

（7）将玻璃筒内的物料混合均匀。

（8）固定冲次在 350r/min。

（9）改变冲程大小，每一冲程条件下跳汰 80min。

（10）观察冲程大小对跳汰选别的影响。

六、思考题

1. 冲程、冲次在跳汰选别中的作用是什么？
2. 筛下补加水补加方式不同对跳汰周期曲线有何影响？
3. 何谓吸入作用？在实验中如何考察它的作用？
4. 试给出实验室型跳汰周期曲线，并比较机械冲程和水介质冲程的大小，为什么？

实验 4-5　摇床分选实验

一、目的要求

1. 了解摇床的构造，熟悉摇床选别的操作；
2. 验证物料在床面上的扇形分布；

二、基本原理

摇床分选是在一个倾斜、宽阔的床面上，借助床面的不对称往复运动和薄层斜面水流的作用，实现物料按密度分选的过程。摇床主要由床面、机架和传动机构三大部分组成，典型结构如图 4-5-1 所示。

图 4-5-1　平面摇床外形图

物料在摇床面上的分选主要包括松散分层和运搬分带两个基本阶段。在床面上，促使物料松散的因素基本上有两种：其一是横向水流的流体动力松散；其二是床面往复运动的剪切分散。横向水流流过床条时，会产生水跃，形成旋涡，推动上层颗粒的松散。摇床分选时床面做往复差动运动，由于贴近床面的床层接近于随床面同步运动，而上层床层则因自身的惯性使其运动滞后于下层，床面的往复运动使床面物料进一步松散分层。物料在摇床面上的分层几乎不受流体动力作用的干扰，近似按颗粒在介质中的有效密度差进行。松散分层的结果是：高密度的颗粒分布于下层，低密度的颗粒位于上层；同时由于颗粒在转移过程中受到的阻力主要是物料层的机械阻力，所以同一密度的细小颗粒比较容易地穿过变化的颗粒间隙而进入底层（图4-5-2）。

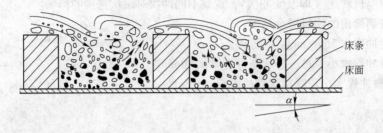

图 4-5-2　粒群在床条沟内的分层示意图

　　颗粒群在床面沿垂向进行松散分层的同时，还由于床面的往复差动运动、横向水流的冲洗作用以及重力作用，使颗粒在床面沿纵向和横向发生移动。颗粒在床面的横向运动速度，是水流冲洗作用和重力分力形成的推动力与床条所产生的阻碍保护作用综合作用的结果。这些作用使得悬浮在水流表面的微细颗粒首先被横向水流冲走，接着便是分层后位于上层的低密度粗颗粒；随着向精矿端推进，床条的高度逐渐降低，因而使低密度细颗粒和高密度粗颗粒依次暴露到床条的高度以上，并相继被横向水流冲走；直到到达了床条的末端，分层后位于最底部的高密度细颗粒才被横向水流冲走。物料颗粒在床面上沿纵向移动是由于床面做往复不对称运动造成的。颗粒在床面上发生纵向相对移动的条件是颗粒的惯性力大于颗粒与床面间的摩擦力。物料经过分层后，位于底层靠近床面的高密度颗粒与床面的摩擦力最大，在床面的带动下，向前移动的距离也最大，从床面向上，颗粒层间的摩擦力逐渐减小，受床面的推动作用也减小，因而向前移动的距离也就依次减小，这样产生了轻重颗粒纵向移动的速度差。

　　物料颗粒在床面上既做纵向运动又做横向运动，其最终运动方向就是二者的矢量和。密度大的颗粒的平均纵向速度大于密度小的颗粒，而其平均横向速度却小于密度小的颗粒；密度小的颗粒的运动情况正好与密度大的颗粒相反。这样就出现了密度小的颗粒运动方向偏向横向，密度大的颗粒偏于纵向。颗粒的横向运动速度越大，其偏离角就越大，它就越偏向尾矿侧运动；而颗粒的纵向运动速度越大，其偏离角则越小，它就越偏向精矿端移动。除了呈悬浮状态的微细颗粒以外，低密度粗颗粒的偏离角最大，高密度细颗粒的偏离角最小，而低密度细颗粒和高密度粗颗粒的偏离角则介于二者之间。不同密度、不同粒度颗粒在床面分层、运动的结果，就形成了颗粒在摇床面上的扇形分带（图4-5-3），从而实现物料的按密度分选。

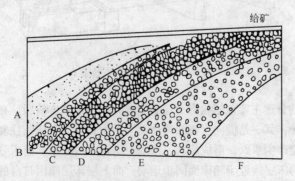

图 4-5-3　颗粒在摇床面的扇形分带示意图

A—高密度产物；B，C，D—中间产物；E—低密度产物；F—溢流和细泥

三、实验仪器、设备及器具

1. 实验室型摇床 1000mm × 450mm 一台；
2. 1000g 天平一台；
3. 塑料桶 6 个；
4. 接样铝盆若干个；
5. 取样工具一套。

四、实验物料

−2 +0.5mm 的白云石与黑钨矿混合物料 4000g，其中白云石 3000g、黑钨矿 1000g；或磁铁矿与石英的混合物料 4000g，其中磁铁矿 2000g、石英 2000g。

五、实验步骤

1. 称取 −2 +0.5mm 试样两份，每份 2000g，其中白云石 1500g、黑钨矿 500g。
2. 分别取白云石和黑钨矿各 100g，用 1.5mm 和 1.0mm 标准筛进行筛析，将筛析结果记录于表 4-5-3 中。
3. 将两份实验物料分别混合均匀放入盆内，并以少许水将其润湿。
4. 了解摇床的构造，观察床条的形状及分布，掌握冲程、冲次及床面倾角的调节方法。
5. 打开给料水管、冲洗水管使水充满床面，开动机器。
6. 取一份试样慢慢而均匀地从给矿槽给入床面。
7. 调节冲程、冲次、给水量及床面倾角，观察物料在床面的分布变化，直至物料在床面上呈扇形分布（此时冲程、水量、倾角等条件为适宜值）。
8. 物料呈扇形分布后停止给料并停止机器运转，停机后仍保持给料水、冲洗水和倾角不变（停机时不调节）。
9. 测量、记录给料水量和冲洗水量大小，观察记录白云石和黑钨矿在床面上的分布，即在精矿带、中矿带和尾矿带的粒度分布。
10. 根据床面上物料扇形分布情况，确定精矿、中矿、尾矿的截取位置。
11. 清理床面，将塑料桶放入精矿、中矿、尾矿产品接取位置，为正式实验做好准备。
12. 重新开动机器，按实验步骤 6 ~ 8 的预备实验所调整好的条件进行正式实验。
13. 取另一份试样，将物料均匀给入摇床（大约用 15min 左右的时间将 2kg 物料给完），记录实际给料时间。
14. 给料完毕，分别收集好各产品——精矿、中矿及尾矿。
15. 测量并记录摇床的操作条件：冲程、冲次、床面倾角等。
16. 将各产品分别澄清、烘干、称重。
17. 将烘干后的三个产品分别用干式感应滚式磁选机进行磁选，分离出产品中的黑钨矿和白云石。
18. 将三个产品中分离出来的黑钨矿称量并记录。
19. 将从中矿分离出的黑钨矿和白云石分别进行筛析，筛析结果记入表 4-5-3 中。

六、实验数据处理

1. 进行三产品选别指标计算；

2. 将实验和计算的有关数据分别填入表 4-5-1、表 4-5-2、表 4-5-3；

3. 叙述实验过程中所观察到的物料在床面上的粒度分布情况，并从原料和中矿的筛析结果说明黑钨矿和白云石在床面上的分布特性；

4. 说明冲洗水量和床面倾角对物料在床面上的扇形分布的影响。

表 4-5-1　摇床适宜的实验条件

处理量 /kg·h^{-1}	给水量 /CC·min^{-1}	冲水量 /CC·min^{-1}	冲程/mm	冲次 /次·min^{-1}	倾斜角/(°)

表 4-5-2　摇床选别结果

产品名称	质量/g	产率 γ/%	品位 β/%	γ·β	回收率/%
原　矿					
精　矿					
中　矿					
尾　矿					

表 4-5-3　产品筛析结果

粒级/mm	黑钨矿的粒度分配				白云石的粒度分配			
	原　矿		中　矿		原　矿		中　矿	
	质量/g	产率/%	质量/g	产率/%	质量/g	产率/%	质量/g	产率/%
2.0~1.5								
1.5~1.0								
1.0~0.5								

七、思考题

1. 摇床按床头机的机构分可有哪几类，实验室所用的摇床头属哪一类？
2. 以密度、粒度各不相同的几个典型矿粒，说明它们在床面上是怎样运动的。
3. 摇床中的冲程、冲次如何调解，它们在选分中的作用是什么？

实验 4-6　螺旋溜槽分选实验

一、目的要求

1. 了解螺旋溜槽的结构，观察物料的螺旋溜槽分选过程；
2. 学会螺旋溜槽各设备的连接方式及实验方法。

二、实验原理

溜槽分选是利用沿斜面流动的水流进行分选的方法。螺旋溜槽是由一个窄的长槽绕垂直轴线成螺旋状而成，它具有较宽、较平缓的立方抛物线形槽底，槽底在纵向（沿液流方向）和横向（径向）均有相当的倾斜度。螺旋溜槽如图 4-6-1 所示。当料浆自上端给入溜槽后，料浆中不同密度的颗粒在螺旋槽面上不仅受到流体推动力（流体阻力）、重力、惯性离心力和摩擦力的作用，同时还受到横向环流中上层液流向外侧的动压力、下层液流向内侧的动压力、环流的法向分速度与素流脉动速度所形成的动压力的作用，在这些力的作用下，料浆在沿槽流动过程中粒群将发生分层。重颗粒物料进入底层并向槽的内边缘运动，轻颗粒物料则在快速的回转运动中被甩向外边缘。这样不同密度的颗粒就在槽中展开了分带，从内边缘到外边缘颗粒的密度依次减小。在螺旋溜槽的下部用截取器沿径向依次截取不同部位（根据分带情况）的产物，便可以得到不同密度的产品，实现物料的按密度分选。

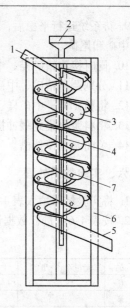

图 4-6-1　螺旋溜槽结构示意图

1—给料槽；2—冲洗水导管；
3—螺旋槽；4—连接法兰盘；
5—低密度产物；6—机架；
7—高密度产物导出管

三、实验仪器、设备及器具

1. ϕ600mm 单头螺旋溜槽一台，其主要参数见表 4-6-1；
2. 30L 搅拌槽 1 台（给料搅拌槽）、50L 搅拌槽（缓冲搅拌槽）1 台；
3. 出口 25mm 立式砂泵 2 台；
4. 取样工具一套；
5. 秒表一块；
6. 接样盆若干个（铝盆、不锈钢盆或搪瓷盆）；
7. 天平一台。

表 4-6-1　ϕ600mm 螺旋溜槽主要参数

槽外径 D/mm	槽内径 d/mm	螺距 P/mm	矩径比(P/D)	系数 A 值	槽宽 B/mm	槽高 H/mm	下倾角 γ/(°)
600	120	360	0.6	6.1	240	38	9

四、实验物料

粒度为 −200 目 50% 左右的铁矿（磁铁矿或赤铁矿）20kg。

五、实验步骤

1. 实际测量螺旋溜槽的主要几何参数。
2. 按图 4-6-2 所示的设备联系图，将设备连接起来构成循环闭路。
3. 向缓冲搅拌槽加入一定量的水。
4. 开动泵和搅拌槽。
5. 打开搅拌槽阀门，将水慢慢给入螺旋溜槽，检查泵、搅拌槽以及管路的运转情况。
6. 调节给料搅拌槽阀门，改变溜槽的给水量，仔细观察当水量从小向大变化时，水流在螺旋溜槽横截面上的形状和尺寸的变化。
7. 确认实验系统一切正常时，将试样均匀给入缓冲搅拌槽。
8. 观察物料在螺旋溜槽上的分层分带情况，观察给料浓度由小变大时的分选效果变化。

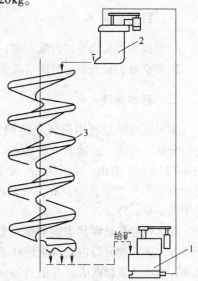

图 4-6-2　螺旋溜槽实验设备联系图

1—砂泵；2—搅拌槽；3—螺旋溜槽

9. 待系统运行平稳后，根据物料的分带情况调整截取器的位置，将螺旋溜槽排料分成精矿、中矿和尾矿。

10. 同时接取精矿样、中矿样和尾矿样。

11. 分别测量精矿、中矿和尾矿流量。

12. 将精矿样、中矿样、尾矿样称量后，烘干测出各干料重量。

13. 将料浆收集到缓冲搅拌槽内，并用清水将系统清洗干净。

14. 关闭泵和搅拌槽。

六、实验数据处理

1. 将实验结果填入表 4-6-2；
2. 按表 4-6-2 进行数据计算，并对实验结果进行分析。

表 4-6-2　螺旋溜槽实验结果

产　品	流量/m³·h⁻¹	干矿量/g	浓度/%	处理量/kg·h⁻¹	产率/%	品位/%	金属回收率/%
精　矿							
中　矿							
尾　矿							
原　矿							

七、思考题

1. 螺旋溜槽和螺旋选矿机的主要区别是什么？
2. 螺旋溜槽的特点是什么？
3. 螺旋溜槽上的两种螺旋转流是什么？各自流动特点是什么？

实验 4-7　水力旋流器分级实验

一、目的要求

1. 掌握水力旋流器的分级原理；
2. 学会水力旋流器的分级实验操作方法。

二、基本原理

水力旋流器是利用回转流使颗粒在离心力的作用下，进行分级、分选、浓缩的一种设备。水力旋流器的结构如图 4-7-1 所示。它由一个圆筒和一个圆锥连接而成，在圆筒的中心插入一个溢流管，沿切线方向接有给料管，在圆锥的下部留有沉砂口。

固体颗粒呈悬浮状态随料浆一起并在一定的压力下沿切线方向进入旋流器内，料浆液体遇到器壁后被迫做回转运动，而固体颗粒则依原有的直线运动的惯性继续向前运动。粗颗粒惯性力大，能够克服水力阻力靠近器壁，而细小颗粒惯性力较小，未及靠近器壁即随料浆做回转运行。

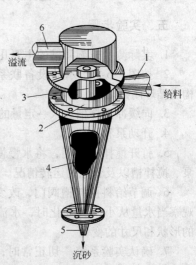

图 4-7-1　水力旋流器结构示意图
1—给料管；2—圆柱体；3—溢流管；
4—圆柱体；5—沉砂口；6—溢流排出口

在后续给料的推动下，料浆继续做向下和回转运动，固体颗粒相应产生惯性离心力。于是粗颗粒继续向周边聚集，而细小颗粒则停留在中心区域。这样就发生了粗细颗粒由器壁向中心的分层排列。

显然惯性离心力不仅固体颗粒存在，料浆液体也同样存在，并且由内向外逐层传递，到器壁处达到最大。该处的液体压强与给料压力构成平衡。所以旋流器必须有一定的给料压力。料浆的这种离心运动倾向也使它在进入旋流器后不能直接从溢流管排出，而只能向下做回转运动。但是如果给料压力很小，料浆不能形成足够的回转速度，便有可能从溢流管直接排出，粗细颗粒也就不可能按粒度分级。

随着料浆从旋流器的柱体部分流向锥体部分，流动断面越来越小。在外层料浆收缩压迫之下，内层料浆不得不改变方向，转而向上流动。于是在旋流器内形成了两组旋转流，即外层向下的旋转流和内层向上的旋转流。此时它们的切线流向仍保持一致，只在轴向发生了变化。在流向的转变点，速度为零。将零速的各点连接起来，在空间可形成一个敞口杯形的曲面，称为轴向零速包络面。在包络面内的细小颗粒将被带入溢流，在包络面外的较粗颗粒则进入沉砂，故包络面的空间位置即决定了分离粒度的大小。料浆在旋流器内的流动情况如图 4-7-2 所示。

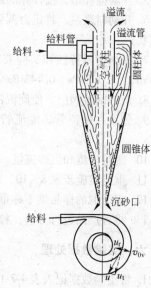

图 4-7-2　料浆在水力旋流器
纵断面上的流动示意图

影响旋流器工作的参数可分为设备结构参数和操作参数两大类。结构参数有：旋流器直径、给料口直径、溢流管直径、沉砂口直径、溢流管插入深度以及圆柱体高度、锥角的大小等。操作参数主要有给料浓度和给料压力。本实验只讨论给料压力对旋流器分级指标的影响。

三、实验仪器、设备及器具

1. ϕ50mm 水力旋流器实验系统一套（包括 ϕ50mm 水力旋流器一台、100L 搅拌槽一台、料浆泵一台、压力表一块），系统各设备按图 4-7-3 连接；

2. 秒表一块；

3. 取样盆数个；

4. 天平、台秤各一台；

5. 取样工具一套。

四、实验物料

$-200\mu m$ 石英粉（粉状物料均可）20kg 左右。

五、实验步骤

1. 向搅拌槽加入清水，开动实验系统，清洗并检查系统的运转情况。

2. 确认系统运转正常后，放出清洗水。

3. 根据实验需要确定旋流器给料浓度，并计算出

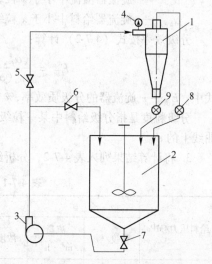

图 4-7-3　水力旋流器实验系统设备联系图
1—水力旋流器；2—搅拌槽；3—料浆泵；
4—压力表；5、6、7—阀门；
8—溢流取样点；9—沉沙取样点

加水量和加料量。

4. 按计算的加水量先将水加入搅拌槽（一定要先加水后加矿）。

5. 开动搅拌槽，按计算的加料量将实验物料慢慢加入搅拌槽。

6. 开动料浆泵，将压力调到 0.08 ~ 0.10MPa 左右，运转 5 ~ 10min，使料浆充分混合达到均匀状态。

7. 根据物料特性和实验要求，确定给料压力（一般可选取四个给料压力，如 0.08MPa、0.10MPa、0.12MPa、0.14MPa 等）。

8. 调节回流阀门，使旋流器给料压力达到要求值，并运转 5min 左右。

9. 分别在回流管、溢流管、沉砂口接取给料、溢流和沉砂样，并将各样称重以便计算浓度。

10. 测量溢流和沉砂流量。

11. 重复实验步骤 8 ~ 10，逐个完成其余各个给料压力实验。

12. 将所取的样品烘干称重，并取出粒度分析试样。

13. 将各产品进行分析，粒度分析结果填入表 4-7-2。

六、实验数据处理

1. 将实验数据记入表 4-7-1。

2. 计算分级量效率、分级质效率和分级粒度。

分级量效率按式（4-7-1）计算：

$$\varepsilon_{c-x} = \frac{\alpha_{c-x}(\alpha_{f-x} - \alpha_{h-x})}{\alpha_{f-x}(\alpha_{c-x} - \alpha_{h-x})} \times 100\% \qquad (4\text{-}7\text{-}1)$$

式中　ε_{c-x}——旋流器分级量效率，%；

　　　α_{f-x}——旋流器给料中小于 x 粒级的含量，%；

　　　α_{c-x}——旋流器溢流中小于 x 粒级的含量，%；

　　　α_{h-x}——旋流器给料中小于 x 粒级的含量，%。

分级效率按式（4-7-2）计算：

$$E_{质} = \frac{(\alpha_{f-x} - \alpha_{h-x})(\alpha_{c-x} - \alpha_{f-x})}{\alpha_{f-x}(\alpha_{c-x} - \alpha_{h-x})(1 - \alpha_{f-x})} \times 100\% \qquad (4\text{-}7\text{-}2)$$

式中　$E_{质}$——旋流器的分级质效率，%；其他同上式。

分级粒度是指分级给料中某一粒级在分级过程中进入溢流和底流几率相同的粒度，即效率曲线上的 d_{50}。

3. 将计算结果列入表 4-7-2，分析给料压力对旋流器分级指标的影响，列入表 4-7-3。

表 4-7-1　旋流器分级实验原始记录

给料压力/MPa	给　矿		溢　流			沉　砂		
	浓度/%	流量 /m³·h⁻¹	浓度/%	流量 /m³·h⁻¹	产率/%	浓度/%	流量 /m³·h⁻¹	产率/%
P_1								
P_2								
P_3								
P_4								

表 4-7-2　水力旋流器分级实验粒度分析结果

粒度/μm	给料		P_1				P_2				P_3				P_4			
	个别	累计	溢流		沉砂		溢流		沉砂		溢流		沉砂		溢流		沉砂	
			个别	累计	个别	累计	个别	累计	个别	累计	个别	累计	个别	累计	个别	累计	个别	累计
$+d_1$																		
$-d_1+d_2$																		
$-d_2+d_3$																		
…																		
$-d_n$																		

表 4-7-3　旋流器分级实验计算指标

给料压力/MPa	分级量效率/%		分级质效率/%		分级粒度 d_{50} /μm
	ε_{-20}	ε_{-40}	E_{-20}	E_{-40}	
P_1					
P_2					
P_3					
P_4					

七、思考题

1. 评价水力旋流器的指标有哪些？
2. 旋流器分级效果的影响因素有哪些，各有什么影响？

第五章 物料的浮游分选实验

实验 5-1 纯矿物浮选实验

一、目的要求

1. 掌握纯矿物浮选实验的基本方法；
2. 了解纯矿物浮选实验的意义。

二、基本原理

矿物破裂以后，有的矿物表面呈现亲水性，有的矿物表面呈现一定的疏水性，主要决定于矿物表面键的性质。大多数硫化矿物、氧化物、硅酸盐以及硫酸盐等都有强的亲水性，未经捕收剂作用都不能实现浮选。

矿物浮选分离时，须经破碎和磨细使矿石中目的矿物达到单体解离，以获得适于浮选所要求的适宜粒度。矿石在破碎和磨细过程中，矿物在外机械力的作用下，晶体内部分化学键受到破坏，出现新的断口或较平滑的"解理面"，这些断裂面是决定矿物可浮性的基础，颗粒表面与内部的主要区别是内部的离子、原子或分子相互结合，键能得到了平衡；而位于表面层中的离子、原子或分子朝向内部的一面，与内层有平衡饱和键能，而朝向外面的键能却没有得到饱和（或补偿），颗粒表面这种未饱和的键能决定了它们的天然可浮性。

所谓天然可浮性是指矿物在不添加任何浮选药剂的情况下的浮游性，矿物的天然可浮性与其解理面和表面键性及矿物内部的价键性质、晶体结构密切相关。

天然可浮性好的矿物是很少的，所以要实现矿物的浮选分离，主要是借助于添加捕收剂来人为地改变它们的可浮性。捕收剂的一端具有极性，朝向矿物表面，可以满足颗粒表面未饱和的键能；另一端具有石蜡或烃类物质那样的疏水性，朝外疏水，造成固体表面的"人为可浮性"，提高了它的浮选回收率。对于那些具有一定天然可浮性但又不希望其上浮的颗粒，经常使用具有选择性的抑制剂，抑制它们上浮。通过人为调整，达到良好的分离结果。

通过纯矿物浮选研究，可以了解不同矿物在有无药剂作用时的可浮性，从而可提出不同矿物之间的浮选分离方案。

纯矿物浮选实验有三种方法，即无沫浮选法、泡拣法和挂槽浮选法。

1. 无沫浮选法

无沫浮选法是浮选过程中不添加起泡剂，不形成泡沫层的一种实验方法，适用于研究药剂对矿物可浮性的作用。其优点是：需要的纯矿物量少，每次 1~3g 即可；药剂浓度和溶液的容积恒定；能精确控制操作变量。

无沫浮选法最常用的方法为单泡浮选法，也称 Hallimond 法，其实验装置如图 5-1-1 所示。其主体部分为单泡管，即 Hallimond 管由玻璃或有机玻璃制成，底部为多孔烧结石英砂滤板或毛细管，孔径 $40~60\mu m$，净化后的气体在此处进入单泡管。

2. 泡拣法

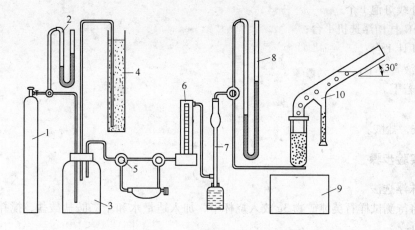

图 5-1-1　单泡浮选实验装置

1—气瓶；2—水银测压计；3—储气瓶；4—压力调节器；5—针阀；

6—转子流量计；7—皂膜流量计；8—水柱测压计；

9—电磁搅拌器；10—单泡管

　　泡拣法是用一根能产生单个气泡的玻璃管进行实验。通过测量单个气泡捕集的矿粒数（或称泡拣指数）来确定最佳的药剂条件。泡拣指数可用下式计算：

$$P_1 = \frac{P_n}{P} \times 100 \tag{5-1-1}$$

式中　P_1——泡拣指数；

　　　P_n——在任一实验条件下拣出的矿粒数；

　　　P——最佳条件下，同一矿物拣出的颗粒数。

　　3. 挂槽浮选法

　　单一纯矿物的浮选实验，一般采用 XFG 型挂槽浮选机，通常取 2~5g 矿样在 30~50mL 的浮选机中进行实验。用人工混合矿石进行实验时，浮选机容积可取 50~150mL，一般根据矿样量来选择浮选机的容积大小。

三、实验物料、仪器和试剂

物料：

石英纯矿物 100g（0.075~0.15mm）。

仪器：

1. 单泡浮选实验装置 1 套；

2. 烧杯 2 个；

3. 容量瓶 1 个；

4. 洗瓶 1 个；

5. 显微镜 1 台；

6. 电磁搅拌器 1 台；

7. 带起泡嘴的玻璃管 1 根；

8. 表面皿 2 个；

9. 红外线灯泡 1 个；

10. XFG 挂槽浮选机 1 台；

11. pH 计 1 台；

12. 移液管 2 个；

13. 盆若干。

试剂：

十二胺，盐酸。

四、实验步骤

1. 无沫浮选法

（1）将待测试样石英纯矿物 3g 放入烧杯中，加入适量水和十二胺盐酸盐，搅拌混合后移入单泡管中；

（2）开动电磁搅拌器，利用磁转子旋转产生的搅拌作用使矿粒保持悬浮状态，搅拌时间一般为 5min；

（3）开启针阀，产生气泡，可浮矿粒与从底部吸入的气泡接触后附着在气泡上，并随着气泡上升，到达液面后气泡破裂，矿粒落入承矿槽；

（4）关闭电磁搅拌器，将上浮矿粒和未浮矿粒分别放出，烘干、称重，记入表 5-1-1 中，并计算回收率。

2. 泡拣法

（1）将浓度为 5% 的石英纯矿物矿浆置于烧杯中；

（2）用 0.1% 的稀盐酸调节矿浆 pH 值为 8，加入约 40mg/L 的十二胺盐酸盐，放在电磁搅拌器上，开动搅拌器搅拌 3min，使矿粒与药剂充分作用；

（3）通过玻璃管底部的起泡嘴产生一个气泡，并使其与矿粒接触直至发生附着；

（4）将粘有矿粒的气泡提起并转移到表面皿上；

（5）用红外线灯泡烘干表面皿，并在显微镜下观察拣出的矿粒数，记入表 5-1-2 中；

（6）重复步骤 3、4、5，检测 4 次数据，将数据记入表中，并计算平均拣出的矿粒数。

（7）改变药剂用量或矿浆 pH 值条件，重复步骤 2~6，并将数据记入表中；

（8）分析表中数据，计算泡拣指数，分析实验结果，获得适宜浮选条件。

表 5-1-1　纯矿物浮选实验结果

浮选方法	上浮矿粒质量/g	未浮矿粒质量/g	矿物回收率/%
无沫浮选法			
挂槽浮选法			

表 5-1-2　泡拣法浮选实验结果

实验条件	气泡中的颗粒数 P_n/个					泡拣指数 $P_1 = P_n/P \times 100/\%$
	1	2	3	4	平　均	

3. 挂槽浮选法

（1）取 5g 矿样加入浮选槽中，并加水 30mL，开动搅拌机搅拌 2min；

（2）调节矿浆 pH 值为 8 左右，加入十二胺盐酸盐 40mg/L，搅拌 3min；

（3）插入分隔板，开始浮选，将泡沫用刮板刮入表面皿中，记录浮选时间；

（4）将放有泡沫产品的表面皿放入烘箱中烘干，称重，记入表 5-1-1 中，计算矿物回收率。

五、数据处理

将实验数据记入表 5-1-1 中，计算回收率，分析实验结果。

六、思考题

1. 纯矿物在实验之前，应该进行什么处理，以排除外来离子和各种污染的干扰？
2. 纯矿物浮选操作时，为了减少误差，应注意什么问题？
3. 常用的纯矿物浮选实验方法有哪些，各有什么优缺点？

实验 5-2　起泡剂性能测定

一、目的要求

1. 掌握测定起泡剂性能的方法；
2. 比较几种起泡剂的性能。

二、测定原理

起泡剂具有显著降低水溶液的表面张力的能力。所以往水中加入少量的起泡剂就可以大大地改善空气在水中的分散，就可以增加气泡的数目、气泡的强度和泡沫的稳定性。气泡的强度和泡沫的稳定性取决于起泡剂本身的性能和它在水溶液中的浓度。因此测定泡沫的体积（泡沫柱的高度）和泡沫的稳定性（泡沫的寿命），可以比较各种起泡剂的起泡能力。

三、实验仪器和药剂

仪器：

1. 起泡剂性能测定仪一套；
2. 秒表 1 块；
3. 500mL 烧杯 9 个；
4. 500mL 量筒 1 个；
5. 100mL 量筒 1 个；
6. 注射器（带针头）3 支；
7. 搅拌棒（带有橡皮套）3 支；
8. 洗瓶 1 个。

起泡剂性能实验装置如图 5-2-1 所示。

起泡剂：

戊醇、辛醇、2 号油各 1 瓶。

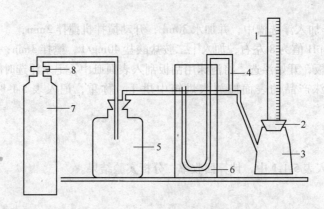

图 5-2-1　起泡剂性能测定装置

1—泡沫柱管；2—胶塞管；3—吸滤瓶；4—三通管；
5—缓冲瓶；6—压力计；7—氮气瓶；8—压力表

四、实验步骤

1. 清洗容器

将实验用泡沫管，先用洗液洗净，再用自来水冲洗干净，塑料烧杯、玻璃棒用自来水冲洗干净。

2. 配制试剂

取 3 个烧杯（500mL）为一组，每组分别滴入 1 滴、2 滴、3 滴戊醇、辛醇、2 号油（用带针头注射器垂直滴入，戊醇用 6 号针头，每滴重 6.08mg；辛醇用 6 号针头，每滴 6.9mg；2 号油用 9 号针头，每滴 8.77mg），再分别加入 300mL 自来水。

3. 给入氮气

将氮气瓶阀门打开，适当控制压力，使流量在一定范围内（600~800mL/min），氮气流入缓冲瓶 5，通过缓冲瓶进入吸滤瓶 3，并经过泡沫管 1 底部的石英隔板（滤板）与大气相通。

4. 空白实验

取自来水 100mL（即每 100mL 加入 0 滴起泡剂）给入氮气同时将水倒入泡沫管，记下未形成泡沫层时的液面高度，当再平缓给入氮气、泡沫不再上升时，泡沫管内开始形成泡沫柱。当泡沫柱稳定后，记下此时的泡沫柱高度（则高度差即为泡沫的高度）。在泡沫柱刚要下降时，停止给气，并同时按秒表，直到泡沫柱消失出现净水面为止，此时间即为泡沫寿命（即泡沫稳定性值）。将泡沫柱高度、泡沫寿命和氮气压力分别记入表 5-2-1 中。实验再重复一次，取其平均值。

每次做完实验后，要把泡沫管内的溶液倒出，并用自来水冲洗，吸滤瓶内的水也应倒出。

5. 对比实验

按实验步骤 4 分别测定 1 滴、2 滴、3 滴/300mL 浓度的戊醇、辛醇、2 号油的泡沫高度及泡沫寿命（每种浓度测 2 次去平均值）。更换另一种气泡剂时，除了把泡沫管内溶液倒出外，还要用洗液洗净，然后用自来水冲洗干净再用。

五、数据处理

以溶液浓度为横坐标（将浓度换算成 mg/L），泡沫寿命为纵坐标，将上述结果分别绘制成曲线。分析各种起泡剂的起泡能力，并对结果进行讨论。

表 5-2-1　起泡剂性能实验结果

药剂名称	溶液浓度 /滴·300mL^{-1}	空气压力 /mmHg	泡沫柱高度		泡沫寿命	
			个 别	平 均	个 别	平 均
清　水						
戊　醇	1					
	2					
	3					
辛　醇	1					
	2					
	3					
2 号油	1					
	2					
	3					

六、思考题

1. 起泡剂在浮选过程中的主要作用是什么？
2. 起泡剂的起泡性能主要包括哪些部分？

实验 5-3　捕收剂捕收性能实验

一、目的要求

1. 掌握有机酸、硫代化合物类捕收剂及阳离子捕收剂对不同矿物的捕收作用；
2. 掌握实验室小型浮选机的操作方法。

二、原理

自然界中硫化矿可用硫代化合物类捕收剂浮选，硫代化合物类捕收剂的特征是亲固基中都含有二价硫原子，对硫化矿物有捕收作用，而对脉石矿物如石英和方解石则没有捕收作用。所以用这类捕收剂浮选硫化矿石，易将石英和方解石等脉石分离出去；含碱土金属阳离子的矿物（如萤石、白钨矿、石灰石等）和一些氧化矿物（如赤铁矿等）可用有机酸及其皂类捕收剂浮选；硅酸盐类矿物（如石英）可用阳离子捕收剂浮选。

三、物料、仪器和药剂

物料：

−0.074 +0.04mm 左右的石英、方铅矿、赤铁矿纯矿物各 3g。

仪器：

1. 小型 3~15g 挂槽浮选机 1 台；
2. 秒表 1 块。
3. 洗瓶 1 个；
4. 50mL 烧杯 3 个；

5. 磁力搅拌器 1 台；

6. 容量瓶 3 个；

7. 移液管 3 个；

8. 吸耳球 1 个。

药剂：

乙基黄药、十二胺、油酸钠、2 号油、NaOH 和 HCl，分别配成一定浓度的溶液备用。

四、实验步骤

1. 将待使用的乙基黄药、十二胺、油酸钠捕收剂和 NaOH 按要求分别配制成一定浓度的溶液备用，并装入容量瓶中，十二胺要与盐酸按等摩尔比配成十二胺盐酸盐使用。

2. 称取 3g 粒级为 −0.074 +0.04mm 的方铅矿（或赤铁矿、石英）三份，为防止矿物表面氧化或污染，每份矿样用 2% NaOH 溶液在磁力搅拌器上清洗 3min，然后用蒸馏水清洗至溶液 pH 值为 7～6 时即可供实验用。

3. 启动小型浮选机，将一份方铅矿试样倒入浮选槽中，然后补加水至液面低于泡沫溢流堰 5～6mm 左右。

4. 加入适量捕收剂和 2 号油，用秒表记录搅拌时间，搅拌 3min 后开始进行浮选，浮选 3～5min 后，将精矿产品过滤、烘干后称重，记入表 5-3-1 中。

5. 换矿样重复 2、3、4 步骤。但注意浮选石英和赤铁矿时不需要加入起泡剂 2 号油，因为十二胺和油酸钠本身就具有起泡性能。

6. 计算产率（回收率）。

五、数据处理

将药剂用量、精矿重量等数据记入表 5-3-1 中，然后计算产率，由于实验选用的都是纯矿物，故实际上产率即是回收率。分析各捕收剂对矿物的捕收性能。

表 5-3-1　捕收剂性能实验结果表

矿样名称	矿物名称	药剂用量/mL	质量/g	产率（回收率）/%
方铅矿	精　矿			
	尾　矿			
	原　矿			
石　英	精　矿			
	尾　矿			
	原　矿			
赤铁矿	精　矿			
	尾　矿			
	原　矿			

六、思考题

1. 上述实验结果说明什么问题？

2. 试说明乙基黄药、十二胺、油酸钠三种捕收剂分别能捕收哪类矿物？

实验 5-4　铅锌矿石浮选分离实验

一、目的要求

1. 根据已学过的知识，自拟选别方案，判定药剂制度；
2. 了解捕收剂、起泡剂及调整剂的作用；
3. 掌握浮选操作过程；
4. 掌握实验室矿石浮选实验结果的处理方法。

二、原理

铅锌矿石浮选主要是方铅矿和闪锌矿的分离。

方铅矿（PbS，含 Pb 86.60%）表面具有很好的疏水性，很容易上浮，但表面氧化后可浮性降低。方铅矿的典型捕收剂是黄药和黑药，重铬酸钾是其典型的抑制剂，二氧化硫、亚硫酸用其盐、石灰、硫酸锌或上述药剂的组合均可以抑制方铅矿，但氰化物对方铅矿的抑制作用不强。

闪锌矿（ZnS，含 Zn 67.1%）是硫化矿物中较难选的一种矿物，且因杂质含量的不同，可浮性会有很大的差异，硫酸铜是闪锌矿的典型活化剂，氰化物可以强烈地抑制闪锌矿，硫酸锌、亚硫酸盐、硫代硫酸盐、硫化钠或上述药剂的组合均可抑制闪锌矿的浮选。

方铅矿与闪锌矿的分选，一般采用在碱性介质中抑制闪锌矿、浮选方铅矿的方法。抑制闪锌矿可采用氰化物与硫酸锌组合，但由于氰化物有剧毒，污染环境，并能溶解贵金属，目前采用无氰工艺代替，即采用二氧化硫、亚硫酸、亚硫酸钠、硫代硫酸钠等药剂与硫酸锌组合抑制闪锌矿，也可单独使用。

铅锌分选制度较简单，磨矿细度较粗，分离浮选的 pH 值较低，但当含硫较高时，则磨矿细度较细，浮选 pH 值较高。

三、物料、仪器和药剂

物料：

铅锌多金属硫化矿矿石 1200g 左右，称取 300g 矿样四份以备用；

药剂：

黄药、石灰、硫酸铜、硫酸锌、2 号油各 1 瓶；

仪器：

1. 0.75L 单槽浮选机 1 台；
2. 洗瓶 1 个；
3. 盆 4 个；
4. 10mL 吸液管 3 支。

四、实验步骤

1. 配药

浮选实验用的药剂溶液为了便于使用，常以 100mL 溶液中的含量表示。例如，欲配制 1% 的药剂溶液，可称取 1g 药剂倒入 100mL 的容量瓶中，加入一定的蒸馏水使之充分溶解，以后再加蒸馏水至 100mL 的刻度。在进行矿石选别工艺实验时，可用量筒代替容量瓶，并用自来水配药。

配制药剂溶液应先计算本次实验每种药剂用量，按计算所得数量乘以备用系数后称量配置，注意不要浪费药剂。

2 号油是油状液体，是以原液用注射器一滴一滴加入矿浆中的，滴加时针头应垂直。实验前应计算好应加入的滴数，当用量不到一滴时，可将原液滴在滤纸上，按所需的份数剪下加入到矿浆中，在标定注射器针头一滴的重量时，要注意针头的型号，因为针头型号不同，每滴的重量也不同，故用什么型号针头标定，加药时就应用该型号的针头加药。

2. 磨矿

（1）清洗球磨机。先加满水磨 5~10min，磨完后将球磨机清洗干净。

（2）确定磨矿浓度。每次实验用样 300g，磨矿浓度可定为 70%，计算出每次磨矿应添加的水量。

（3）按顺序将矿石、水、药剂（指调整剂）加入球磨机中，先加大约三分之二的水，后加矿石，再加药剂，最后加剩余的水。

（4）盖盖严后磨矿，并记录磨矿时间和加入的药剂，磨矿时间根据细度要求来确定。

（5）卸矿。磨矿时间到后，停下磨机，打开磨机盖，往盆里倒入矿浆，并将球内壁的矿样全部清洗下来，但用水不宜过多。

3. 浮选

浮选使用我国常规浮选设备——实验室型单槽浮选机（0.75L），操作如下：

（1）首先将浮选机洗净，将矿浆倒入槽内，并将盆上粘附的矿浆全部用水洗至槽内，为了防止矿浆沉淀，应先启动浮选机后倒入矿浆，再加入适量的水，使矿浆距刮出堰面低 10~15mm。

·　一般而言，pH 调整剂如石灰等都加入球磨机，而捕收剂、起泡剂与抑制剂（有时候一种也加入球磨机）加入浮选机。按确定的药剂条件与顺序加入药剂，捕收剂等呈溶液状态的药剂，用吸液管按计算出的毫升数加入，起泡剂等油状药剂用针头以滴数滴入。

（2）浮选。矿浆经加药处理后打开充气阀，记录时间，开动刮泡装置，浮选开始，泡沫刮入盆中。浮选过程中仔细观察泡沫状态、颜色、泡沫层厚度、矿化好坏等现象，并记录下来。浮选过程的不断进行，矿浆面下降，适当添加补充水保持一定的矿浆面。浮选至终点记下浮选时间，停止充气，停止刮泡，将矿浆从浮选槽中倒出，并将浮选槽洗净。

（3）测定矿浆 pH 值。浆经调浆与加药处理，浮选前应测矿浆 pH 值，将浮选机停止，沉淀片刻，吸取少量澄清液，在 pH 计上测定 pH 值，测完后将溶液倒回。

（4）产品处理。将浮选精矿与尾矿分别澄清、过滤、烘干，再经缩分取样，送化验室化验。

五、数据处理

记录磨矿条件和浮选条件，磨矿条件包括球磨机型号、容积、矿浆浓度、加球量及球径、磨矿时间及磨矿时加入的药剂，浮选条件包括浮选机型号、转数、容积（静止容积和充气容积），浮选浓度、pH 值、矿浆温度、药剂用量等。

数据处理：将浮选结果填于表 5-4-1 中。

表 5-4-1　浮选结果表

产品名称	质量/g	产率/%	品位/%	金属量 $\gamma \cdot \beta$	回收率/%
精　矿					
尾　矿					
原　矿					

六、思考题

1. 实验中有哪些基本计算？试逐一加以列出（如球介质充填系数、磨矿加水量的计算、石灰、黄药、2 号油添加量的计算及浮选浓度的计算等）。

2. 方铅矿和闪锌矿选别的方案、流程及药剂制度，各是什么？

3. 试说明实验中所采用的各种药剂的作用原理。

实验 5-5　润湿接触角的测定实验

一、目的要求

1. 掌握矿物表面润湿接触角的测定原理与方法；

2. 认识浮选过程中矿物界面的一个基本特性——润湿现象，从而了解在不同浮选药剂作用下矿物表面润湿接触角的变化，加深对浮选药剂作用的感性认识。

二、原理

矿物表面润湿接触角的大小，标志着矿物表面被水润湿的难易。也就是说矿物表面的润湿性可用接触角的大小来量度。亲水性矿物润湿接触角很小，可浮性差。而疏水性矿物表面接触角较大，可浮性较好。

不同矿物具有不同的自然润湿角，同一矿物在不同药剂作用下，其润湿接触角也各不相同。通常，矿物在同捕收剂作用之前，其表面具有亲水性，润湿接触角很小。矿物同捕收剂作用后，由于捕收剂的固着而形成一个疏水表面，润湿接触角增大。若将该矿物同抑制剂作用后，则其表面又恢复亲水性，润湿接触角又变成很小。

为了判断固体表面的润湿性大小，即固体表面的亲水或疏水程度，常用接触角来度量。当气泡在固体表面附着（或水滴附着于固体表面）时，一般认为其接触处是三相接触，并将这条接触线称为"三相润湿周边"。在接触过程中，润湿周边是可以移动的，或者变大，或者缩小。当变化停止时，表明该周边的三相界面的自由能（以界面张力表示）已达到平衡，在此条件下，在润湿周边上任意一点处，液-气界面的切线与固-液界面切线之间的夹角叫做"平衡接触角"，简称接触角（图 5-5-1），用 θ 表示。

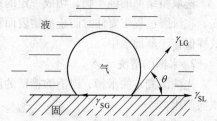

图 5-5-1　固体表面与气泡接触平衡示意图

三、物料、仪器和试剂

物料：

粗结晶的纯矿物（黄铜矿、石英）2 块。

试剂：

黄药、硫化钠、蒸馏水。

仪器：

1. 接触角测定装置 1 套（图 3-5-2）；

2. 搪瓷盘 1 个；

3. 量筒 3 个；

4. 烧杯 3 个；

5. 橡皮手套 2 副；

6. 竹夹子 1 个；

7. 给泡器（带针头注射器）1 个；

8. 磨料（氧化铝）；

9. 绒布 1 块；

10. 洗瓶 2 个。

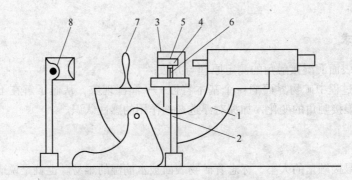

图 5-5-2　矿物表面润湿接触角测定装置

1—卧式显微镜；2—水平与垂直调整装置；3—有机玻璃盒；
4—实验的纯矿物块；5—气泡；6—支架；7—聚光镜；8—照明灯

四、实验步骤

1. 矿物磨光片的制备

选取粗结晶的纯矿物，切成一定的尺寸（如 20mm × 10mm × 10mm），在磨光机上将一面磨光，在研磨过程中要注意防止矿物表面和油脂接触，所有用具均应保持清洁。将制备好的矿块式样保存于蒸馏水中。

2. 水槽的清洗

先洗涤测定的水槽，以清除槽壁的油污和其他杂质，最后用蒸馏水清洗，然后装满蒸馏水供实验用。

3. 矿物表面的清洗

从储存矿块试样的蒸馏水容器中取一矿物，在毛玻璃板上加上少量的磨料和蒸馏水，将矿物磨光的一面在玻璃板上研磨，以除去矿物表面的氧化物薄膜。研磨完的磨片用蒸馏水将磨料洗去，再在绒布上研磨，用蒸馏水将矿物表面洗净后倒置于盛满蒸馏水的水槽中。

注意：磨矿块时禁止用手拿矿块，手必须带上胶皮手套后方可持矿块研磨。研磨不同性质的矿块必须严格使用不同的玻璃板和绒布；磨片的磨光面分别置于蒸馏水、黄药溶液中，彼此不能混用，用完后必须放回原来浸泡的溶液中。

4. 给泡和调整仪器

将水槽中的矿物表面调整水平后用针头注射器给一小气泡于矿物表面，（给泡时要一个一个地给，以免互相连成一片，影响测量，气泡大小以接近于小米粒大小为宜。）打开电源，光线自光源经透镜聚光镜将矿物表面的气泡射入显微镜筒内，调整镜筒位置使气泡完全清晰为止。

5. 测定矿物的平衡接触角。测定时，先测在蒸馏水中的接触角，再测在黄药溶液中的接触角，最后测定在硫化钠溶液中的接触角。

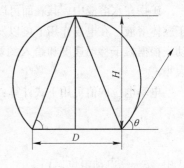

图 5-5-3　接触角计算示意图

如图 5-5-3 所示，对于每个气泡需测定气泡的高（H）和气泡与矿物的接触面直径（D），可按下式计算出接触角 θ：

$$\tan\alpha = \frac{H}{\dfrac{D}{2}} = \frac{2H}{D} \tag{5-5-1}$$

求出 α 角度后，接触角 $\theta = 180° - 2\alpha$，每次测定需重复三次取其平均值，将结果记于表 5-5-1 中。

测定完一种矿物后，将它放回原来的容器，再按以上步骤测定另一种矿物。

6. 测定矿物和黄药作用后的接触角，测定时矿块需预先在黄药中浸泡 5min，实验步骤同上，须注意：研磨矿块时，应在相应的玻璃板及绒布上进行。

7. 将已经过黄药处理过的硫化铜矿物磨光片，用清水洗后置于硫化钠溶液中，浸泡数分钟后，测定矿物表面的润湿接触角。

五、数据处理

将测定结果记于表 5-5-1 中，并分析测定结果。

表 5-5-1　接触角实验结果

矿物＼溶液	蒸馏水	黄　药		硫化钠
		乙基黄药	丁基黄药	
石　英				
黄铜矿				

六、思考题

1. 测定结果有什么规律，说明什么问题？
2. 实验结果有无误差，产生误差的原因有哪些？

实验 5-6　物料电动电位的测定

一、目的要求

1. 掌握显微电泳仪测定矿物电动电位的方法；

2. 深入理解物料表面双电层理论。

二、原理

矿物在水溶液中，其表面可以产生双电层，由微细矿粒组成的粗分散体系，某些性质接近于胶体溶液，在电场作用下可以发生电动现象。微细固体粒子产生电泳时粒子与水发生相对移动。根据粒子移动速度和给入的端电压，就可以计算出粒子滑动界面上带电荷的正负与电位大小。

电动电位的值可用下式计算：

$$\xi = \frac{4\pi\eta\mu}{DH}(300)^2 \tag{5-6-1}$$

式中　ξ——电动电位，V；

μ——电泳速度，μm/s；

H——电位梯度，V/cm；

D——水的介电常数；

η——水的黏性系数。

因 D、η 随温度而变，可以查手册得到。

矿粒所带电的正负根据离子运动方向来确定，当粒子向正极移动则 ξ 为负，反之为正。式中 μ/H 称为电泳迁移率或淌度。实验中，测出 μ 及 H 两项值，代入公式便可以计算出电动电位值。

三、物料和仪器

物料：

石英或赤铁矿纯矿物。

仪器：

1. 显微电泳仪一套，装置图如图 5-6-1 所示；

2. 电泳毛细管几支；

3. pH 计一台；

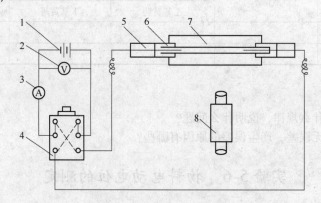

图 5-6-1　电泳仪装置图

1—直流电源；2—直流电压表；3—微安表；4—转向开关；

5—银电极；6—盐桥；7—电泳管；8—显微镜

4. 乳钵 2 个；

5. 烧杯 2 个。

四、实验步骤

熟悉仪器各部分结构及使用方法，先用自来水后用蒸馏水将所用容器和毛细管清洗干净。按以下各步进行操作：

1. 测定电泳毛细管的内壁距离。将空的（不带水的）毛细管置于电泳槽中，将镜头的焦点对准毛细管的内壁，镜下仔细观察，在内壁有一条细细的划痕，找到一个内壁后将千分表对准 0 点，再找第二个内壁的划痕，二内壁的距离可在千分表上读出。

2. 确定毛细管内静止层位置。对于截面为长方形的毛细管，它的静止层在距离管壁 10% 距离处。

3. 制备纯物料的悬浮液。称取 0.1g 粒度为 −10μm 纯物料，置于乳钵中研磨 3~5min，用蒸馏水洗至烧杯中，配置 300mL。需要测定不同 pH 溶液中电动电位时，用 HCl 或 NaOH 滴定至要求的 pH 值。

4. 将一制备好的悬浮溶液置于毛细管中，靠表面张力的作用可将毛细管吸满。仔细观察一下，毛细管内不应有小气泡，否则重吸。

5. 毛细管两端接上盐桥和电极。盐桥由 3% 琼胶和 0.1% HCl 配制而成，实验前已制成小塑料管盐桥，电极为银电极。先将盐桥套在毛细管上，再接上电源（40~45V 直流）后可以进行测定。

6. 测定电泳速度。电极接上电源后，带电粒子便产生位移，先注意移动方向，判断粒子带电正负，以后测定移动距离，并记下时间。记下粒子移动 10 格的时间，重复进行几次，计算平均值（目镜测微尺放大 100 倍时 10 格距离相当于 720μm）。

7. 测定电位梯度。测定毛细管两端盐桥的距离，读出两端的电位差，计算出电位梯度。

8. 按公式计算出电动电位值。

9. 再变化其他条件，进行另一个条件的测定。

五、数据处理

将测定结果记于表 5-6-1 中，并对实验结果进行分析。

表 5-6-1　电动电位测定实验结果

物料名称	作用条件 /pH	电位梯度 /V·cm^{-1}	电泳速度 /μm·s^{-1}	电泳迁移率 /cm^2·s^{-1}·V^{-1}	电动电位/V
石　英					
赤铁矿					

六、思考题

1. 测定物料电动电位的方法有哪几种，其原理是什么？

2. 测定电动电位值对浮选的指导意义是什么？

实验 5-7　浮选闭路流程实验

一、目的要求

1. 了解浮选闭路流程实验的方法和目的；
2. 闭路流程实验数质量流程的计算方法。

二、原理

闭路实验是用来考查循环物料的影响的分批实验，是在不连续的设备上模仿连续的生产过程。其目的是：找出中矿返回对浮选指标的影响；调整由于中矿循环引起药剂用量的变化，考察中矿矿浆带来的矿泥，或其他有害固体，或可溶性物质是否将累积起来并妨碍浮选；检查和校核所拟定的浮选流程，确定可能达到的浮选指标等。

闭路实验是按照开路实验选定的流程和条件，接连而重复地做几个实验，但每次所得的中间产品（精选尾矿、扫选精矿）仿照现场连续生产过程一样，给到下一实验的相应作业，直至实验产品达到平衡为止。例如，如果采用如图 5-7-1 所示的简单的一粗、一精、一扫闭路流程，则相应的实验室浮选闭路实验流程如图 5-7-2 所示。

一些复杂的流程闭路实验中有几次精选作业和扫选作业，每次精选尾矿和扫选精矿一般顺序返回前一作业，也可能有中矿再磨等。

一次闭路实验需要多台浮选机和多个操作人员，在一般情况下，闭路实验要接连做 5～6 个实验，为初步判断实验产品是否已经达到平衡，最好在实验过程中将产品过滤，把滤饼称湿重或烘干称重，并进行产品的快速化验，以分析实验是否已达到平衡，即产率和金属量的平衡。一般分析第 3 个实验以后的浮选产品的金属量和产率是否大致相等。

如果在实验过程中发现中间产品的产率一直增加，达不到平衡，则表明中矿在浮选过程中没有得到分选，将来生产时也只能机械地分配到精矿和尾

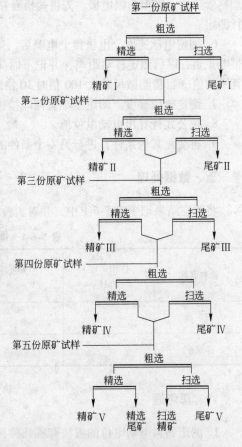

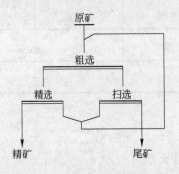

图 5-7-1　简单闭路流程　　　　　　　图 5-7-2　闭路实验流程示例

矿中, 从而使精矿质量降低, 尾矿中金属损失增加。

即使中矿量没有明显增加, 如果根据各产品的化学分析结果看出, 随着实验的依次往下进行, 精矿品位不断下降, 尾矿品位不断上升, 一直稳定不下来, 这也说明中矿没有得到分选, 只是机械地分配到精矿和尾矿中。对以上两种情况, 都要查明中矿没有得到分选的原因。如果通过产品的考察查明中矿主要是连生体组成, 就要对中矿进行再磨, 并将再磨产品单独进行浮选实验, 判断中矿是否能返回原浮选循环还是单独处理。如果是其他方面的原因, 也要对中矿单独进行研究后才能确定它的处理方法。

闭路实验操作中主要应当注意下列问题:

1. 随着中间产品的返回, 某些药剂用量要相应的减少, 这些药剂可能包括烃类非极性捕收剂、黑药和脂肪酸类等兼有起泡性质的捕收剂, 以及起泡剂。

2. 中间产品会带进大量的水, 因而在实验过程中要特别注意节约冲洗水和补加以免发生浮选槽装不下的情况, 实在不得已时, 把脱出的水留下来作冲洗水或补加水;

3. 闭路实验的复杂性和产品存放造成影响的可能性, 要求把时间耽搁降低到最低限度。应预先详细地作好计划, 规定操作程序, 严格遵照执行。必须预先制定出整个实验流程, 标出每个产品的号码, 以避免把标签或产品弄混所产生的差错。

4. 要将整个闭路实验连续做到底, 避免中间停歇, 使产品搁置太久。

根据闭路实验结果计算最终浮选指标的方法有三:

1. 将所有精矿合并作总精矿, 所有尾矿合并作总尾矿, 中矿单独再选一次, 再选精矿并入总精矿中, 再选尾矿并入总尾矿中。

2. 将达到平衡后的最后 2 ~ 3 个实验的精矿合并作总精矿, 尾矿合并作总尾矿, 然后根据"总原矿 = 总精矿 + 总尾矿"的原则反推总原矿的指标。中矿则认为进出相等, 单独计算。这与选矿厂设计时计算闭路流程物料平衡的方法相似。

3. 取最后一个实验的指标作最终指标。

一般都采用第二个方法, 其具体方法如下:

假设接连共做了 5 个实验, 从第 3 个实验起, 精矿和尾矿的重量及金属量即已稳定了, 因而采用第 3、4、5 个实验的结果作为计算最终指标的原始数据。

图 5-7-3 表示已达到平衡的第 3、4、5 个实验的流程图, 表 5-7-1 列出了表示各产品的质量、品位的符号, 如果将 3 个实验看作一个总体, 则进入这个总体的物料为: 原矿 3 + 原矿 4 + 原矿 5 + 中矿 2。

表 5-7-1 闭路实验结果

实验序号	精 矿		尾 矿		中 矿	
	质量/g	品位/%	质量/g	品位/%	质量/g	品位/%
3	W_{c3}	β_3	W_{t3}	ϑ_3		
4	W_{c4}	β_4	W_{t4}	ϑ_4	W_{m3}	β_{m5}
5	W_{c5}	β_5	W_{t5}	ϑ_5		

从这个总体出来的物料有: (精矿 3 + 精矿 4 + 精矿 5) + 中矿 5 + (尾矿 3 + 尾矿 4 + 尾矿 5)。

由于实验已达到平衡, 即可认为: 中矿 2 = 中矿 5, 则:

原矿 3 + 原矿 4 + 原矿 5 = (精矿 3 + 精矿 4 + 精矿 5) + (尾矿 3 + 尾矿 4 + 尾矿 5)

下面分别计算产品质量、产率、金属量、品位、回收率等指标。

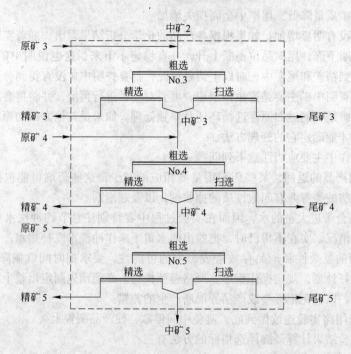

图 5-7-3 闭路流程

1. 质量和产率

每一个单元实验的平均精矿质量为：

$$W_c = \frac{W_{c3} + W_{c4} + W_{c5}}{3} \tag{5-7-1}$$

平均尾矿质量为：

$$W_t = \frac{W_{t3} + W_{t4} + W_{t5}}{3} \tag{5-7-2}$$

平均原矿质量为：

$$W_0 = W_c + W_t \tag{5-7-3}$$

由此分别算出精矿和尾矿的产率为：

$$\gamma_c = \frac{W_c}{W_0} \times 100\% \tag{5-7-4}$$

$$\gamma_t = \frac{W_t}{W_0} \times 100\% \tag{5-7-5}$$

2. 金属量和品位

品位是相对数值，是加权平均值，故需先计算绝对数值金属量 P，然后再算出品位。

3 个精矿的总金属量为：

$$P = P_{c3} + P_{c4} + P_{c5} = W_{c3} \cdot \beta_3 + W_{c4} \cdot \beta_5 + W_{c5} \cdot \beta_5 \tag{5-7-6}$$

精矿的平均品位为：

$$\beta = \frac{P_c}{3W_c} \times 100\% = \frac{W_{c3} \cdot \beta_3 + W_{c4} \cdot \beta_4 + W_{c5} \cdot \beta_5}{W_{c3} + W_{c4} + W_{c5}} \times 100\% \tag{5-7-7}$$

同理，尾矿的平均品位为：

$$\vartheta = \frac{P_t}{3W_t} \times 100\% = \frac{W_{t3} \cdot \vartheta_3 + W_{t4} \cdot \vartheta_4 + W_{t5} \cdot \vartheta_5}{W_{t3} + W_{t4} + W_{t5}} \times 100\% \tag{5-7-8}$$

原矿的平均品位为：

$$\alpha = \frac{(W_{c3} \cdot \beta_3 + W_{c4} \cdot \beta_4 + W_{c5} \cdot \beta_5) + (W_{t3} \cdot \vartheta_3 + W_{t4} \cdot \vartheta_4 + W_{t5} \cdot \vartheta_5)}{(W_{c3} + W_{c4} + W_{c5}) + (W_{t3} + W_{t4} + W_{t5})} \times 100\% \tag{5-7-9}$$

3. 回收率

精矿中金属回收率可按下列三式中任一公式计算，其结果均相等，即：

$$\varepsilon = \frac{\gamma_c \cdot \beta}{\alpha} \times 100\% \tag{5-7-10}$$

$$\varepsilon = \frac{W_c \cdot \beta}{W_0 \cdot \alpha} \times 100\% \tag{5-7-11}$$

$$\varepsilon = \frac{W_{c3} \cdot \beta_3 + W_{c4} \cdot \beta_4 + W_{c5} \cdot \beta_5}{(W_{c3} \cdot \beta_3 + W_{c4} \cdot \beta_5 + W_{c5} \cdot \beta_5) + (W_{t3} \cdot \vartheta_3 + W_{t4} \cdot \vartheta_4 + W_{t5} \cdot \vartheta_5)} \times 100\%$$

$$\tag{5-7-12}$$

尾矿中金属的损失可按差值（即 $100 - \varepsilon$）计算。为了检查计算的差错，也可再按金属量校核。

有了平均原矿的指标，必要时，也可算出中矿的指标。计算中矿指标的原始数据为中矿 5 的产品重量 W_{m5} 和品位 β_{m5}，要计算的是产率 γ_{m5} 和回收率 ε_{m5}。

$$\gamma_{m5} = \frac{W_{m5}}{W_0} \times 100\% \tag{5-7-13}$$

$$\varepsilon_{m5} = \frac{\gamma_{m5} \cdot \beta_{m5}}{\alpha} \times 100\% \tag{5-7-14}$$

计算中矿指标时，一定要记住中矿 5 只是一个实验的中矿，而不是第 3、4、5 个实验的"总中矿"。中矿 3 和中矿 4 还是存在的，只不过已在实验过程中用掉了。

三、物料、仪器和试剂

物料：

一定粒度的赤铁矿矿石 5kg，500g 一袋。

仪器：

1. 0.75L 单槽浮选机 2 台；

2. 洗瓶 3 个；

3. 容量瓶 2 个；

4. pH 计 1 台；

5. 盆若干；

6. 水浴锅 1 个；

7. 吸耳球 3 个；

8. 温度计 3 个；

9. 煤气加热盘 3 个；

10. 烘箱 1 台；

11. 锥形球磨机 1 台。

药剂：

油酸钠，碳酸钠

四、实验步骤

1. 设计好工艺流程，将所有需要的盆标上号，明确人员分工；

2. 将 500g 赤铁矿矿样放入锥形球磨机中，在适宜磨矿浓度下磨矿一定时间，制备出适宜粒度的待选赤铁矿矿浆；

3. 将待选矿浆加温后放入单槽浮选机中，加适量热水，搅拌 2min 后，加入 pH 调整剂调节 pH 值，搅拌 3min 后加入一定用量的油酸钠捕收剂，搅拌 3min；

4. 开启充气和刮泡装置进行浮选，浮选一定时间后，关闭充气和刮泡装置，获得粗选精矿和粗选尾矿；

5. 将粗选精矿加热后转移至另一台单槽浮选机中，加适量热水，添加适量浮选药剂后进行精选，获得精选精矿和精矿尾矿；

6. 将粗选尾矿加入适量热水和浮选药剂后再进行一次扫选，获得一扫精矿和一扫尾矿，一扫精矿备用，一扫尾矿加入浮选药剂后进行二次扫选，获得二扫精矿备用，二扫尾矿加入浮选药剂后进行三次扫选，获得三扫精矿和三扫尾矿备用；

7. 在粗选浮选机中加入第二个原矿矿样，同时加入一次精选的尾矿和一扫精矿，调节 pH 值后进行浮选，获得粗选精矿和粗选尾矿，粗选精矿转移到精选浮选机中进行精选获得一精矿和一精尾矿，粗选尾矿加入二次扫选精矿后进行一次扫选，获得一扫精矿和一扫尾矿，一扫尾矿加入三扫精矿后进行二次扫选，获得二扫精矿和二扫尾矿，二扫尾矿进行三次扫选，获得三扫精矿和三扫尾矿；

8. 重复进行第 3、4、5 个原矿样的浮选实验，将获得的第 3、4、5 个精选精矿和三扫尾矿进行即时化验，分析是否达到数质量的平衡；

9. 将最后一个原矿样获得的各个中矿进行化验，即一精尾矿、一扫精矿、二扫精矿、三扫精矿，记入表 5-7-2 中，计算各产物产率和回收率，绘制数质量流程图。

表 5-7-2　赤铁矿闭路浮选实验结果

产物名称	质量/g	产率/%	品位/%	回收率/%
第 3 个原矿样精矿				
第 3 个原矿样尾矿				
第 4 个原矿样精矿				
第 4 个原矿样尾矿				
第 5 个原矿样精矿				
第 5 个原矿样尾矿				
一精尾矿				
一扫精矿				
二扫精矿				
三扫精矿				
原　矿				

五、数据处理

将各产物重量和品位数据记入表 5-7-2 中，计算各产物产率和回收率，绘制数质量流程图。

根据表 5-7-2 的数据，反推计算出浮选工艺流程各产物的产率、品位和回收率，并绘制出浮选工艺数质量流程图，要求达到数量和质量的绝对平衡。

六、思考题

1. 怎样分析判断闭路实验已经达到了数质量平衡？
2. 闭路浮选实验操作中要注意什么问题？
3. 闭路实验结果计算最终浮选指标的方法有哪些？
4. 闭路浮选实验的目的是什么？

实验 5-8　实验室连续浮选实验

一、目的要求

1. 掌握连续浮选实验的方法；
2. 了解连续浮选实验的目的和特点。

二、原理

实验室连续性浮选实验的主要目的是验证实验室条件下制定的工艺制度、流程和指标；考查中矿返回对流程指标的影响；为下一步实验提供产品和训练操作人员。

中矿返回的影响，是指中矿中带来的药剂、矿泥、难免离子对药剂制度等选别条件和指标的影响，以及中矿的分配对选别指标的影响。中矿返回的影响是逐步积累的，需要一定时间才能充分暴露出来。为了适应中矿返回的影响，操作上的调整也需要一定的时间才能稳定下来。若时间过短，就可能出现假象。因而，在矿石性质复杂的情况下，短时间的实验室闭路实验不能代替连续性浮选实验。

实验室连续实验的特点是：

（1）实验是连续的，矿浆流态与工业生产相似，可反映出中矿返回作业对过程的影响；

（2）实验规模较大，持续时间较长，可在一定程度上反映出操作的波动对指标的影响；

（3）实验结果接近工业生产指标。连续性实验与工业生产指标差别的幅度主要与矿石的复杂程度以及选别的难易程度有关。

由于浮选作业过程影响因素较多，中矿的返回会明显地影响到原矿的选别条件和效率，间断操作与连续操作差别较大，浮选入选粒度小，所需矿样量小，因此一般必须做全流程连续实验。

实验室连续浮选实验的规模大小随矿石性质复杂程度、品位高低、有用矿物品种多少而不同。品位高，产品少，规模可以小些；矿物共生关系复杂，品位较低，产品较多，规模相应要大一些。另外，还要从实验操作的可行性考虑规模的大小。总体来讲，实验室连续实验设备生产能力一般为 2～1000kg/h 左右。由于如 XFLB 微型连续浮选设备的出现，连续浮选实验所需的矿量逐渐减小。

连续浮选设备的选择应在满足工艺需要的前提下，采用高效、节能且技术先进、实用可靠的设备。除连续浮选机外，实验室连续实验还需要磨矿分级机组以及给矿机、不同容积的搅拌槽、砂泵和给药装置等辅助设备。实验设备必须满足下列要求：设备型式应与工业生产设备相同或相似；同一型式的设备要有多种规格；便于灵活配置和连接；便于操作和控制。

三、物料、仪器和试剂

物料：

赤铁矿矿石 220kg。

仪器：

1. XFLB 型微型连续浮选设备 1 套；

2. 矿浆泵 1 台；

3. 给药机 2 台；

4. 洗瓶 3 个；

5. 搅拌筒 2 个；

6. 水浴锅 1 台；

7. 小型磨矿分级系统 1 套；

8. 温度计 2 个；

9. 煤气加热盘 3 个；

10. 电加热器 1 个；

11. 浓度壶 1 个；

12. 精矿筒和尾矿塑料筒各 2 个；

13. 容量瓶 3 个；

14. 烧杯 5 个；

15. 10mL 量筒 3 个；

16. 秒表 2 块；

17. 盆若干。

药剂：

RA715，淀粉，石灰

四、实验步骤

1. 准备工作。

即按设备联系图进行设备的调配和安装，包括连续分选设备中矿返回管的连接，给矿系统与浮选机的连接，给药装置的调试，浮选药剂的配置，人员工作的安排等；清水试车运行，检查电路、供水、设备运转是否正常；设备的备品备件准备，以保证实验顺利进行；药剂准备充分，准备好药剂添加系统，按工艺流程各个添加点的布置进行配置，进行添加系统的清水试车，管路通畅后，进行药剂添加实验，调整和检查给药机的药剂给量；绘制取样流程图，图中需要标明取样点、实验的种类等，按作业顺序标号，并准备好取样工具装样器皿及卡片等物品；负荷试车，确保实验流程的畅通，及时发现并解决运转过程中的"跑、冒、滴、漏"等问题。

2. 对物料进行磨矿分级。

控制磨矿浓度 65%～70%，并采用螺旋分级设备，调节分级机的溢流细度，使磨矿细度达到实验要求，磨矿细度每 30min 筛析一次，分级机溢流浓度每隔 15min 用浓度壶检测一次。

3. 将磨矿后的加药矿浆加热后送入搅拌筒进行搅拌，根据工艺药剂制度要求，在搅拌筒中加入浮选药剂。

注意不能将几种药剂加在同一搅拌筒中，每种药剂需要一个搅拌筒。加药顺序与单元浮选实验相同，但药剂用量有所不同，实验时可通过肉眼观察泡沫的外观情况或根据取样分析结果进行调整。由于实验规模量小、加药量少，加药装置必须灵敏而精确，可根据实际情况选用虹吸管装置和定量给药泵。药剂用量的测定与控制一般是用量筒接取加药机流出的药液，并用秒表计时，计算每分钟流出的药剂容积；

4. 启动浮选机，泵入已调节好的矿浆。

实验刚开始时，矿化泡沫量大，应严格控制泡沫刮出量。同一作业中几个浮选槽的泡沫刮出量一般应依次逐渐减小，但第一槽的泡沫刮出量不应过多，否则会由于大量药剂流失而影响后续各槽矿粒的浮选。浮选矿浆的液面不能太高，要保证一定厚度的泡沫层。一般情况下，精选作业和粗选的前几槽泡沫层要厚些，而粗选的后几槽和扫选作业的泡沫层要薄一些。浮选机液面调节好后，应保证给料量的均匀。

中矿的返回地点、循环量大小等对稳定操作和最终产品质量的影响极大，须特别注意。在不影响质量指标的前提下，中矿量控制越少越好。

5. 预先实验。

因为采用的设备规格不同和实验规模不同等原因，必须对设备、设备间的连接、流程的内部结构和操作条件进行调整，使矿浆浓度、药剂、浮选条件、中矿量、浮选时间等各项操作参数适应矿样性质，以期达到最佳的实验指标。

6. 正式实验。

调试正常后，即可转入正式实验。实验连续运转时间视具体情况而定，微型闭路浮选实验的时间一般为 24h。连续浮选实验过程平稳后，以进行取样分析。浮选给料、精矿和尾矿每 30min 取一次样，试样 2h 合并化验一次，进行快速分析以指导实验操作。同时每 2h 取流程样一次，每个班的试样分别合并化验，记入表 5-8-1 中，分析数据，计算并绘制数质量流程。

表 5-8-1　赤铁矿反浮选连续浮选实验结果

实验批次及时间	矿浆流量/mL·min⁻¹	产品名称	TFe/%	矿浆浓度/%
		给　矿		
		粗　精		
		粗　尾		
		一扫精		
		一扫尾		
		二扫精		
		二扫尾		
		三扫精		
		三扫尾		

实验批次及时间	矿浆流量/mL·min^{-1}	产品名称	TFe/%	矿浆浓度/%
		给　矿		
		粗　精		
		粗　尾		
		一扫精		
		一扫尾		
		二扫精		
		二扫尾		
		三扫精		
		三扫尾		
		……		
平　均		给　矿		
		粗　精		
		粗　尾		
		一扫精		
		一扫尾		
		二扫精		
		二扫尾		
		三扫精		
		三扫尾		

五、数据处理

赤铁矿反浮选连续浮选结果如表 5-8-1 所示。

根据表 5-8-1 的数据计算各产物的产率、品位和回收率，并绘制赤铁矿反浮选数质量流程图，分析连续实验结果。

六、思考题

1. 矿石连续浮选实验的目的是什么？
2. 矿石连续浮选实验过程中要注意什么问题？
3. 实验室连续浮选实验的特点是什么？

实验 5-9　真空浮选实验

一、目的要求

1. 了解真空浮选的主要方法和原理；
2. 掌握真空浮选的主要实验方法。

二、原理

在一定的条件下，减小气泡直径可以增加气—液界面的面积，强化微粒与气泡的碰撞与粘附，提高浮选速度，对微细粒矿物的浮选有利。目前，微泡浮选的主要工艺有真空浮选和电解浮选。

真空浮选又称减压浮选，采用降压装置，利用减压方法使溶于水中的气体从水中析出，从潜液中析出微泡的方法，气泡粒径一般为 0.1 ~ 0.5mm。研究证明，从水中析出微泡浮选细粒的重晶石、萤石、石英等是有效的。减压浮选适于有臭气、有害气体挥发的浮选过程。缺点是发泡量受到限制，需间断操作。

实验室所用真空浮选器是一硬质玻璃制成的茄形瓶，定性实验时，也可用各带刻度的 100mL 量筒。真空浮选设备图如图 5-9-1 所示。

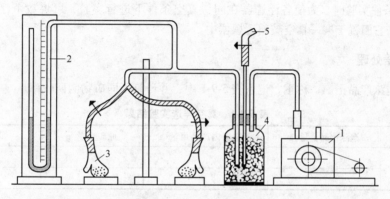

图 5-9-1　真空浮选实验设备

1—真空泵；2—水压压力计；3—真空浮选器；4—干燥瓶；5—调气口

三、物料、仪器和药剂

物料：

重晶石矿物 5g，石英矿物 5g。

仪器：

1. 真空浮选设备 1 套；

2. 烧杯 2 个；

3. 真空干燥箱 1 台；

4. 电子天平 1 台；

5. 洗瓶 1 个；

6. 容量瓶 1 个；

7. 吸耳球 1 个。

药剂：

油酸钠。

四、实验步骤

1. 配制一定浓度的油酸钠溶液于容量瓶中；

2. 将 1g 重晶石和石英矿物分别装入浮选器，然后加入一定量的水和油酸钠溶液，轻轻振荡，使矿粒与药剂发生作用，同时逐出矿物表面所附着的空气泡；

3. 将浮选器进行装配，使其与干燥瓶、真空泵相连；

4. 开动真空泵进行抽气，浮选器中压力逐渐降低，一般将压力控制在 $6 \times 10^4 \sim 9 \times 10^4 Pa$，可由压力计测出；

5. 随着压力的降低，浮选器底部的矿粒表面开始析出气泡，矿粒随气泡上升。到达液面后，气泡破裂，矿粒即落入浮选器的接收管中。

6. 实验结束后，停止抽气，把浮选产物分别收集在烧杯中，烘干、称重，记入表 5-9-1 中，计算回收率，分析实验结果。

实验时注意：

1. 不必将所有的矿物都浮出，只需求出在一定抽气时间的回收率即可；

2. 进行条件实验时，为使各浮选器在同一真空条件下进行实验，可将数个浮选器并联于抽气泵，或将它们置于同一真空玻璃干燥器中。

五、数据处理

将浮选泡沫产品干燥、称重，记入表 5-9-1 中，并计算不同矿物的回收率。

表 5-9-1　真空浮选实验结果

矿物种类	泡沫产品重量/g	浮选器内产品重量/g	原矿重量/g	回收率/%
重晶石				
石　英				

六、思考题

1. 真空浮选的原理和适宜处理的矿石粒度范围。

2. 真空浮选实验时要注意什么？

实验 5-10　电解浮选实验

一、目的要求

1. 了解电解浮选的主要方法和原理；

2. 掌握电解浮选的主要实验方法。

二、原理

电解浮选是利用电解水的方法获得微泡，气泡的产生是靠电解时在阴极和阳极分别析出 H_2 和 O_2 形成的，借助于氧气泡和氢气泡浮选悬浮的矿粒，电解过程反应式如下：

$$H_2O \longrightarrow H^+ + OH^- \qquad\qquad (5\text{-}10\text{-}1)$$

$$H^+ + e \longrightarrow H;\ 2H \longrightarrow H_2 \uparrow \qquad\qquad (5\text{-}10\text{-}2)$$

$$4OH^- - 4e \longrightarrow 2H_2O + O_2 \uparrow \qquad\qquad (5\text{-}10\text{-}3)$$

通过电解产生的气泡粒径极小，约为 0.02~0.06mm。实验中，气泡大小可通过电解电流、电极材料、电极的几何形状及介质 pH 值等进行控制。用于浮选细粒锡石时，单用电解氢气泡浮选，粗选回收率比常规浮选显著提高，由 35.5% 提高到 79.5%，同时品位提高 0.8%。电解浮选是新近发展起来的微细颗粒乃至胶粒的浮选工艺，不仅用于一般固体物料的分选，还用于工业废水处理、轻工及食品工业产品的净化等。

电解气体发生器的结构目前已有十多种，包括无隔膜的氢气氧气混用型以及带隔膜单用某种气体或双槽分用不同气体的分用型等。

图 5-10-1 为带隔膜的气体分用型实验室电解浮选装置。其浮选槽底部安装由薄膜隔开的电极对，薄膜同时起分隔气体的作用。阳极产生氧气微泡，阴极产生氢气微泡，可根据需要决定隔膜上、下电极的极性。实验时，阴极材料可选用不锈钢、铂等金属网，阳极材料用石墨、不锈钢网或板，以不会被很快腐蚀为原则。由于电解系统发热，故在底部加冷却水套以导出气体及热量。隔膜采用厚 0.8 ~ 0.9mm、比电导率为 $5 \times 10^{-3} ~ 6 \times 10^{-3}$ $\Omega^{-1}cm^{-1}$ 的离子交换膜，电流密度在 $100 ~ 400A/m^2$ 范围内变化，由于电极间距很小，所以电能消耗较小。

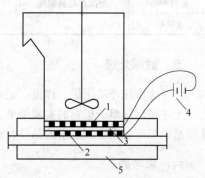

图 5-10-1　电解浮选实验设备
1，2—上、下电极；3—隔膜；
4—电源；5—冷却系统

电解除产生微泡外，电解气体本身还是一种活泼的调整剂，气体刚从电极表面析出时呈原子状态，时间虽短，但可以对矿物表面及浮选药剂产生显著的影响，有时可大大提高浮选过程的选择性。例如，电解氧气能提高黄铜矿、黄铁矿等硫化矿物的浮选活性，而电解氢气能活化锡石的浮选，但使硫化矿和石英的可浮性变坏。所以分选不同的矿物，应选择不同类型的电解气体发生器。

三、物料、仪器和药剂

物料：

黄铁矿 1kg。

仪器：

1. 电解浮选实验装置 1 套；

2. 烧杯 1 个；

3. 真空干燥箱 1 台；

4. 电子天平 1 台；

5. 洗瓶 1 个；

6. 容量瓶 1 个；

7. 吸耳球 1 个；

8. 微型注射器 1 个。

药剂：

乙基黄药，硫酸铜，2 号油。

四、实验步骤

1. 配制一定浓度的乙基黄药和硫酸铜溶液；

2. 按 30% 浮选浓度将一定量的黄铁矿矿样加入电解浮选槽中，加入适量水；

3. 开启电解浮选装置搅拌器，搅拌矿浆 5min 后，加入适量硫酸铜搅拌 3 分钟，再加入适量乙基黄药后搅拌 3min，用注射器加入 1 滴 2 号油，搅拌 2min；

4. 打开电解装置开始浮选，把浮选泡沫产物收集在烧杯中，烘干、称重，记入表 5-10-1 中，计算回收率，分析实验结果。

表 5-10-1 电解浮选实验结果

矿物种类	泡沫产品重量/g	浮选器内产品重量/g	原矿重量/g	回收率/%
黄铁矿				

五、数据处理

将浮选泡沫产品干燥、称重，记入表 5-10-1 中，并计算矿物的回收率。

上述是浮选单一矿物的实验结果，也可进行含多种矿物矿石的分选实验，通过精矿产率和化验精矿和尾矿中金属元素的品位，获得矿石电解浮选的分选效果。

六、思考题

1. 电解浮选的原理是什么？
2. 不同的矿物采用电解浮选时要注意什么？

实验 5-11 选择性絮凝分选实验

一、目的要求

1. 了解选择性絮凝的目的和分选原理；
2. 掌握选择性絮凝分选的操作过程。

二、原理

选择性絮凝是指在一个含有两种或两种以上矿物的稳定悬浮矿浆中，加入某种高聚物絮凝剂后，由于矿物的表面性质不同，絮凝剂与某一矿物表面发生选择性吸附，通过桥联作用生成絮凝物而下沉，其他矿物组分仍然呈悬浮体分散在矿浆中，脱除悬浮体，即可达到矿物分离的目的。絮凝剂与矿物表面的作用，与泡沫浮选相似。实验中，加入调整剂用以活化或抑制絮凝剂与矿物的作用，调整剂的作用与浮选类似。

选择性絮凝实验包括三个步骤，即分散、选择性絮凝和脱除悬浮物。

1. 分散

絮凝之前，首先要添加分散剂，防止具有相反符号电荷的矿粒发生凝结，使矿粒呈悬浮分散状态。目前使用较多的分散剂是氢氧化钠、碳酸钠、水玻璃、六偏磷酸钠等。分散剂通常是加入磨矿机中（如果试样要进行磨矿），磨矿后的矿浆转移至玻璃容器中，并稀释至 5% ~ 20% 浓度。分散剂种类、用量和矿浆浓度，通过实验确定。

2. 选择性絮凝

矿浆分散后，须加入选择性絮凝剂。对矿物有选择性絮凝作用的絮凝剂有石青粉、腐殖酸钠、橡子粉、芭蕉芋淀粉、木薯淀粉、经过水解的聚丙烯酰胺等，通过选择性絮凝剂与矿粒表面的桥联作用，使某一组分形成絮团下沉，而其他组分仍呈悬浮状态。当絮凝剂对欲分离的矿物的作用缺乏选择性时，往往如同浮选一样，需加入活化或抑制絮凝作用的调整剂，以调整絮凝剂的聚合度大小、离子化程度和吸附机理，或调整矿粒的表面性质，如矿物的表面电位等。加入调整剂和絮凝剂的类型、用量和调浆的搅拌速度，通过实验确定。

3. 脱除悬浮物

矿浆中的絮团下沉后，用倾析法或虹吸法脱除悬浮体，使絮团与悬浮物分离。在絮团形成和下沉过程，具有80%～90%空隙的絮团中夹带一部分不希望絮凝的矿物组分。若絮团是欲选的有用矿物，为排除絮团中的被包裹的杂质，须将絮团进行"再分散—再絮凝"处理。若絮团是脉石矿物，为减少有用矿物在絮团中的损失，亦须进行"再分散—再絮凝"。为节约新鲜水和药剂用量，视具体情况，可将第二次以后脱除的水返回利用。

选择性絮凝既可单独作为分选工艺，亦可作为其他机械选矿方法选别作业之预先脱泥作业。

选择性絮凝实验的目的，是确定选择性絮凝工艺流程，各作业最佳工艺条件可能获得的最终指标。

三、物料、仪器和药剂

物料：

赤铁矿石5kg。

仪器：

1. 可调速的电动搅拌器1台；

2. 3～5L的玻璃或有机玻璃容器1个；

3. 虹吸管1根；

4. pH计1台；

5. 锥形球磨机1台；

6. 洗瓶1个；

7. 容量瓶2个；

8. 吸耳球1个；

药剂：

淀粉，碳酸钠

四、实验步骤

1. 配制一定浓度的淀粉溶液；

2. 将一定量的矿石放入锥形球磨机中，在磨机中加入适量分散剂碳酸钠，磨矿浓度70%左右，磨一定时间后，取出矿浆；

3. 将磨好的矿浆转移至玻璃容器中，加水稀释至要求的矿浆浓度，一般为5%～20%，然后加入适量絮凝剂，开启搅拌机进行搅拌；

4. 调浆结束，停止搅拌，絮团开始沉降。沉降初期，容器内可清晰见到三层，即上层悬浮液、中层悬浮液与絮凝体的混合物、下层絮凝物沉淀，随着时间的增加，中间层逐渐缩小，直至消失。

5. 到达到指定的沉降时间后，即矿浆明显分为悬浮液和沉砂两层时，将虹吸管置入矿浆中，虹吸管口一般离絮团沉降层10～15mm，将上层悬浮液吸出；

6. 为除去絮团中夹带的杂质，可加水稀释，反复脱除悬浮液，此时加入的药量可酌量减少，例如为第一次的二分之一或三分之一。

7. 将下层悬浮液脱水、干燥、称重、化验元素品位，记入表 5-11-1 中，计算回收率。

表 5-11-1   选择性絮凝分选实验结果

产品名称	质量/g	产率/g	铁品位/%	铁回收率/%
上层悬浮物				
下层悬浮液				
原　矿				

五、数据处理

将数据记入表 5-11-1 中，并计算选择性絮凝分选的回收率，分析实验结果。

六、思考题

1. 选择性絮凝分选的主要步骤是什么？
2. 选择性絮凝分选的原理是什么？

实验 5-12   电化学浮选实验

一、目的要求

1. 了解电化学浮选的基本原理和方法；
2. 掌握外控电位和化学法调控电位浮选的实验方法。

二、原理

电化学研究方法在硫化矿物浮选领域已得到广泛应用，矿浆电化学是以硫化矿物浮选电化学理论为依据，把浮选体系的电化学性质作为调整和控制硫化矿物浮选与分离的一个重要参数，即把浮选体系的矿浆电位与硫化矿物的浮选行为联系起来，使硫化矿物选择性地浮选分离。

绝大多数的硫化矿物都具有半导体性质，浮选矿浆在电场作用下阴极发生氧气还原反应，其反应式如下：

$$O_2 + 2H_2O + 4e \longrightarrow 4OH^- \tag{5-12-1}$$

阳极反应为捕收剂离子向矿物表面转移电子，或者硫化矿物表面直接参与阳极反应而形成疏水性物质。以 MS 表示硫化矿物，X^- 表示捕收剂离子，阳极反应可表示如下：

捕收剂离子的电化学吸附：

$$X^- \longrightarrow X_{吸附} + e \tag{5-12-2}$$

捕收剂与硫化矿物表面反应生成难溶金属盐：

$$MS + 2X^- \longrightarrow MX_2 + S + 2e \tag{5-12-3}$$

或

$$MS + 2X^- + 4H_2O \longrightarrow MX_2 + SO_4^{2-} + 8H^+ + 8e \tag{5-12-4}$$

捕收剂离子在硫化矿物表面氧化为二聚物：

$$2X^- \longrightarrow X_{2吸附} + 2e \qquad (5\text{-}12\text{-}5)$$

电化学机理表明，捕收剂与硫化矿物作用可能形成三种疏水产物，即 $X_{吸附}$、MX_2 和 X_2。

矿物在溶液中，对离子和分子同时具有氧化和还原作用。因此，一种特定的矿物对溶液中的捕收剂进行氧化反应必须达到其可逆电位。当被测矿物的残余电位大于相应的二聚物生成的可逆电位时，捕收剂被氧化。反之，则生成捕收剂的金属盐。

硫化矿物的浮选行为与矿浆电位存在依赖关系，只在一定的电位范围内，硫化矿物才具有很好的可浮性。通过调节浮选矿浆的电位可以控制（促进或抑制）硫化矿物的浮选行为。目前实验室调节和控制矿浆电位的方法有两种，一是外控电位法，二是化学药剂调节电位法（化学法）。

外控电位法的实验装置一般采用三电极体系，即由辅助电极、参比电极和工作电极组成。图 5-12-1 是在 Hallimond 单泡管的基础上改进而成的实验装置。

工作电极为铂丝网，与矿粒直接接触。用恒电位仪向铂丝网施加电位时，矿粒层也获得了电位。电化学测试结果表明，这一矿粒层电极的电化学特性与块状矿物电极完全一样。

化学法调控电位浮选是基于在硫化矿物浮选体系中存在许多氧化还原性的物质，如矿浆中溶解的氧、磨矿过程中带入的铁离子以及硫化矿物本身，通过向浮选矿浆中加入氧化还原药剂，可以引起矿浆中各组分价态的变化。常用于调节矿浆电位的还

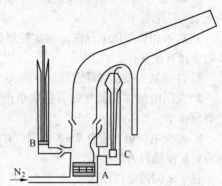

图 5-12-1　外控电位法浮选装置
A—铂丝网工作电极；B—参比电极；
C—辅助电极

原剂有：硫化钠、连二亚硫酸钠、硫酸亚铁、硫氢化钠、二氧化硫、亚硫酸钠等，氧化剂有：过硫酸铵、双氧水、次氯酸钠、氧气和三氯化铁等。

三、物料、仪器和试剂

物料：

方铅矿纯矿样 500g。

仪器：

1. 外控电位浮选装置 1 套；

2. 恒电位仪 1 台；

3. 电子天平 1 台；

4. 氮气瓶（内装有足够氮气）1 个；

5. pH 计 1 台；

6. 电化学测定仪 1 台；

7. 挂槽浮选机 1 台；

8. 干燥箱 1 台；

9. 烧杯 2 个；

10. 移液管 2 个；

11. 容量瓶 2 个；

12. 洗瓶 1 个；

13. 10mL 注射器 1 个。

药剂：

乙基黄药，硫化钠，2 号油。

四、实验步骤

外控电位法：

1. 配置一定浓度的乙基黄药于容量瓶中，连续外控电位浮选装置电极和电位仪、氮气瓶等相关设备；

2. 将 3g 方铅矿矿样放入烧杯中，并加适量乙基黄药和 2 号油，搅拌后转移入外控电位浮选装置的单泡管中；

3. 启动和调节恒电位仪，向矿粒层施加一个电位，并在此电位下极化一段时间，使硫化矿物表面发生变化。

4. 打开氮气瓶，向浮选装置中通入气体，进行浮选；

5. 关闭电位仪和氮气瓶，接取单泡管中的精矿和尾矿，干燥、称重，记入表 5-12-1 中，计算回收率。

6. 改变电位值，重复 2 ~ 5 步骤，并将相关数据记入表中，分析实验结果，建立外加电位与方铅矿浮选行为的关系。

化学法调控电位浮选：

1. 配置一定浓度的乙基黄药和硫化钠于容量瓶中；

2. 将矿样 50g 加到挂槽浮选机中，先后加入硫化钠、乙基黄药和 2 号油，并进行搅拌，测定溶液的 pH 值和矿浆电位；

3. 开启浮选机充气装备和刮板进行浮选，获得精矿和尾矿，干燥、称重，记入表 5-12-1 中，计算回收率；

4. 改变硫化钠的用量，重复 2、3 步骤，并将数据记入表中，分析实验结果，建立矿浆电位与方铅矿浮选行为的关系。

表 5-12-1　方铅矿电化学浮选实验结果

实验方法	实验条件		精矿/g	尾矿/g	回收率/%
外控电位浮选法	外控电位值/mV				
化学法调控电位浮选	Na_2S 用量/$g \cdot t^{-1}$	矿浆电位/mV			

五、数据处理

电化学浮选实验数据如表 5-12-1 所示。

通过表 5-12-1 数据分析外控电位浮选法分选时，外控电位与方铅矿浮选行为的关系，以及用硫化钠调控浮选时，矿浆电位与方铅矿浮选行为的关系。

六、思考题

1. 外控电位与化学药剂调节电位的主要差异是什么？
2. 方铅矿浮选时电位与其浮选行为的关系是什么？

第六章 化学选矿实验

实验 6-1 氯化焙烧实验

一、目的要求

1. 了解氯化焙烧的主要原理;
2. 掌握氯化焙烧的实验方法。

二、原理

焙烧作为矿石浸出前的预处理手段,主要是改善矿石的化学加工特性。氯化焙烧可以使一些难溶的金属矿物变成水溶性化合物,或多种金属的氧化物和硫化物生成可溶性金属氯化物,使氧化矿中某些会污染母液的可溶性杂质转变成挥发性氯化物,或生成不溶性氯化物,最终提高和改善难选矿物原料的可选性或提高精矿的质量。

实验室氯化焙烧实验一般采用实验室型焙烧炉,实验目的主要是确定采用氯化焙烧的可能性,大致确定氯化焙烧的条件,如温度、时间、粒度、氯化剂种类和用量等。目前常用的氯化剂有氯气、氯化钙、氯化钠、氯化氢、氯化铁和氯化镁等。

氯化焙烧分高温氯化挥发焙烧法、中温氯化焙烧法和离析法(即氯化还原焙烧法)等。

高温氯化挥发焙烧法是在高温下将欲提取的金属呈氯化物挥发出来而与大量脉石分离,并于收尘器中捕集下来,然后进行湿法处理分离提取有价金属。此法一般具有金属回收率高、富集物浓度大而数量小、便于提取的优点,但缺点是耗热能多、对设备腐蚀性强。

中温氯化焙烧法是指在不高的温度下,将欲提取的金属转化为氯化物或硫酸盐,然后通过浸出焙砂以分离脉石,从浸出液中分离提取有价金属。此法一般耗能不多,易于实现,但金属回收率低,富集浓度稀,体积大,回收不便,且进一步处理的设备庞大。

离析法是将矿石配以少量的煤(或焦炭)和食盐(或 $CaCl_2$ 等),在中性或弱还原性的气氛中进行焙烧,使金属生成氯化物挥发出来,并在炭粒表面上被还原成金属,金属细粒附着在炭粒表面上,下一步用选矿方法或用氰浸进行分离。这一方法适用于含铜、金、银、铅、锑、铋、锡、镍、钴等金属矿石,此法比一般氯化冶金方法耗用的氯化剂少,成本比较低,因此受到人们的重视。尤其对综合回收金、银而言,离析法比酸浸法优越。该法的主要缺点是,热能消耗较大,对缺乏燃料的地区来说,成本高。

本实验主要介绍难选铜矿石的离析浮选法实验。

三、物料、仪器和药剂

物料:

难选铜矿石(<5mm)500g;

煤粉(-0.5~0.2mm)10g;

仪器:

1. 马弗炉1台;

2. 单槽浮选机1台;

3. 锥形球磨机1台;

4. 电子天平1台;

5. 坩埚2个;

6. 洗瓶1个;

7. 容量瓶2个;

8. 烘箱1台。

药剂:

食盐,黄药,煤油,2号油

四、实验步骤

1. 将矿石200g,配入约为矿石重量0.3%~2%的食盐和0.5%~1.5%的煤粉,均匀混合后一同装入坩埚内,放入马弗炉中;

2. 启动马弗炉电源,进行离析还原焙烧实验,控制焙烧温度为700~800℃,焙烧时间20~120min;

3. 将焙烧完成的矿样,放入冷水中水淬、冷却;

4. 将矿样放入锥形球磨机中,在一定磨矿浓度（70%）下磨矿,控制磨矿细度为-0.074mm占60%~80%;

5. 将磨矿后的矿浆放入单槽浮选机中,搅拌后,依次加入黄药、煤油和2号油,搅拌一段时间后,充气进行浮选;

6. 将浮选得到的精矿和尾矿,分别烘干、称重并化验主要元素品位,记入表6-1-1中,并计算回收率,分析实验结果。

五、数据处理

将实验条件和获得的相关实验结果记入表6-1-1中,并计算回收率,分析实验结果。

表 6-1-1　难选铜矿氯化离析焙烧—浮选实验结果

实验条件	产品名称	产率/%	铜品位/%	铜回收率/%
	精　矿			
	尾　矿			
	原　矿			

六、思考题

1. 氯化焙烧的具体作用是什么?

2. 难选铜矿离析焙烧—浮选实验的原理和方法。

实验 6-2　含金氧化矿全泥氰化浸出实验

一、目的要求

1. 掌握实验室氰化浸出实验方法;
2. 掌握氰化浸出实验氰化钠、氧化钙浓度测定方法;
3. 掌握金氰化浸出基本原理。

二、原理

全泥氰化是以碱金属氰化物 NaCN、KCN 的水溶液作溶剂,浸出金、银矿石中的金、银,然后再从浸出液中提取金、银的一种方法。

金、银与氰化物在水中,在有氧存在的条件下,可以生成稳定的络合物离子 $Au(CN)_2^-$、$Ag(CN)_2^-$。金在氰化溶液中溶解过程的化学反应是:

$$4Au + 8NaCN + O_2 + 2H_2O \Longrightarrow 4NaAu(CN)_2 + 4NaOH \qquad (6\text{-}2\text{-}1)$$

或者分两步进行:

$$2Au + 4NaCN + O_2 + 2H_2O \Longrightarrow NaAu(CN)_2 + 2NaOH + H_2O_2 \qquad (6\text{-}2\text{-}2)$$

$$2Au + 4NaCN + H_2O_2 \Longrightarrow 2NaAu(CN)_2 + 2NaOH \qquad (6\text{-}2\text{-}3)$$

氰化溶金过程从热力学角度,通过电位与 pH 值关系可以确定溶金的理论最佳条件,理论最佳 pH 值为 9.4。工业上一般控制氰化溶液 pH 值在 10 ~ 11 之间,以防 HCl 的产生,保持氰化溶液的稳定性。氧的氧化能力在热力学上是足够的,同时生成的过氧化氢可促进金的溶解。因此溶金反应的推动力,取决于氧化剂的还原反应和金溶解反应的电位差。这说明氧在溶金中起着重要作用。

从氰化溶金动力学方面或是从电化学腐蚀方面,金在溶液中的溶解速度,它与在金表面上吸附 O_2 和 CN^- 浓度有关,溶金的最大速度与 CN^-、O_2 的浓度有如下关系:$[CN^-]/[O_2] = 6$,这表明氰化物和氧的浓度是决定金溶解速度的两个主要因素。因此浸出液中氰化物的浓度通常保持在 0.02% ~ 0.15% 的范围内,同时用石灰作保护碱,控制 pH 值在 10 ~ 11 范围内。为了准确地测定和控制氰化矿浆的碱度,常用酸碱滴定法检测游离 CaO 的浓度,并使之维持在 0.01% ~ 0.03% 之间。

为了保证矿浆中具有稳定的氰化物和氧化钙浓度,实验中必须对氰化液进行检验测定。

1. 游离氰化物的测定

在碱性介质中,以碘化钾为指示剂,用硝酸银标准液滴定,形成 $Ag(CN)_2^-$ 络合物,过量的银离子与碘化钾生成黄色的碘化银沉淀,即为终点。

$$AgNO_3 + 2NaCN \Longrightarrow NaAg(CN)_2 + NaNO_3 \qquad (6\text{-}2\text{-}4)$$

$$AgNO_3 + KI \Longrightarrow AgI\downarrow + KNO_3 \qquad (6\text{-}2\text{-}5)$$

硝酸银的标准溶液的制备方法是:称取在 110℃ 干燥的硝酸银 1.734g 溶于水中,移入 1L 棕色容量瓶中,用蒸馏水稀释至刻度,摇匀置于暗处,此溶液的 1mL≈1mL NaCN。

取 10mL 浸出试液于烧杯中,加 5% 碘化钾溶液 5 滴,用硝酸银标准液滴定至黄色混浊出现为终点。滴定所消耗的硝酸银标准液的毫升数乘 0.01% 即为试液中 NaCN 的百分比浓度，或毫升数乘 1/10000 即为 NaCN 的万分浓度。

2. 保护碱的测定

试液中的碱性主要来源于游离氰化物和石灰 CaO，所谓保护碱是指游离氧化钙的含量。因此测定时应先用硝酸银将游离氰化物的碱抵消，然后用酚酞作指示剂，以草酸滴定氧化钙：

$$AgNO_3 + 2NaCN \Longrightarrow NaAg(CN)_2 + NaNO_3 \tag{6-2-6}$$

$$H_2C_2O_4 \cdot 2H_2O + CaO \Longrightarrow CaC_2O_4 + 3H_2O \tag{6-2-7}$$

草酸标准液的制备方法是：称取 2.241g 草酸，溶于经煮沸后冷却的蒸馏水中，再移入 1L 容量瓶中，并用水稀释至刻度，摇匀。此溶液 $1mL \approx 1mg$ CaO。

分析方法是：将前面滴定完氰化物的试液加入 1% 酚酞指示剂 2~3 滴，用草酸标准溶液滴定至红色消失即为终点。消耗的草酸标准液的毫升数乘 0.01% 即为试液中 CaO 的百分浓度，或毫升数乘 1/10000 即为 CaO 的万分浓度。

三、物料、仪器和试剂

物料：

500g 粒度为 -1mm 含金氧化矿。

仪器：

1. XJT-80 型浸出搅拌机 1 台；
2. 球磨机 1 台；
3. pH 计 1 台；
4. 滴定管 1 套；
5. 500mL 量筒 1 个；
6. 50mL 注射器 1 个；
7. 10mL 移液管 1 个；
8. 150mL 烧杯 2 个；
9. 洗瓶 1 个；
10. 吸耳球 1 个。

试剂：

氰化钠、氧化钙、硝酸银、草酸、碘化钾、酚酞。

四、实验步骤

1. 检查球磨机、浸出搅拌槽运转是否正常，并清洗干净。
2. 配置好 NaCN 为 5% 浓度溶液 200mL，称好按流程要求计算出的所加 CaO 用量。
3. 将制备好的草酸、硝酸银标准液分别用指定小烧杯置入滴定管中以备滴定用。
4. 称取粒度 -1mm 具有代表性 500g 含金原矿样，以磨矿浓度为 65%，在球磨机中磨矿 15min，（一般要磨到 -0.074mm 75% 以上），矿浆倒出后作为浸出使用。
5. 将矿浆置入浸出槽，待矿浆沉降后用注射器吸出多余的清水，使液面控制在所要求的矿浆浓度刻度（35%）。
6. 升起浸出槽立轴，将浸出槽置于轴下，再降下立轴，关紧立轴，开动电机使叶轮旋转形成漩涡，空气则被吸入漩涡中，使矿浆中溶解一定量的空气。

7. 加药顺序为先加调整剂 CaO 搅拌 2min 后再加 NaCN。浸出 10min、120min 后检测游离 NaCN、CaO 浓度以及矿浆 pH 值，并记录下来。浸出终了时再检测一次药剂浓度、pH 值。

8. 浸出终了后将浸出液吸出，进行三次洗涤，浸出渣烘干、取样、化验。

氰化浸出的流程如图 6-2-1 所示。

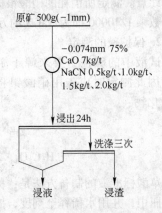

图 6-2-1　氰化浸出流程图

五、数据处理

氰化浸出 10min、120min 和 24h 后检测游离 NaCN、CaO 浓度以及矿浆 pH 值记入表 6-2-1 中。

表 6-2-1　浸出过程溶液中残留 NaCN、CaO 浓度和 pH 值

项目　　　浸出时间	10min	120min	24h
[CaO]/%			
[NaCN]/%			
pH 值			

根据原矿及渣的化验品位计算浸出率，并将其他各数据填入表 6-2-2 中。

表 6-2-2　氰化物用量与浸出率的关系

NaCN 浓度/%	NaCN 用量/kg·t^{-1}	原矿品位，Au/g·t^{-1}	浸渣品位，Au/g·t^{-1}	浸出率/%

对获得的数据进行分析，找出适宜的药剂用量、浸出时间和 CaO 用量等，以及适宜实验条件下可以获得的最佳指标。

六、思考题

1. 浸出过程中测定 NaCN、CaO 浓度以及矿浆 pH 值有何意义？
2. 金氰化浸出的原理是什么？

实验 6-3　生物浸出实验

一、目的要求

1. 了解生物浸出实验的原理；
2. 掌握生物浸出实验的操作方法。

二、原理

生物浸出是利用微生物用其代谢产物氧化溶浸矿石中某些有用组分，生物浸出也称细菌浸出。细菌浸出过程和一般化学浸出过程有相似之处，都是利用某种浸出剂将矿石中的有用组分溶解出来，但细菌浸出更为复杂。细菌浸出过程除发生一般化学反应外，还有细菌生长繁殖及同浸出物料的作用过程。浸出过程中要时时关注细菌的生长情况，在很大程度上，只能在细菌生长条件允许的范围内，变化各种浸出条件，提高反应速度。

大部分硫化矿和氧化矿都适于用细菌浸出，凡适合堆浸或渗滤浸出处理的矿石，如低品位废石、表外矿、尾矿、难浸精矿等，都可以考虑采用细菌浸出。

实验室小型生物浸出实验，可分为摇瓶实验、渗滤柱浸出实验和搅拌浸出实验三种方法。摇瓶实验较为简单；渗滤柱浸出实验在材料可由玻璃、陶瓷、塑料和水泥等多种材料制成的渗滤柱中进行，如图 6-3-1 和图 6-3-2 所示。搅拌浸出实验装置如图 6-3-3 和图 6-3-4 所示。

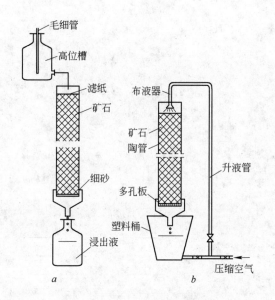

图 6-3-1 渗滤柱浸出实验装置
a—渗滤浸出柱；b—循环渗滤浸出柱

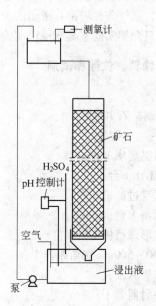

图 6-3-2 可自动调节酸度的渗滤柱浸出装置

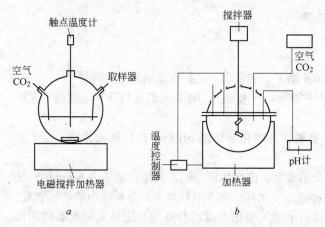

图 6-3-3 球状电加热细菌浸出装置
a—电磁搅拌细菌浸出装置；b—酸度控制型细菌浸出装置

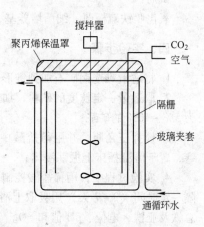

图 6-3-4 夹套式细菌浸出器

金属矿物的细菌浸出过程中，细菌生长繁殖速度比矿物化学浸出反应慢得多，所以细菌的生长状况是整个细菌浸出过程的制约环节。

矿物的浸出速度与浸出介质中细菌的浓度成正比，要取得较高的矿物浸出速度，必须保持细菌生长繁殖的高速度，故其重要条件之一是提供细菌生长所需的足够营养。微生物赖以生存和繁殖的介质叫培养基，分液体培养基和固体培养基两种。浸矿自养菌的液体培养基是由水和溶在水中的各种无机盐组成的，每种细菌都有自己特有的培养基配方。用做平板分离的固体培养基是在液体培养基中加入 1.5% 琼脂（洋菜）或一定量硅胶制成的。

除提供细菌所需的营养外，还要提供细菌进行代谢活动所需的能源，浸矿细菌的能源主要是 Fe^{2+} 和 S，故在培养细菌时可以适当加入这两种物质。

另外在细菌浸矿过程中，与环境温度、环境酸度、金属及非金属离子和矿浆的固含量、表面活性剂、通气条件等都有密切的关系。

本节只介绍实验室摇瓶浸出实验。

三、物料、仪器和试剂

物料：

难选铜矿石 1000g。

仪器：

1. 恒温摇床 1 台；

2. pH 计 1 台；

3. 真空过滤机 1 台；

4. 烘箱 1 台；

5. 锥形球磨机 1 台；

6. 300~500mL 三角瓶若干；

7. 试管若干；

8. 注射器若干；

9. 量筒 1 个；

10. 烧杯若干。

试剂：

氧化亚铁硫杆菌，细菌培养基，稀盐酸

四、实验步骤

1. 将适量难选铜矿石加到锥形球磨机中磨矿，制备出一定粒度级别的待浸物料；

2. 取适量一定粒度的矿粉，加到 300~500mL 三角瓶中，并加入细菌培养基，制成含固量为 5%~10% 的矿浆；

3. 搅拌三角瓶，并用稀盐酸中和矿物碱性并酸化至所需 pH 值，然后接入菌种，塞上棉塞，置于恒温摇床上振荡浸出；

4. 实验过程中，用稀盐酸控制浸出介质酸度，使之恒定，记下所用酸量于表 6-3-1 中；每隔一定时间（3~7 天）用吸取上清液的办法取一次样，记下取样体积，分析其中的金属含量、总铁及亚铁、电位、pH 值和 SO_4^{2-} 浓度等。用加入酸化水或培养基的办法补充每次取样的体系，用加入蒸馏水的办法补充蒸发所损失的水分；

5. 浸出结束后，过滤出浸出渣，将浸出渣洗涤后置于 110℃ 下干燥至恒重，然后分析其中金属含量和其他组分含量，记入表 6-3-1 中，分析实验结果。

五、数据处理

将所有数据记入表 6-3-1 中。

表 6-3-1　难选铜矿生物浸出数据

取样时间 样品名称	用酸量 /mL	pH 值	电位 /mV	元素含量/mg·L^{-1}				回收率/%			
				Cu	TFe	FeO	SO$_4^{2-}$	Cu	TFe	FeO	SO$_4^{2-}$
4 天											
8 天											
12 天											
16 天											
渣	—	—	—								
原　矿	—	—	—								

六、思考题

1. 生物浸出铜的主要原理是什么？
2. 生物浸出实验过程中的操作要点是什么？

实验 6-4　溶剂萃取实验

一、目的要求

1. 了解溶剂萃取的原理；
2. 掌握溶剂萃取实验的主要操作方法。

二、原理

溶剂萃取通常是指溶于水相中的被萃取组分与有机相接触后，通过物理或化学作用，使被萃取物部分地或几乎全部地进入有机相，以实现被萃取组分的富集和分离的过程。例如用萃取法萃取铜，是用一种有机相（通常是萃取剂和稀释剂煤油）从酸性浸出液中选择性地萃取铜，使铜得到富集，而与铁及其他杂质分离，萃取后的萃余液返回浸出作业。负载有机相进行洗涤，除去所夹带的杂质，然后用硫酸溶液反萃负载有机相，以得到容积更小的反萃液，此时铜的含量可达 10～25mg/L，反萃液送去电积得电积铜。反萃后的空载有机相返回萃取作业，电积残液可返回作反萃液或浸出液。

溶剂萃取具有平衡速度快、处理容量大、分离效果好、回收率高、操作简单、流程短、易于实现遥控和自动化等优点。

萃取工艺流程包括萃取、洗涤和反萃取三个作业，其原则流程如图 6-4-1 所示。

萃取是被萃取组分的水溶液与有机相充分接触，使被萃取组分进入有机相。两相接触前的水溶液称为料液，两相接触后的水溶液称为萃余液。含有萃合物的有机相称为负载有机相。洗

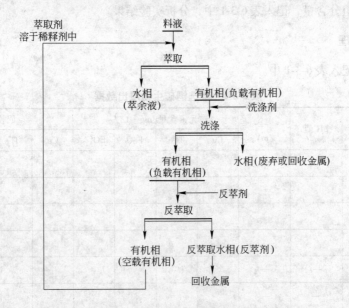

图 6-4-1　溶剂萃取原则流程

涤是用某种水溶液与负载有机相充分接触，使进入有机相的杂质洗回到水相的过程，用作洗涤的水溶液称为洗涤剂。反萃取是用某种水溶液（如酸、碱等）与经过洗涤后的负载有机相接触，使被萃取物自有机相转入水相的过程。反萃后的有机物不含被萃取的无机物，此时的有机物相称为空载有机相，通过反萃取，有机相获得再生，可返回再使用。

　　实验室萃取实验常用 60mL 或 125mL 梨形分液漏斗做萃取、洗涤和反萃取实验，如图 6-4-2 所示。

　　一次萃取实验称为 1 级或单级萃取，有时 1 级萃取不能达到富集、分离的目的，而需要采用多级萃取。经过 1 级萃取后的水相和另一份新有机相充分接触，平衡后分相称为 2 级萃取，以此类推，直至 n 级。实验室条件实验常采用单级萃取和错流萃取，错流萃取常用来测定萃取剂的饱和容量，如图 6-4-3 所示，图中方框代表分液漏斗或萃取器。

图 6-4-2　梨形分液漏斗

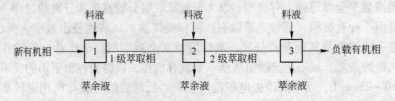

图 6-4-3　错流萃取示意图

　　在进行溶剂萃取时，主要实验内容包括萃取体系的选择、萃取作业、洗涤作业、反萃取作业的条件实验和串级模拟实验。

　　萃取条件包括有机相的组成和各组分浓度、萃取温度、萃取时间、相比、料液的酸度和被萃取组分的浓度、盐析剂的种类和浓度等，洗涤作业的条件包括洗涤剂的种类和浓度、洗涤的温度、相比、接触时间等，反萃取作业的条件包括反萃取剂的种类和浓度、反萃取的温度、相比、接触时间等。

　　为了考察萃取效果，需将负载有机相进行反萃取后所得反萃液和萃余液进行化验，得出有机相和萃余液中的金属含量，以 g/L 表示，根据需要分别按式（6-4-1）、式（6-4-2）、式（6-4-3）计算出分配比 D、分离系数 β、萃取率 E。

$$D = \frac{[\mathrm{A}]_{有}}{[\mathrm{A}]_{水}} \tag{6-4-1}$$

式中　　D——分配比；

　　$[\mathrm{A}]_{有}$——有机相中溶质 A 所有各种化学形式的浓度；

　　$[\mathrm{A}]_{水}$——水相中溶质 A 所有各种化学形式的浓度。

$$\beta = \frac{D_{\mathrm{A}}}{D_{\mathrm{B}}} \tag{6-4-2}$$

式中　　β——分离系数；

　　D_{A}——溶质 A 的分配比；

　　D_{B}——溶质 B 的分配比。

$$E = \frac{100[\mathrm{A}]_{有}}{[\mathrm{A}]_{有} + [\mathrm{A}]_{水}} \times 100\% = \frac{D}{D+1} \times 100\% \tag{6-4-3}$$

式中　　E——萃取率，%；

　　$[\mathrm{A}]_{有}$——有机相中被萃取溶质的浓度；

　　$[\mathrm{A}]_{水}$——水相中残留的溶质的浓度。

三、物料、仪器和试剂

物料：

含铜料液 20mL。

仪器：

1. 梨形分液漏斗 1 个；

2. 电动振荡器 1 台；

3. 锥形瓶 2 个；

4. 烧杯若干。

试剂：

铜萃取剂，煤油，稀盐酸

四、实验步骤

　　1. 将 20mL 要分离的含铜料液倒入分液漏斗中，加入相应的铜萃取剂和稀盐酸，塞好分液漏斗的活塞；

　　2. 将分液漏斗放在电动振荡器上振荡一定时间，使有机相与水相接触，待分配过程平衡后，静置，使负载有机相和萃余水相分层；

　　3. 转动分液漏斗下面的阀门，使萃余水相或负载有机相流入锥形瓶中，达到分离的目的；

　　4. 化验有机相中和水相中铜的浓度，记入表 6-4-1 中，计算分配比和萃取率；

　　5. 改变实验条件，重复上述实验步骤，分析实验结果。

五、数据处理

将所有数据记入表 6-4-1 中。

表 6-4-1　含铜料浆萃取结果

实验条件	有机相中铜浓度/mg·L^{-1}	水相中铜浓度/mg·L	分配比 D	萃取率 E/%

六、思考题

1. 溶剂萃取的主要原理是什么?
2. 溶剂萃取的主要作业和条件是什么?

实验 6-5　离子交换实验

一、目的要求

1. 了解离子交换的主要方法;
2. 掌握离子交换的实验方法和操作步骤。

二、原理

离子交换是根据离子交换树脂对水溶液(或浸出液)中各组分的吸附能力不同,和各组分与淋洗剂生成的络合物稳定性不同使元素富集和分离的技术。离子交换法按选用的淋洗剂和操作的不同,分为简单离子交换分离法和离子交换色层分离法。

简单离子交换分离法是将溶液流过离子交换柱,使能够起离子交换作用的离子吸附在树脂上,而不起交换作用的离子随溶液流去。随后用水洗去交换柱中残留的溶液,再用适当的淋洗剂将已吸附在树脂上的离子淋洗下来,送下一工序回收有用金属。

离子交换色层分离法是基于欲分离离子与树脂的亲和力不同,将待分离的混合物浸出液流过离子交换柱,使欲回收的离子全部吸附到树脂上,用水洗去吸附柱中残留的溶液后,连通吸附柱与分离柱,用适当的淋洗剂流过吸附柱,由于吸附在树脂上的离子对树脂的亲和力不同,随着淋洗剂的不断流入,被吸附的离子沿交换柱洗下来时,自上而下移动的速度不同,逐渐分离成不同的离子吸附带,先后由分离柱流出,或采用不同的淋洗剂先后将吸附离子分别洗出,将流出液分别收集,即得到分离的纯化合物溶液。再从溶液中回收有价金属或化合物。

离子交换实验装置及运转方式可分为静态和动态两大类。静态交换,即离子交换树脂与料液在相对稳定的静止状态(有时也有搅动)下进行交换,一般只用于实验室实验,例如用梨形分液漏斗、三角烧瓶等作交换器。动态交换,即离子交换树脂或料液在流动状态下进行交换,一般在交换柱中进行。动态交换在实验室和工业生产中广泛采用。动态交换又分固定式和连续式两种。固定式交换装置,即在交换柱内,树脂处于静止状态,而料液不断流动,如图

6-5-1 所示。离子交换柱是有机玻璃和硬质玻璃管，交换柱下部有一筛板，筛板上面铺一层玻璃丝，以免树脂漏出，交换柱应垂直地固定在支架上，柱间用塑料管或胶皮管连接。

离子交换柱分吸附柱和分离柱。一般吸附柱只有一根，分离柱视对产品纯度要求等不同，可以是一根或数根。进行简单离子交换分离实验，只需一个高位瓶和一根直径为 10mm、长为 300mm 的玻璃管即可。

离子交换的条件包括树脂的选择、料液的组成和性质、流速、温度、柱形和柱比以及淋洗液的 pH 值和浓度等。

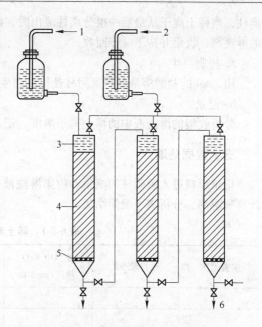

图 6-5-1　固定式离子交换实验装置
1—料液；2—淋洗液；3—溶液；
4—树脂；5—筛板；6—流出液

三、物料、仪器和试剂

物料：

含稀土的浸出液；

离子交换树脂。

仪器：

1. 固定式离子可交换实验装置 1 套；

2. 500mL 烧杯 5 个；

3. 1000mL 量筒 2 个；

4. 洗瓶 1 个。

试剂：

盐酸，氯化铵，乙二胺四乙酸（EDTA）。

四、实验步骤

1. 树脂预处理

吸附柱树脂粒度为 $180 \sim 250 \mu m$，分离柱树脂粒度为 $150 \sim 180 \mu m$，使用前将树脂用水浸泡 $12 \sim 24h$，使树脂充分溶胀，并漂洗出过细的树脂和夹杂物，再用氯化铵浸泡 24h 使树脂转型为 NH_4^+ 型，转型后，用水淋洗；

2. 装柱

先使交换柱充水，约占柱体容积的三分之一，将已预处理的树脂与水混合成半流体状，由柱顶连续均匀地加入到交换柱，使树脂均匀而自由下沉，加入的树脂高度约为柱高的 90%，树脂层上面一定要保持一层水，以免空气进入树脂间隙而形成气泡，影响分离效果。树脂下沉后，再用纯水洗涤柱内树脂至中性或接近中性；

3. 吸附

将含有稀土金属的浸出液以一定流速通过吸附柱中树脂床。需回收的金属离子离开水相而吸附于树脂相。当树脂床被进入溶液中的金属离子所饱和时，流出液中便出现金属离子（称穿漏），此时停止给料，最后用纯水洗涤吸附柱，直至无金属离子流出为止；

4. 淋洗

接通吸附柱和分离柱，用乙二胺四乙酸（EDTA）为淋洗剂，以一定流速流过吸附柱和分离柱，当稀土离子从最后一根分离柱流出时，就开始收集。淋洗完毕后，用纯水洗出柱中存留的淋洗剂，收集并待下一步回收；

5. 树脂再生

用 2mol 的盐酸溶液处理吸附柱使树脂再生。

6. 记录

分析收集的淋洗液中的稀土离子浓度，记入表 6-5-1 中，计算吸附率。

五、数据处理

记录原料进入吸附柱的流量和收集淋洗液的流量，化验原料和收集的淋洗液中稀土含量，计算吸附率，分析离子吸附结果。

表 6-5-1   稀土离子交换吸附结果

实验批次	原料量/mL	原料中 ReO 浓度/mg·L	收集的含 ReO 淋洗液量/mL	淋洗液中 ReO 浓度/mg·L^{-1}	吸附率/%

六、思考题

1. 离子交换的主要原理和方法是什么？
2. 离子交换实验装置及运转方式可分为哪两大类，有何不同？

实验 6-6   混汞实验

一、目的要求

1. 了解混汞法提金铁主要原理；
2. 掌握实验室混汞法的实验方法。

二、原理

混汞法是回收单体自然金铁一种有效方法，在黄金工业生产中仍占重要地位。该法的实质是利用汞的表面选择性润湿吸收相遇的金颗粒，随后汞向金粒内部扩散，最后形成固溶体汞齐合金。

混汞法分内混汞和外混汞。内混汞是指在磨矿机或混汞桶内，一边使矿石磨碎、一边混汞提金；外混汞法是指在磨矿设备之外，对矿石进行混汞提金，如溜槽混汞法。瓶式混汞法和磨矿机混汞法为内混汞法，溜槽混汞法为外混汞法。

混汞法要考查的条件包括磨矿细度、矿浆浓度、矿浆 pH 值、添加汞的质量、混汞时间、设备的结构等。

已知产品中的含金量 c，根据金在原矿中的含量 a，即可计算出金的回收率为：

$$\varepsilon = \frac{c}{a} \times 100\%$$

$$(6-6-1)$$

根据各份试样回收率的高低，就可以确定最佳的实验条件。

本实验介绍瓶式混汞法和磨矿机混汞法。

三、物料、仪器和试剂

物料：

含金矿石 2000g；

汞 200g；

直径为 25mm 的瓷球 6 个。

仪器：

1. 500mL 塑料瓶 4 个；

2. 瓶式搅拌机 1 台；

3. 瓷盘 1 台；

4. 烘箱 1 台；

5. 棒磨机 1 台；

6. 洗瓶 2 个。

试剂：

氢氧化钠、石灰。

四、实验步骤

瓶式混汞法：

1. 将几份 200g 不同磨矿细度的含金矿样分别装入 500mL 的塑料瓶中，各加 1g 氢氧化钠或 2kg/t 石灰和 20~25g 汞，加水，使液固比为 1.5∶1；

2. 盖紧瓶塞，置于瓶式搅拌机中搅拌 2h；

3. 取下瓶子，加水，洗净矿泥，待水清澈后，将矿砂与汞齐用瓷盘分离，洗净的汞齐滤纸干燥、称重，记入表 6-6-1 中；

4. 分析汞的损失量，如果损失汞超过 1%，砂子要重新再洗，汞齐洗净泥、砂后，计算回收率。

磨矿机混汞法：

1. 将粒度为 1~3mm500g 矿石和 2kg/t 石灰加入棒磨机中，加水 250mL 磨到要求的粒度；

2. 取出磨机中的钢棒，并洗干净，冲洗水不宜过多，使矿浆液固比不超过 1.5∶1，棒洗净后，加入 25g 汞和 6~8 个直径为 25mm 的瓷球，盖上端盖，混汞 2h；

3. 取出矿浆，先洗净矿泥，待水清澈后，将矿砂与汞齐用瓷盘分离，洗净的汞齐经滤纸干燥、称重，矿砂、矿泥烘干后称重，并进行试金分析，化验金的品位，记入表 6-6-1 中，计算回收率。

五、数据处理

对分离获得的汞齐、矿砂和矿泥，烘干、称重，并进行试金分析，记入表 6-6-1 中。汞齐中金的含量可用硝酸盐煮或在渣化器中蒸馏进行测定。汞齐酸煮法是将 15mL 硝酸（密度为 1.14g/cm³）和汞齐加入烧杯中，烧杯放在砂浴中回热至 70℃，汞溶解于热硝酸中，金留在烧杯底部，把金子移到滤纸上用水洗净，烘干，加银使之渣化，用此法能求出汞齐中纯金的含量。

通过实验数据，计算出混汞实验后金铁的回收率，分析实验结果。

表 6-6-1　混汞法提金实验结果

实验方法	汞 齐		矿 砂		矿 泥		原 料		金回收率/%
	质量/g	$Au/g \cdot t^{-1}$	质量/g	$Au/g \cdot t^{-1}$	质量/g	$Au/g \cdot t^{-1}$	质量/g	$Au/g \cdot t^{-1}$	
瓶式混汞法									
磨矿机混汞法									

六、思考题

1. 混汞法的原理和主要方法是什么？
2. 内混汞法的主要操作要点是什么？

第七章　非金属材料深加工实验

实验 7-1　搅拌磨超细粉碎实验

一、目的要求

1. 了解搅拌磨的主体结构和基本工作原理；
2. 熟练掌握应用搅拌磨超细粉磨非金属材料的操作方法；
3. 了解搅拌磨中粉磨产品粒度的分析方法。

二、基本原理

1. 搅拌磨的结构

搅拌磨主要由一个静置的内填小直径研磨介质的研磨筒和一个旋转搅拌器构成。

研磨筒：有立式和卧式两种类型，生产方式有湿法和干法，间歇式、连续式和循环式之分。

搅拌器：有叶片式、偏心环式、销棒式等，其中偏心环式和销棒式搅拌器如图 7-1-1 所示。偏心环式主要用于卧式，偏心环沿轴向布置成螺旋形，以推动磨矿介质运动防止其挤向一端，销棒式的搅拌轴上的销棒与桶内壁上的销棒相对交错设置，研磨筒被分为若干个环区，增大了磨介相互冲击和回弹冲击力，提高粉磨效率。

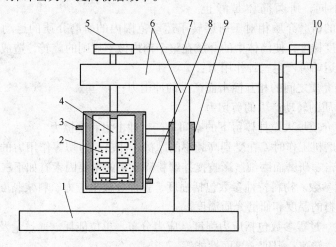

图 7-1-1　搅拌磨结构示意图

1—机座；2—搅拌介质；3—冷却水出口；4—搅拌器；5—皮带轮；6—支架；
7—传动皮带；8—冷却水入口；9—升降装置；10—电机

磨矿介质：一般使用球形介质，其平均直径小于 6mm，用于超细粉碎时，一般小于 1mm。介质大小和粒度分布的均匀程度直接影响粉磨效率和产品细度：随着直径的增加，产品的粒径增加，产量提高；研磨介质的粒度分布越均匀越好。介质直径一般由给矿粒度和产品细度决定，为了更好地提高粉磨效率，研磨介质的粒径一般大于 10 倍的给矿粒度。研磨介质的密度越大，研磨时间越短，研磨效率越高。研磨介质的硬度必须高于入磨物料的硬度且不产生污染和容易分离，为增加研磨强度，一般要求介质的莫氏硬度应是入磨物料硬度的 3 倍以上。常用的研磨介质是钢球、天然砂、氧化铝、氧化锆等。研磨介质的装填量随着研磨介质直径的增加而增大，且介质的孔隙率不小于 40%。敞开式立式搅拌磨的研磨介质装填量应为研磨器有效容积的 50%~60%。

本书着重介绍湿法间歇式搅拌磨。间歇式搅拌磨主要由带冷却套的研磨筒、搅拌装置和循环卸料装置等组成。冷却套内可通入不同温度的冷却介质，以控制研磨时的温度。研磨筒内壁及搅拌装置的外壁可根据不同的用途镶上不同的材料。

2. 湿法间歇式搅拌磨工作原理

超细搅拌磨机通过一套高速旋转的搅拌装置，在密封的搅拌筒内不断冲击和驱动介质球，使之做无规则运动。由于介质球的随机高速运动，使得介质球与介质球之间产生高能量的冲击力、摩擦力和剪切力，其综合作用的结果导致物料粒径迅速减小及均匀分散，促使研磨区达到高效率的超细粉磨效果，其主要工作原理如图7-1-2所示。

搅拌磨不仅有研磨作用，而且还具有搅拌和分散作用。颗粒的粉碎作用，是通过中间轴的旋转，带动搅拌棒做圆周运动来实现的，研磨介质的运动速度随着转动轴距离的不同而不同，研磨筒体是静止

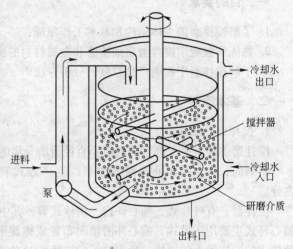

图 7-1-2　搅拌磨工作原理图

的，所以靠近筒壁的研磨介质相对于研磨转子运动范围内的研磨介质的运动速度来说要小得多，产生较大的速度梯度，使筒体中的介质在整个筒内做不规则的旋转，造成非群体的不规则运动。这种不规则运动可产生三种作用力：

（1）由于研磨介质之间的相互撞击而产生的冲击力；

（2）因研磨介质的转动产生的剪切力；

（3）由于研磨介质填入搅拌棒留下的空间，产生冲击力和摩擦力。

因此，当搅拌磨机工作时，在受到高频率的摩擦、冲击、剪切等作用力的综合作用下，使物料得到充分的冲击、研磨而磨细。影响搅拌磨粉碎效果的主要因素有如下三个方面：

（1）物料特性参数。物料特性参数包括强度、弹性、极限应力、料浆黏度、颗粒大小及形状、液体及固体物料的温度和研磨介质温度。

（2）过程参数。过程参数包括应力强度、应力分布、单位能耗、通过量及滞留时间、物料充填率、固体浓度、转速、温度、界面性能等。

（3）结构形状及几何尺寸。结构形状及几何尺寸包括搅拌磨腔结构及尺寸、搅拌器的结构形状及尺寸，研磨介质直径及级配等。

三、仪器和物料

1. ϕ270mm×230mm 搅拌磨（有效容积 2L）；氧化锆球；

2. 激光粒度测定仪;

3. 台秤,电子天平;

4. 干燥箱;

5. 磁力搅拌器;

6. 秒表、吸液管、筛子、烧杯、量筒、盆、钢板尺、注射器、游标卡尺等;

7. 石英砂(-0.1mm);

8. 六偏磷酸钠(1%)。

四、实验步骤

1. 取实验用石英砂 3kg 混匀、取 500g 备用,并用激光粒度仪检测其粒度 d_{50} 和 d_{95},并将结果记录于表 7-1-1 中;

2. 检查搅拌磨机是否完好,并清洁搅拌磨机和介质,同时,测量搅拌磨的介质尺寸和介质填充率,并记录之;

3. 打开循环冷却水系统;

4. 调节磨机参数,将磨机的转速率固定为 300r/min;

5. 按磨矿浓度为 60% 计算加水量,先向搅拌磨筒体内加入一半的计算水量,然后加入试样,最后向试样磨机中倒入剩余的水量;

6. 开机进行磨矿,并用秒表计时,分别在不同磨矿时间点(如 1h、2h、3h 和 4h),点取粉磨矿矿浆 20mL;磨矿实验结束后放出粉磨筒中的物料,将磨机冲洗干净,待以后实验之用。

7. 将所取 20mL 矿浆分别移入 50mL 烧杯中,加入 20mL 水和 2mL 六偏磷酸钠溶液,并在磁力搅拌器上进行搅拌以使矿浆混合均匀;

8. 用吸管吸取搅拌矿浆 5mL 混合矿浆注入激光粒度测定仪的进样器中,测定 d_{50} 和 d_{95} 的值;

9. 将所测定的 d_{50} 和 d_{95} 值填入表 7-1-1 中,并对实验数据进行处理。

五、数据处理

采用激光粒度仪进行样品检测,检测两次并取其平均值;若其中一次的值偏离平均值 5%,则进行第三次检测,取较为接近的两次计算平均值若误差在 5% 以内则认为结果有效并进行记录;若任何两次检测结果误差均大于 5%,则重复以上步骤进行两次检测。根据实验结果写出实验报告。

表 7-1-1 搅拌磨磨矿粒度表

磨矿时间/h	d_{50}/mm			d_{95}/mm		
	1	2	平　均	1	2	平　均
0						
1						
2						
3						
4						
...						

六、思考题

1. 搅拌磨为什么需要增设循环冷却水系统?
2. 六偏磷酸钠在粒度测试中起什么作用?

实验 7-2　振动磨超细粉碎实验

一、目的要求

1. 简要了解振动磨的主体结构和基本工作原理;
2. 熟练掌握应用振动磨超细粉磨非金属材料;
3. 基本明确湿式分样器的使用方法。

二、基本原理

1. 振动磨的构造

振动磨的基本构造是由磨机筒体、激振器、支撑弹簧以及驱动电机等主要部件构成,其结构如图 7-2-1 所示。

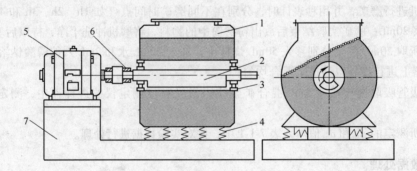

图 7-2-1　振动磨结构图
1—筒体;2—激振器;3—轴承;4—弹簧;
5—电动机;6—弹性联轴器;7—机架

磨机筒体可分为单筒体、双筒体和三筒体,一般两筒体和三筒体较为普遍。振动磨筒体内设置衬板,以保护筒体不受高频冲击的磨蚀,且衬板以内筒形式固定于磨机外筒,可随时更换,内外筒体通常选用 16Mn 优质无缝钢管。

激振器由安装于主轴上的两组共四块偏心块组成,偏心块的调整可以在 0°～180° 范围内进行,用调节偏心块的开度来确定振幅的大小,一般振幅为 4～6mm,最大可达 15mm。振动磨工作时所需的工作振幅可通过调节激振器获得。

支撑弹簧为振动磨的弹性支撑装置,具有较高的耐磨性。有各种形式和各种材质的弹簧(如钢制弹簧、空气弹簧等),钢制弹簧通常采用 60SiMn 材料制作。

联轴器即可传动动力,使磨机正常有效地工作,又对电机起隔振作用。为了保护电机不受磨体的高频振动,一般采用挠性联轴器。

2. 振动磨的工作原理

　　振动磨的主要工作原理如图 7-2-2 所示，物料和磨介装入弹簧支撑的筒内，由偏心块激振装置驱动磨机筒体做圆周运动，通过磨矿介质的高频振动对物料做冲击、摩擦、剪切等作用而粉碎。振动磨内研磨介质的研磨作用主要有：研磨介质受高频振动，研磨介质循环运动，研磨介质自转运动等。使研磨介质之间，以及研磨介质与筒体内壁之间产生激烈的冲击、摩擦、剪切作用，在短时间内将物料研磨成细小离子。研磨介质在筒体内的运动现象为：研磨介质在筒体内的运

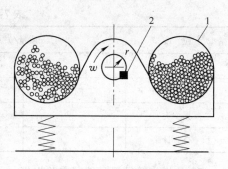

图 7-2-2　振动磨工作原理图
1—磨筒；2—偏心激振装置

动方向与主轴的旋转方向相反，且研磨介质不断地进行公转和自转运动。当振动频率很高时，它们排列整齐。振动频率较低的情况下，研磨介质离子之间紧密接触，一层层地按一个方向移动，彼此之间没有相互位移。当振动频率较高时，加速度增大，研磨介质运动较快，各层介质在径向上运动速度依次减慢，形成速度差。介质之间产生剪切和摩擦，以使物料有效粉碎。

三、仪器和物料

1. 松散颗粒状物料，粒度范围为 0~2mm；
2. 振动磨机（有效容积 4L）；
3. 分样机；
4. 电子天平；
5. 干燥箱；
6. 筛子（-0.074mm）；
7. 纱网；
8. 秒表、塑料水桶、盆、胶皮管。

四、实验步骤

1. 取实验用 -2mm 物料混匀、缩分至 1kg 备用。
2. 磨矿前，检查振动磨机性能，将振动磨机充上水后研磨 2min；停机后，将水放出。
3. 按磨矿浓度 60%，先加半量的水到磨机里，之后将待磨矿料样倒入磨机内，并将另一半量的水加入磨机，盖好机盖后，启动振动磨机，用秒表开始计时，待到预定的粉磨时间后，停机，将磨矿产品冲洗倒至塑料桶里，并将磨机侧壁的物料冲洗入塑料桶中。
4. 冲洗振动磨机后，充上水盖好机盖，以备下次使用。
5. 充分搅拌塑料桶中的磨细矿浆，并将其缓慢注入到分样器，利用分样器分出 1/8 份矿浆。
6. 将分样器分出的产品用 0.074mm 标准筛进行湿筛，并保留筛上筛下产品，烘干筛上筛下产品后，将其在干燥箱中烘干。
7. 将烘干的各产品称重，计算 -0.074mm 含量(%)，并记录之。

五、实验结果处理

1. 记录磨机的规格、型式、试样重量、磨矿浓度和加水量等。
2. 将筛上筛下产品的重量记入表 7-2-1，并计算相应产率。

表 7-2-1　磨矿细度结果

粒　度	质量/g	产率/%
− 0. 074mm		
+ 0. 074mm		
损　失		
合　计		

3. 分析实验结果，编写实验报告。

六、思考题

1. 影响振动磨磨矿细度的因素是什么？
2. 实验过程的主要实验误差是什么？

实验 7-3　气流磨超细粉碎实验

一、目的要求

1. 简要了解气流磨的主体结构和基本工作原理；
2. 熟练掌握应用气流磨超细粉磨非金属材料。

二、基本原理

利用高速气流（300 ~ 500m/s）或是过热蒸汽（300 ~ 400℃）的能量，使颗粒相互产生冲击、碰撞、摩擦而实现超细粉碎的设备。QLM-1 型流化床式气流磨粉碎系统如图 7-3-1 所示。

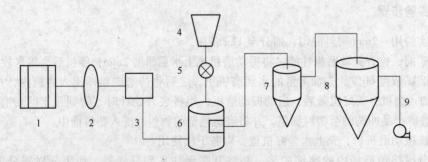

图 7-3-1　QLM-1 型流化床式气流磨粉碎系统
1—空气压缩机系统；2—储气罐；3—空气净化系统；4—储料仓；5—喂料系统；
6—磨机主体；7—旋风分离收集系统；8—脉冲袋式收尘系统；9—引风机

气流磨的一般原理是将干燥无油的压缩空气通过拉瓦尔喷管加速成超音速气流，喷出的射流带动物料做高速运动，使物料碰撞、摩擦而粉碎。被粉碎的物料随气流到达分级区，达到细度要求的物料，最终由收集器收集，未达标的物料，再返回粉碎室继续粉碎，直至达到所需细度并被捕集为止。

三、仪器和物料

1. 90% 以上纯度的硅灰石，粒度范围 0～0.1mm；
2. 乙醇；
3. QLM-1 气流磨粉碎系统；
4. 马弗炉；
5. 偏光显微镜；
6. 电子天平；
7. 振荡器；
8. 牛角匙、烧杯、载玻片、玻璃棒、滴管、坩埚、秒表、桶、盆；
9. 防护手套、防护眼镜等护具。

四、实验步骤

1. 称取 −2mm 硅灰石 500g，并将其放入马弗炉中在 800℃ 预热 4h。
2. 在物料预热过程中，检察气流磨性能是否完好，并对气流磨进行清洗备用。
3. 将预热后的硅灰石在空气中冷却至室温，取少量样品在偏光显微镜下进行观察测试，记录下物料的长度和直径。
4. 将冷却后的硅灰石粉料给进气流磨给料器。
5. 打开气流磨并调节其相关参数为气流粉碎压力 0.4MPa，分级机转数 12000r/m，在以上条件下粉磨产品。
6. 每隔 10min 取一次样品，并在偏光显微镜下进行观察测试，记录下物料的长度和直径。
7. 共取 3 次样品进行观察和测试。
8. 完成实验后，关机并清洁气流磨以备下次使用。

五、实验结果处理

针对每次取样产品分别根据随机取样原则，每个载玻片取 10 个视域，且不得小于两个载玻片，进行拍照比对和计算长径比。利用偏光显微镜中的测量程序对所取的视域进行测量，测量颗粒总数应大于 100 粒，所测数据存于数据库中，所采用的长径比的计算方法是将所测的所有颗粒的长度之和除以所有颗粒的直径之和，并选取最接近长径比的视域照片为该次取样产品的形貌代表，并记录于表 7-3-1 之中。在此基础上完成实验报告。

表 7-3-1   不同磨矿时间硅灰石性能比较表

磨矿时间/min	平均长度/μm	平均直径/μm	长径比	形　貌
10				
20				
30				

六、思考题

1. 为什么采用气流磨可以制备出高长径比的硅灰石产品？
2. 使用气流磨时应该注意什么问题？

实验 7-4　高压辊式磨机粉碎实验

一、目的要求

1. 了解高压辊式磨机的主体结构和工作原理；
2. 熟练掌握应用高压辊式磨机粉碎非金属材料。

二、实验原理

1. 高压辊磨机的结构

辊压机主要由给料装置、料位控制装置、一对辊子、传动装置（电机、皮带轮、齿轮轴）、液压系统、横向防漏装置等基本部分组成。其中两个辊子中，一个是承载轴承上的固定辊，另一个是运动的辊子，通过动辊对物料层施加挤压力。两个辊子以相同的速度相向旋转，辊子两端的密封装置防止物料在高压作用下从辊子横向间隙中排出。

2. 高压辊磨机的工作原理

高压辊磨机的工作原理如图 7-4-1 所示。物料由给料装置（重力或预压螺旋给料机）给入，在相向回转的两个辊子之间受到很高的挤压力而被粉碎。由于在两辊隙之间的压应力达 50MPa 以上，故大多数粉碎物料通过辊隙时被压成了料饼，料饼中含有大量的细粉，经分散后即可选出成品。

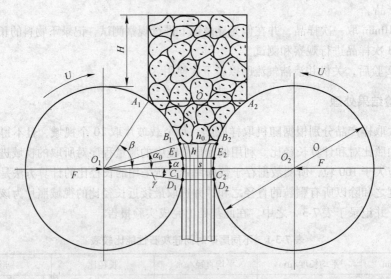

图 7-4-1　高压辊工作原理简图

具体粉碎过程是当符合高压辊磨机粒度要求的物料喂入料斗后形成一个料柱，物料在转动压辊的挤压作用下进入第一粉碎区—加速区。它是物料喂入部分末端至中部压力段的分界处，在这个区物料已被预粉碎，物料呈压缩状态流动，主要依靠摩擦力和重力提供加速作用。中部的压缩区，它是从加速区末端横截面处至辊子中心的连线。此段物料受挤压力而粉碎，并最后结成料饼。下部为反弹区，其为辊间隙处以下区段，在辊面上没有了作用力，物料开始恢复膨胀。排出料饼中不仅含有一定比例的细粒成品，而且在非成品颗粒的内部也会产生大量裂纹，从而改善物料后续粉磨的可磨性，降低粉磨能耗，增加粉磨系统的生产能力，还大幅度降低钢耗。高压辊磨机工作过程中物料破碎发生在物料颗粒底部，物料颗粒之间互相轧碎，物料同辊表面接触是有限的，破碎发生在受限制的空间，物料颗粒不容许逃脱，因此破碎效率比常规碎磨效率高。

三、实验仪器、备品及物料

1. 以块状石灰石为原料，粒度范围为 0 ~ 5mm，含水量小于 8%；
2. 高压辊式磨机；
3. 振筛机；
4. 台秤、电子天平；
5. 筛子（74μm）；
6. 取样用具、盆；

四、实验内容及步骤

1. 称取 −5mm 石灰石原料 5kg 备用；
2. 检查高压辊磨机是否完好，清洁高压辊备用；
3. 先将所选的石灰石物料装入料仓，然后空载启动设备，并调节高压辊辊速为 68r/min，辊压为 1MPa；
4. 待设备运转平稳后，快速打开料仓门，使物料连续不断地落入两辊之间进行辊磨；
5. 在整个辊磨作业中，每 3min 从出料口采样一次以备筛分，每次采取物料 100 ~ 200g，并称重记录；
6. 采用人工手碎方法将料饼松散，之后，将样品置于标准拍击振动筛上筛分，并将筛上筛下产品进行称重并计算。

五、实验结果处理

1. 记录辊径、辊宽、主电机功率等主要参数。
2. 将筛上筛下产品的重量记入表 7-4-1，并计算相应产率。

表 7-4-1　高压辊磨机产品粒度分析表

时间/min	粒　度	质量/g	产率/%
3	− 0.074mm		
	+ 0.074mm		
	损　失		
	合　计		
6	− 0.074mm		
	+ 0.074mm		
	损　失		
	合　计		
9	− 0.074mm		
	+ 0.074mm		
	损　失		
	合　计		

时间/min	粒　度	质量/g	产率/%
12	− 0.074mm		
	+ 0.074mm		
	损　失		
	合　计		
…	− 0.074mm		
	+ 0.074mm		
	损　失		
	合　计		

3. 分析实验结果，编写实验报告。

六、思考题

1. 高压辊磨过程中存在的主要问题是什么，如何解决？
2. 高压辊磨机与传统的辊磨机优点体现在哪几方面？

实验 7-5　非金属材料的干式超细分级实验

一、目的要求

1. 简要了解离心式分级机结构和分级原理；
2. 熟练掌握如何采用离心式分级机进行粉体分级；
3. 学会评价分级精度和分级效果的方法。

二、原理

分级既是利用粉体颗粒的大小和形状的差别将其分离的操作。干式分级多为气力分级。空气动力学理论的发展为多种气力分级机的研制和开发提供了坚实的理论基础。

干式超细分级机的技术关键之一是分级室流场设计。理想的分级力场应该具有分级力强、有较明显的分级面、流场稳定及分级迅速等性质。如果分级区内出现紊流或涡流，必将产生颗粒的不规则运动，形成颗粒的相互干扰，严重影响分级精度和分级效率。因此，避免分级区涡流的存在、流体运动轨迹的平滑性以及分级面法线方向两相流厚度尽可能小等是设计中应十分重视的问题。

技术关键之二是上面提到的分级前的预分散问题。分级区的作用是将已分散的颗粒按设定粒径分离开来，它不可能同时具有分散的功能；换言之，评价分级区性能的重要指标是其将不同颗粒进行分级的能力，而不是能否将颗粒分散成单颗粒的能力，但分散又无可争议地极大影响着分级效率。所以，我们应该将分散和分解与其后的颗粒捕集看成是一个相互紧密联系的、分割的系统组成部分。各种超细分级机的设计研究过程中都对预分散给予了高度重视。

本实验中主要采用离心式分级机进行干式超细分级实验，其结构如图 7-5-1 所示。由上为圆柱形下为圆锥形的内外筒体 4 和 5 套装而成。上部有转子，它是由撒料盘 10、小风叶 2 和大风叶 1 等组成。在大小风叶间内筒上口边缘装有可调节的挡风板 11，内筒中部周向装有导气固定风叶 6，内筒由支架 3 和 7 固定在外筒内部。

转子转动后，气流由内筒上升，转至两筒间下降，再由固定风叶进入内筒，构成气流循环。当物料由加料管经中轴周围落到撒料盘 10 上，受离心惯性力作用向周围抛出。在气流中，较粗颗粒迅速撞到内筒内壁，沿内壁滑下。其余较小颗粒随气流向上，经过小风叶时，又有一部分被抛向内筒壁被收下，更小的颗粒穿过小风叶，经由内筒顶上出口进入两筒间夹层，由于通道扩大，气流速度降低，被带出的细小颗粒陆续下沉，由细粉出口 9 排出称为成品。内筒收下的粗粉由出口 8 排出。

改变主轴转速、大小风叶的叶片数或挡风板位置就能调节选粉细度。由于内部气流及物料运动比较复杂，速度场也不均匀，可近似进行理论分析。

采用综合分级效率和分级精度两个参数进行分级效果总体评价。

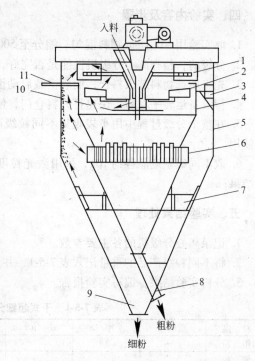

图 7-5-1 离心式分级结构示意图
1—大风叶;2—小风叶;3,7—支架;4—内筒体;
5—外筒体;6—固定风叶;8—粗粉出口;
9—细粉出口;10—撒料盘;11—挡风板

（1）综合分级效率。牛顿效率就是把无用成分的混入度用两个成分表示，将某一粒度分布的粉粒用分级机进行二分，用牛顿效率表示分级效率，牛顿效率的物理意义为实际分级机达到理想分级的质量比。牛顿效率的计算公式为：

$$\eta_n = \frac{(x_b - x_a)(x_a - \dot{x}_c)}{x_a(1 - x_a)(x_b - x_c)} \times 100\% \tag{7-5-1}$$

式中 x_a——原料中实有的粗粒级比率,%；

$\quad\quad x_b$——粗粒级中实有的粗粒比率,%；

$\quad\quad x_c$——细粒部分中实有的粗粒比率,%。

（2）分级精度。分级精度最常用的是根据部分分级效率曲线，取 d_{25}/d_{75} 的值作为分级精度指标。有时当分布范围较大时用 d_{10}/d_{90}，或者粒度分布比较陡斜时用 $(d_{90} - d_{10})/d_{50}$。

三、实验仪器、备品及物料

1. 采用粉状干料，粒度范围：0~0.1mm。

2. 离心式分级机；

3. 激光粒度测定仪；

4. 台秤，电子天平；

5. 磁力搅拌器；

6. 烧杯、玻璃棒、量筒、盆、布袋等。

四、实验内容及步骤

1. 取实验用 – 0.1mm 物料混匀、缩分至 500g 备用；

2. 分级前，检查离心分级机性能是否完好，并清洁离心分级机备用；

3. 先将所选物料装入料仓，而后空载启动设备，并调节离心式分级机各项参数；

4. 待设备运转平稳后，快速打开料仓门，使物料连续不断地进入分级机进行分级；

5. 在整个分级过程中用布袋收集不同粒级产品，待分级完成后关机并清洁分级机以备下次使用。

6. 取不同级别产品各约 10g，采用激光粒度测定仪进行粒度 d_{50} 测定，并记录之以评价分级结果；

五、实验结果处理

1. 记录离心分级机的各主要参数。

2. 将不同粒级产品的重量记入表 7-5-1，并计算相应产率。

3. 分析实验结果，编写实验报告。

表 7-5-1　干式超细分级产品粒度分析表

粒　度	质量/g	产率/%	$d_{25}/\mu m$	$d_{75}/\mu m$	d_{25}/d_{75}	$d_{50}/\mu m$	η_n
粗　粉							
细　粉							
合　计							

实验 7-6　非金属材料表面改性实验

一、目的要求

1. 了解非金属矿表面改性的目的和作用；
2. 了解非金属矿表面改性效果的评价方法；
3. 掌握用高速混合机进行表面改性的方法。

二、原理

非金属矿物的表面改性，是指利用各种材料或助剂，根据应用的需要有目的地改善或完全改变非金属矿物的物理技术性能或表面物理化学性质。如表面晶体结构和官能团、表面能、表面润湿性、电能、表面吸附性和反应特性等。非金属矿的表面改性只改变矿物界面层次的组分，而不改变矿物材料的内部晶体结构及物理或化学性质。

用于非金属矿表面改性的表面改性剂可以分为无机试剂和有机试剂两大类。通常所说的矿物表面改性主要是指非金属矿粉体的有机表面改性，有机表面改性剂主要包括偶联剂类、脂肪酸（或胺）类、烯烃低聚物类以及各种树脂类等。

三、实验仪器、备品及物料

设备：GRH-10 高剪切混合机 1 台；

器具：天平 1 架，盛样瓷盘 2 个，试样袋 4 个，油刷 1 把，样铲 1 把；

物料：-800 目（$-15\mu m$）$CaCO_3$ 二份，每份 1000g；

改性剂：硬脂酸。

四、实验步骤

1. 将混合容器清理干净；

2. 打开加热开关，并将温度控制器的控制温度设定在 80℃；

3. 打开加料口端盖，将一份改性物料加入混合容器中；

4. 按计算的改性剂添加量加入改性剂（如按要改性物料重量的 0.5%、1.0% 等计算改性剂用量）；

5. 开启混合机的搅拌系统，设定搅拌时间 20min；

6. 达到混合时间，打开混合容器的上端盖，放出物料，即为改性产品；

7. 取适量改性产品，测量其润湿接触角（按浮游分选部分实验方法测量）；

8. 取相同量的改性产品，分别放入盛有清水的烧杯中，边搅拌边观察两种改性产品在水中的行为。

五、实验结果处理

1. 将实验结果填入自己设计的表格中，例如表 7-6-1；

2. 分析实验结果及实验中观察到的现象，并说明原因。

表 7-6-1   表面改性实验结果表

序 号	改性剂名称	改性物料名称	改性剂用量/%	润湿接触角/(°)
1				
2				

六、思考题

1. 表面改性过程中应注意的问题有哪些？

2. 有机表面改性剂在表面改性过程中起什么作用？

第八章 无机非金属材料实验

实验 8-1 石灰的制备和石灰性能的测试

一、目的要求

1. 了解石灰的制备过程；
2. 掌握建筑生石灰粉和消石灰粉的技术指标；
3. 掌握石灰的消化速度和体积安定性检测方法。

二、原理

石灰石煅烧成石灰，实际上是碳酸钙（$CaCO_3$）的分解过程，其反应式如下：

$$CaCO_3 \longleftrightarrow CaO + CO_2 \uparrow - 178kJ \qquad (8\text{-}1\text{-}1)$$

以上反应为可逆反应，且在 600℃ 左右已开始分解，800～850℃ 时分解加快，到 898℃ 时，分解压力达到 10^5Pa，通常，就把这个温度作为 $CaCO_3$ 的分解温度。继续提高温度，分解速度将进一步加快。实际生产中，为了加快石灰石的煅烧过程往往采用更高的温度，且应随着石灰石的致密程度、块度大小、杂质含量及成分以及窑型等作相应的变化。通常，在生产中石灰石的煅烧温度控制在 1000～1200℃ 或更高些。

石灰可分为生石灰和消石灰，建筑上一般使用生石灰粉和消石粉，而生石灰粉按氧化镁含量的大小，可分为钙质和镁质生石灰粉。当生石灰粉中氧化镁含量小于或等于 5% 时，称为钙质生石灰粉，当生石灰粉中氧化镁含量大于 5% 时，称为镁质生石灰粉。其技术指标如表 8-1-1 和表 8-1-2 所示。

表 8-1-1　建筑生石灰粉的技术指标

项 目		钙质生石灰粉			镁质生石灰粉		
		优等品	一等品	合格品	优等品	一等品	合格品
（CaO + MgO）含量/%	（≥）	85	80	75	80	75	70
CO_2 含量/%	（≤）	7	9	11	8	10	12
细 度	0.90mm 筛的筛余/% （≤）	0.2	0.5	1.5	0.2	0.5	1.5
	0.125mm 筛的筛余/% （≤）	7.0	12.0	18.0	7.0	12.0	18.0

表 8-1-2　建筑消石灰粉的技术指标

项 目		钙质消石灰粉			镁质消石灰粉			白云石消石灰粉		
		优等品	一等品	合格品	优等品	一等品	合格品	优等品	一等品	合格品
（CaO + MgO）含量/% （≥）		70	65	60	65	60	55	65	60	55
游离水/%					0.4～2					
体积安定性		合格	合格	—	合格	合格	—	合格	合格	—
细度	0.90mm 筛的筛余/% （≤）	0	0	0.5	0	0	0.5	0	0	0.5
	0.125mm 筛的筛余/% （≤）	3	10	15	3	10	15	3	10	15

石灰在煅烧过程中，由于多种因素造成温度不均匀，使这些材料的活性降低，质量下降。通过一系列的性能检测实验，可以确定其质量的等级，便于更好地合理利用。石灰的测试项目主要包括细度、消化速度、体积安定性、生石灰产浆量和未消化残渣含量等。

三、实验仪器、备品及物料

1. 电子天平、台秤；
2. 圆锥球磨机；
3. 量筒：50mL、100mL、250mL；
4. 烘箱：最大量程200℃；
5. 圆孔筛孔径0.9mm、5mm和20mm；
6. 磁盘、毛刷、牛角匙、蒸发皿、搅拌棒、盆、桶等；
7. 箱式高温电阻炉，额定温度不小于1000℃；
8. 铁质承烧器：不带盖平底耐高温容器；
9. 保温瓶容量200mL，口内径28mm，瓶身直径61mm，瓶胆全长162mm，上盖用白色橡胶塞，在塞中心钻孔插温度计（150℃）；
10. 石棉网板外径125mm，石棉含量72%；
11. 坩埚钳、石棉手套、长钳、护目镜、秒表等；
12. 生石灰浆渣测定仪。

四、实验步骤

1. 生石灰的制备
（1）将石灰石破碎至45mm以下备用；
（2）将占炉膛容积2/3的块状石灰石装入箱式电阻炉中，并密封；在960~1000℃下煅烧5~6h后停止加温，在密闭条件下继续停机保温12h，即炉内温度降至200~300℃时，取出烧成生石灰并进行各种性能检测。

2. 针对制得的生石灰进行消化速度检测
（1）取50g通过5mm圆孔筛的生石灰试样，在瓷钵内研细，全部通过0.90mm方孔筛，混匀装入磨口瓶内备用。
（2）检查保温瓶上盖及温度计装置，温度计下端应保证能插入试样中间。检查之后，在保温瓶中加入（20±1）℃蒸馏水20mL。称取试样10g，倒入保温瓶的水中，立即开动秒表，同时盖上顶盖，轻轻摇动保温瓶数次，自试样倒入水中时开始计时，每30s记录一次温度，记录达到最高温度及温度开始下降的时间，以达到最高温度所需的时间为消化速度（以min计）。

3. 针对制得的生石灰进行体积安定性检测
（1）称取生石灰试样100g，倒入300mL蒸发皿内，加入（20±2）℃蒸馏水中约120mL左右，在3min内拌成稠浆。
（2）一次性浇注于两块石棉网板上，其饼块直径50~70mm，中心高8~10mm，成饼后在室温下放置5min后，将饼块移至另两块干燥的石棉网板上，然后放入烘箱中加热到100~105℃烘干4h取出。
（3）用肉眼检查烘干后饼块，以便确定石灰的体积安定性。

五、实验结果处理

1. 生石灰消化速度检测实验结果处理记录于表8-1-3。

表 8-1-3　生石灰消化速度结果表

第一次		第二次	
时间/s	温度/℃	时间/s	温度/℃
0		0	
30		30	
60		60	
120		120	
…		…	
平均①			

①以两次测定结果的算术平均值为结果，计算结果保留小数点后两位。

2. 石灰体积安定性结果评价

若无溃散、裂纹、鼓包，则认为体积安定性合格。若出现三种现象之一者，表示体积安定性不合格。

六、思考题

1. 石灰有哪些用途？
2. 石灰保管过程应注意哪些问题？
3. 石灰消化过程的主要机理是什么？
4. 简述石灰浆体的硬化过程。

实验 8-2　石膏的基本性能测试

一、目的要求

1. 掌握石膏性能的检测方法；
2. 熟悉抗折实验机和抗压实验机的使用方法。

二、原理

石膏浆体在空气中硬化并形成具有强度的人造石，一般认为其结构变化经历两个阶段，即凝聚结构形成阶段和结晶结构网的形成和发展阶段。在凝聚结构形成阶段，石膏浆体中的微粒彼此之间存在一个薄膜，粒子之间通过水膜以范德华分子引力互相作用，仅具有低的强度，这种结构具有触变复原的特性。在结晶结构网的形成和发展阶段，水化物晶粒已大量形成，结晶不断长大，且晶粒之间互相接触和连生，使整个石膏浆体形成一个结晶结构网，具有较高的强度，并且不再具有触变复原的特点。

如果想了解石膏的特性和在工程上是否适用时，必须先做石膏的力学强度实验。强度实验中最主要为抗折强度和抗压强度的实验。石膏单位面积承受弯矩时的极限折断应力。气孔的大小和数量、组织结构是否均匀一致、颗粒间结合是否牢固等是决定石膏抗折强度大小的重要因素。石膏的抗折强度一般采用支梁法进行测定。对于均质弹性体，将其试样放在两支点上，并在两支点间的试样上施加集中载荷，此时试样将变形或断裂。由材料力学质量的受力分析可得抗折强度的计算公式：

$$R_f = \frac{M}{W} = \frac{\frac{P}{2} \cdot \frac{L}{2}}{\frac{bh^2}{6}} = \frac{3PL}{2bh^2} \tag{8-2-1}$$

式中　R_f——抗折强度，MPa；

M——在破坏荷重 P 处产生的最大弯矩；

W——截面矩量，断面为矩形时 $W = bh^2/6$；

P——作用于试体的破坏荷重，kN；

L——抗折夹具两支承圆柱的中心距离，m；

b——试样宽度，m；

h——试样高度，m。

石膏的抗压强度是指在无约束状态下所能承受的最大压力。石膏的最大抗压强度的测量，一般采用轴心受压的形式。按定义，其计算公式为

$$R_c = \frac{P}{A} \tag{8-2-2}$$

式中　R_c——抗压强度，MPa；

P——破坏荷载，N；

A——受压面积，mm^2。

三、实验仪器、备品及物料

1. 电子天平，台秤；

2. 搅拌用具及秒表；

3. 稠度仪由内径（50 ± 0.1）mm 铜质或不锈钢筒体和 20cm × 20cm 玻璃板组成，筒体内表面和两端面磨光，在玻璃板下放一张画有同心圆的纸，同心圆直径为 60 ~ 20mm；直径小于140mm 的同心圆，每 10mm 增加一个圆，其余每 20mm 增加一个圆；

4. 抗折实验机，试模尺寸为（40 × 40 × 160）mm；

5. 压力实验机，要求荷载 300kN（最大实验力 300kN）的压力。

四、实验步骤

1. 标准调度用水量的测定

（1）称取 300g 生石膏备用；

（2）实验前，将稠度仪的筒体内部及玻璃板擦净，并保持湿润。将筒体垂直地放在玻璃板上，筒体中心与玻璃板下一组同心圆的中心重合；

（3）在搅拌碗中倒入预计为标准稠度用水量（约为 60% ~ 80%）的水。将 300g 试样在 5s

内倒入水中，用拌和棒搅拌 30s，得到均匀的石膏浆体，边搅拌边迅速将石膏浆体注入稠度仪筒体中，用刮刀刮去溢浆，使其与筒体上端平齐；

（4）从试样与水接触开始至总时间为 50s 时，以 15cm/min 速度提起筒体，此时料浆扩展成圆形试饼，测定其两垂直方向上的直径；

（5）测定连续两次料浆扩展直径等于（180 ± 5）mm 时的加水量，通过计算得出标准稠度用水量。

2. 抗折强度的测定

（1）将抗折实验机的试模内涂上一层均匀机油，试模接缝处涂黄油或凡士林以防漏浆。

（2）按所测标准稠度量取水量，并倒入搅拌锅中，并称取石膏试样 1000g，在 30s 内加入水中，搅拌 1min 后制得浆体，用勺将浆体注入试模中，将模一端抬起 10mm 振动 5 次以排除气泡。

（3）初凝时用三角刮刀刮平试件表面，待水与试样接触开始至 1.5h 时，在试件表面编号并拆模。

（4）脱模后的试件存放在开放式环境中，至试样与水接触开始达 2h 时，进行抗折强度的测定。

3. 抗压强度的测定

（1）用做完抗折实验所得到的 6 个半块试件进行抗压强度的测定，实验时将试件放在夹具内，试件的成型面应与受压面垂直。

（2）将抗压夹具连同试件置于抗压实验机的上、下台板之间，下台板球轴应通过试件受压中心。

（3）开动机器，使试件在加荷开始后 20～40s 内破坏。记录每个试件的破坏荷载 P，抗压强度 R，并进行实验结果计算和处理。

五、实验结果处理

1. 连续两次料浆扩展直径等于（180 ± 5）mm 时的加水量，该水量与试样的质量比（以百分数表示，精确至 1%），即为标准稠度用水量。

2. 抗折强度结果计算及评定

记录 3 个试件的抗折强度 R_f，并计算其平均值，精确至 0.1MPa，记录于表 8-2-1 中。

如果测得的三个值与它们平均值的差不大于 10%，则用该平均值作为抗折强度；如果有一个与平均值的差大于 10%，应将此值舍去，以其余两个值计算平均值；如果有一个以上的值与平均值之差大于 10%，应重做实验。

3. 抗折结果计算及评定

计算 6 个试件抗压强度平均值，记录于表 8-2-1 中。

如果测得的六个值与它们平均值的差不大于 10%，则用该平均值作为抗压强度。如果有某个值与平均值之差大于 10%，应将此值舍去，以其余的值计算平均值；如果有两个以上的值与平均值之差大于 10%，应重做实验。

六、思考题

1. 石膏的化学成分是什么？

2. 石膏有哪些特性及用途？

表 8-2-1 石膏基本性能记录表

标准稠度用水量			
扩展直径	加水量	扩展直径	加水量
...		...	
平　均		平　均	
抗折强度			
第一次		第二次	
编　号	R_f/MPa	编　号	R_f/MPa
1		1	
2		2	
3		3	
平　均		平　均	
抗压强度			
第一次		第二次	
编　号	R_c/MPa	编　号	R_c/MPa
1		1	
2		2	
3		3	
4		4	
5		5	
6		6	
平　均		平　均	

实验 8-3 硅酸盐水泥的制备实验

一、目的要求

1. 了解按照确定的配方和所用原料的化学成分进行配料计算的方法；
2. 熟悉生料均匀性细度的控制方法；
3. 掌握实验室常用高温实验设备、仪器的使用方法；
4. 学会水泥烧成实验方法，了解水泥熟料烧成过程；
5. 了解升温速度、保温时间、冷却制度对不同配料煅烧的影响。

二、实验原理

在硅酸盐水泥熟料烧成过程中，合适组成、合适细度和均匀的生料有利于固相反应进行。

生料制成大小合适、表观密度一致的料段，保证煅烧时加热均匀一致。

由于粉状物料细颗粒之间易产生拱桥供应，如果将几种粉体掺和在一起不易使各种物料颗粒混合均匀。因此，混合时应使颗粒团打散，让其他物料颗粒进入。一般采用搅拌机或球磨机混匀以达到较好的混合效果。

物料加水后成型，如用锤击，模中部物料内空气不易排出，使料段两头致密，中间疏松。应用一定压力加压，并恒压一定时间保证料段密度均匀一致。

硅酸盐水泥熟料高温煅烧过程是一个复杂的反应过程，水泥生料在煅烧过程中，随着温度升高，经过原料表面蒸发、黏土矿物脱水、碳酸盐分解、固相反应，物料开始出现液相，进行固液相反应。硅酸盐水泥生料一般在1300℃左右出现液相，C_3S 一般随液相出现而形成。随着温度继续升高，液相量增加，液相黏度降低，最终生成以硅酸盐矿物（C_3S、C_2S）为主的熟料。

在煅烧过程中出现液相前，碳酸钙已基本上全部分解。出现液相后，游离石灰开始溶于液相中。通过离子扩散与碰撞，达到一定浓度后开始形成晶核，随后晶体逐步长大。水泥生料易烧性，是指水泥生料按一定制度煅烧后的氧化钙吸收反应程度，其测定原理是，按一定的煅烧制度对一种水泥生料进行煅烧后，测定其游离氧化钙（f-CaO）含量，用该游离氧化钙含量表示该生料的煅烧难易程度，f-CaO 越多，煅烧反应越不安全。在生产上，f-CaO 的量是判断熟料质量和整个工艺过程是否完善，热工制度是否稳定的重要指标之一。游离氧化钙含量越低、易烧性越好。

无水甘油-乙醇法测定 f-CaO 含量。熟料试样与甘油乙醇溶液混合后，熟料中的石灰与甘油化合（MgO 不与甘油发生反应）生成弱碱性的甘油酸钙，并溶于溶液中，酚酞指示剂使溶液呈现红色。用苯甲酸（弱酸）乙醇溶液滴定生成的甘油酸钙至溶液退色。由苯甲酸的消耗量求出石灰含量。

三、仪器、备品及物料

1. 氢氧化钠（分析纯）；碳酸钙（高纯）；硝酸锶（分析纯）；

2. 酚酞指示剂；0.1mol/L 苯甲酸无水乙醇标准溶液；

3. 苯甲酸（分析纯）；丙三醇（分析纯）；

4. 无水乙醇（含量不低于 99.5%）；

5. 0.01mol/L 氢氧化钠无水乙醇溶液；

6. 甘油无水乙醇溶液；

7. 电子天平、台秤；

8. 水泥净浆搅拌机、粉料搅拌机、陶瓷混料罐；

9. 筛子（−0.074mm，0.2mm）

10. 陶瓷球磨机（ϕ180mm×200mm）、成型模具；

11. 量筒（50mL、100mL）；

12. 磁盘、毛刷、牛角匙、搅拌棒、磁铁、玛瑙研钵、干燥器、干燥锥形瓶、酸式滴定管等；

13. 烘箱、高温电炉（最高使用温度 1600℃）、回流冷凝管、电炉（300W）；

14. 高铝质承烧器：不带盖平底耐高温容器（内铺一层刚玉砂）；

15. 坩埚钳、石棉手套、长钳、护目镜、风扇等。

四、实验内容及步骤

1. 根据所制备的水泥熟料品种、性质及其他工艺条件等确定所选熟料的率值和矿物组成。按表 8-3-1 所示的不同窑型硅酸盐水泥熟料率值的参考范围计算熟料的成分，用递减试凑法计算各原料的配比或事先拟定的熟料产品方案。如果用正交实验设计安排实验，按规定的因素、水平进行配料计算。根据配料计算结果进行配料、混合、成型及干燥。

2. 将所取原料经破碎后缩分至一定量，获得的具有代表性的物料，用 $\phi 180mm \times 200mm$ 陶瓷磨磨细。至 0.074mm 筛筛余（10±1）% 的细度；所有生料的 0.2mm 筛余不得大于 1.5%。（如需要的同一种生料量 1kg 左右，可将各原料按配比称量，放入 $\phi 305mm \times 305mm$ 磨机混合粉磨，在粉磨过程中混匀。）

表 8-3-1　不同窑型硅酸盐水泥熟料率值的参考范围

窑　型	KH	SM	IM
预分解窑	0.86~0.92	2.2~2.6	1.3~1.8
立窑（掺矿化剂）	0.92~0.96	1.6~2.1	1.1~1.5
湿法长窑	0.88~0.92	1.5~2.5	1.0~1.8

3. 按选好的方案，制备生料量 150~200g。按配料计算结果进行配料。按质量百分比，分别称量已磨细的石灰石、黏土、铁粉、萤石、石膏等，然后一起放入混合容器中。

4. 把称好的生料放入研钵中用手工混合（混合应边搅边压，时间不宜太短），或放入陶罐中，置于混料机上进行混匀 10min 左右。若需均化较多量的生料，可将配好的生料置于磨机中混合粉磨。

5. 均匀混合后生料在不同部位取两个以上生料试样进行生料碳酸钙滴定值实验。确认均匀后，进行化学成分全分析，检验生料成分、率值是否与原计划一致。如不一致要进行调整。

6. 称取一定质量检验合格的生料粉放入搅拌器中，加入 20% 的水并搅拌 5min，将搅拌好的生料粉置于自制的成型的压制磨具中压制成 $\phi 13mm \times 13mm$ 的小试体。即取同一配比同一细度的均匀生料 100g，置于洁净容器中，边搅拌边加入 20mL 蒸馏水，拌和均匀，每次湿生料（3.6±0.1）g，放入试体成型模内，手工锤制成 $\phi 13mm \times 13mm$ 的小试体。要求每个试体的压制压力及质量计量一致，试体两头与中间密度一致。将压制好的小试体放入磁盘中随后放入烘箱中烘干 60min 以上，烘干后放入塑料袋中并编号准备煅烧使用。

7. 检查高温炉是否正常，并在高温炉中垫刚玉砂等隔离料，防止承烧器与护衬高温时黏结。

8. 易烧性实验是试体煅烧最高温度可按下列温度依次进行：1350℃、1400℃、1450℃、1500℃。

9. 取相同的烘干试体 6 个为一组，均匀且不重叠地直立于平底耐高温容器内。将盛有试体的容器放入恒温 950℃ 的预热高温炉内，恒温预烧 30min。将预烧完毕的试体随同容器立即转放到恒温至实验温度的煅烧高温炉内，恒温（分别为 1350℃、1400℃、1450℃、1500℃）煅烧 30min，容器尽可能放置在热电偶端点的正下方。

10. 保温结束后，用坩埚钳从电炉中拖出匣钵，立即倒出熟料试样，在空气中冷却。经冷却后，取 6 个试体一起研磨至全部通过 0.074mm 筛，装入贴有标签的磨口小瓶内。然后进行游离氧化钙的测定。易烧性实验是以各种实验温度煅烧后试样的游离氧化钙含量作为实验结果。两次对比实验结果的允许绝对误差如表 8-3-2 所示。取一部分样品，进行物相分析，测定矿物的合成情况。

表 8-3-2　相同的两次易烧性实验结果的允许误差

游离氧化钙含量/%	≤3.0	>3.0
允许绝对误差/%	0.30	0.40

11. 水泥熟料中游离氧化钙的测定

（1）将熟料磨细后，用磁铁吸除样品中的铁屑，然后装入带有磨口塞的广口瓶中，瓶口应密封。分析前将试样混合均匀，以四分法缩减至 25g，然后取出 5g 放在玛瑙研钵中研磨至全部通过 0.074mm 方孔筛，再将样品混合均匀，放入干燥器中备用。

（2）准确称取 0.5g 试样，放入干燥的锥形瓶中，加入 15mL 甘油无水乙醇溶液，摇匀。装上回流冷凝管，在有石棉网的电炉上加热煮沸 10min，至红色时取下锥形瓶，立即以 0.1mol/L 苯甲酸无水乙醇溶液滴定至微红色消失。再将冷凝管装上，继续加热煮沸至微红色出现，再取下滴定。如此反复操作，直至在加热 10min 后不再出现微红色为止。

（3）试样中游离氧化钙的含量按下式计算：

$$f\text{-}CaO = \frac{T_{CaO}V}{m \times 1000} \times 100 \qquad (8\text{-}3\text{-}1)$$

式中　T_{CaO}——每毫升苯甲酸无水乙醇标准滴定溶液相当于氧化钙的毫克数，mg/mL；

　　　　V——滴定时消耗苯甲酸无水乙醇标准滴定溶液的体积，mL；

　　　　m——试样的质量，g。

（4）每个试样测定二次。当游离氧化钙含量小于 2% 时，两次结果的绝对误差应在 0.20 以内，如超出以上范围，须进行第三次测定，所得结果与前两次或任一次测定的结果之差值，符合上述规定时，则取其平均值作为测定结果。否则应查找原因，重新按上述规定进行测定。

（5）在进行游离氧化钙测定的同时，必须进行空白实验，并对游离氧化钙测定结果加以校正。

五、实验结果处理

将实验数据和观察情况记录于表 8-3-3 中。

表 8-3-3　水泥制备实验记录表

	生料块尺寸		生料块容重		生料块水分	
	升温速度	<900℃	900~1200℃	>1200℃	恒温时间	
1350℃	率值及游离钙	KH	SM	IM	f-CaO	
	冷却制度	出炉温度	室　温	是否吹风		
	熟料观察	色　泽	密实性	形　状	烧成收缩率	

生料块尺寸		生料块容重		生料块水分	
	升温速度	<900℃	900~1200℃	>1200℃	恒温时间
1400℃	率值及游离钙	KH	SM	IM	f-CaO
	冷却制度	出炉温度	室 温	是否吹风	
	熟料观察	色 泽	密实性	形 状	烧成收缩率
生料块尺寸		生料块容重		生料块水分	
	升温速度	<900℃	900~1200℃	>1200℃	恒温时间
1450℃	率值及游离钙	KH	SM	IM	f-CaO
	冷却制度	出炉温度	室 温	是否吹风	
	熟料观察	色 泽	密实性	形 状	烧成收缩率
生料块尺寸		生料块容重		生料块水分	
	升温速度	<900℃	900~1200℃	>1200℃	恒温时间
1500℃	率值及游离钙	KH	SM	IM	f-CaO
	冷却制度	出炉温度	室 温	是否吹风	
	熟料观察	色 泽	密实性	形 状	烧成收缩率

注：细度要合乎要求。在实验中原材料是分别粉磨的，每一种原材料细度要合乎要求，入料太粗，生料焙烧受到影响，从而使熟料中游离氧化钙过多，质量差，要重烧。由于实验汇总原材料是分别粉磨的，要求生料混合要均匀，若混合不均匀，易使煅烧的水泥熟料质量差，并且易使熟料粉化。

实测生料率值与配料计算索取率值一致。如不一致，配料应调整。否则难以事先预定方案；正交实验锁定方案难以评价。将所制熟料加二水石膏，控制水泥中 SO_3 在 $(2.0 \pm 0.5)g$，磨细制成比表面积不小于 $300 m^2/kg$。

六、思考题

1. 易烧性实验应该注意哪些问题？

2. 熟料率值的控制原则有哪些？

3. 如何保证熟料中主要矿物晶体大小合适，均匀一致？

4. 熟料粉化原因是哪些，如何防止熟料粉化？

5. 为什么要测定水泥熟料中的游离氧化钙？

6. 在进行游离氧化钙测定的同时为什么要进行空白实验？

实验 8-4　水泥的基本性能测定

一、目的要求

1. 了解标准稠度和标准稠度用水量、水泥初凝和终凝、水泥体积安定性的概念；

2. 掌握水泥标准稠度用水量、水泥凝结时间和水泥体积安定性的测定方法；

3. 试论标准稠度用水量对水泥性能的影响和凝结时间对施工质量的影响以及影响水泥体积安定性的因素。

二、实验原理

1. 标准稠度：具有一定质量和规格的圆柱体在不同稠度的水泥浆体中自由沉落时，由于浆体阻力不同，锥体沉入深度也不同。当圆柱体沉入达到标准值时，浆体的标准稠度即为水泥标准稠度。通过实验不同含水量水泥净浆的穿透性，以确定水泥标准稠度净浆中所需加入的水量。水泥标准稠度用水量的测定有调整水量和固定水量两种方法，如有争议时以调整水量法为准。

（1）调整水量法。调整水量法通过改变拌和水量，找出使拌制成的水泥净浆达到特定塑性状态所需水量。当一定质量的标准试锥在水泥净浆中自由降落时，净浆的稠度越大，试锥下沉的深度（S）越小。当试锥下沉深度达到规定值[$S = (28 \pm 2)$ mm]时，净浆的稠度即为标准稠度。此时 100g 水泥浆净的调水量即为标准稠度用水量（P）。

（2）固定水量法。当不同需水量的水泥用固定水灰比的水量调制净浆时，所得的净浆稠度必然不同，试锥在净浆中下沉的深度也会不同。根据净浆标准稠度用水量与固定水灰比时试锥在净浆中下沉深度的相互关系统计公式，用试锥下沉深度算出水泥标准稠度用水量。也可在水泥净浆标准稠度仪上直接读出标准稠度用水量（P）。

2. 水泥凝结时间用净浆标准稠度与凝结时间测定仪测定。凝结时间以试针沉入水泥标准稠度净浆至一定深度所需的时间表示。当试针在不同凝结程度的净浆中自由沉落时，试针下沉的深度随凝结程度的提高而减小。根据试针下沉的深度就可判断水泥的初凝和终凝状态，从而确定初凝时间和终凝时间。

3. 体积安定性测定实质都是通过观察水泥净浆试体沸煮后的外形变化来检验水泥的体积安定性，基本原理是一样的。水泥中游离氧化钙在常温下水化速度缓慢，随着温度的升高，水化速度加快。预养后的水泥净浆试件经 3h 煮沸后，绝大部分游离氧化钙已经水化。游离氧化钙水化产生体积膨胀，因此对水泥的安定性产生影响。根据煮沸后试饼变形情况或试件膨胀值即可判断水泥安定性是否合格。

（1）雷氏法是观测由两个试针的相对位移所指示的水泥标准稠度净浆经煮沸后体积膨胀的程度。

（2）试饼法是观察水泥标准稠度净浆试饼经沸煮后的外形变化程度。

三、实验仪器、备品及物料

（1）标准维卡仪（水泥标准稠度、凝结时间测定仪）如图8-4-1所示；

（2）水泥净浆搅拌机如图8-4-2所示；

（3）恒温恒湿养护箱，应能使温度控制在（20±1）℃，湿度大于90%；

（4）雷氏夹膨胀值测量仪；

（5）沸煮箱，主要由箱盖、内外箱体、箱篦、保温层、管状加热器、管接头、铜热水嘴、水封槽、罩壳、电器箱等组成；

（6）电子天平、量水器等。

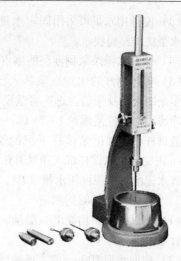

图 8-4-1 水泥标准稠度与凝结时间测定仪

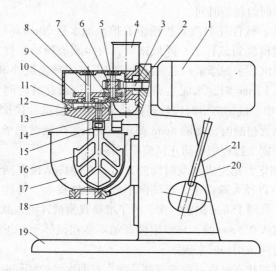

图 8-4-2 水泥净浆搅拌机

1—电机;2—联轴器;3—蜗杆;4—砂罐;5—传动箱盖;6—蜗轮;7—齿轮Ⅰ;8—主轴;9—齿轮Ⅱ;
10—传动箱;11—内齿轮;12—偏心座;13—行星齿轮;14—搅拌叶轴;15—调节螺母;
16—搅拌叶;17—搅拌锅;18—支座;19—底座;20—手柄;21—立柱

四、实验步骤

1. 水泥标准稠度用水量测定

（1）首先调试仪器,实验前检查标准维卡仪金属杆能否自由滑动,当金属杆降至模顶面位置时,指针对准标尺零点;搅拌机应运转正常;同时,将搅拌锅、搅拌叶片及金属杆等部件清洁干净。

（2）将500g水泥试样置于搅拌锅内，将搅拌锅放到机座上，升至搅拌位置，开动机器，并徐徐加入拌和水，慢速搅拌120s后，停拌15s，同时将叶片和锅壁上的水泥浆刮入锅中间，再快速搅拌120s后停机。

（3）搅拌用水量可采用固定水量法和调整水量法。固定水量为 142.5mL，准确到 0.5mL；调整水量法按经验找水。

（4）调整水泥净浆稠度仪的零点。

（5）将拌制好的水泥净浆装入已置于玻璃底板上的试模中，用小刀插捣，并振动数次，刮去多余净浆，抹平后，迅速将试模和底板移到维卡仪上，并将其中心定在试杆下，降低试杆至与净浆表面，拧紧螺丝 1~2s 后，突然放松，使试杆垂直自由沉入净浆中，在试杆停止沉入或释放试杆 30s 时记录试杆下沉的深度，之后升起试杆并立即擦净，整个操作应在搅拌后 1.5min 内完成，以试杆沉入净浆并距底板（6±1）mm 的水泥净浆为标准稠度净浆。其拌和水量即为该水泥的标准稠度用水量（P），按水泥质量的百分比计。

2. 水泥净浆凝结时间测定

（1）将试模内侧稍涂上一层油，放在玻璃板上，调整凝结时间测定仪的试针接触玻璃板时指针应对准标尺零点。

（2）称取水泥 500g，放入已清洁干净的搅拌锅中，将锅安装在搅拌机座上，升起至搅拌位置，开机，徐徐加入以标准稠度用水量量取的水，并同时记时间。制成标准稠度净浆后，立即一次装入试模，用小刀插捣，振动数次，刮平，立即放入湿汽养护箱内。记录水泥全部加入水中的时间作为凝结时间的起始时间。

（3）初凝时间测定。试件在湿汽养护箱中养护至加水后 30min 时进行第一次测定。测定时，从养护箱中取出试模放到试针下，降低试针，与净浆面接触，拧紧螺丝 1~2s 后突然放松，使试针垂直自由地沉入水泥净浆，观察试针停止下沉或释放试针 30s 时指针的读数。试针沉入净浆中距底板（4±1）mm 时，水泥达到初凝状态，记录此时时间为水泥初凝时间，并用 min 来表示。测试过程中，最初测定时应轻轻扶持金属棒，使试针徐徐下降，以防撞弯，但结果以自由下落为准。临近初凝时，每隔 5min 测定一次。每次测试完毕应将试针擦净并将试模放回湿汽养护箱内，测定全过程中要防止试模受到振动。

（4）终凝时间的测定。在完成初凝时间测定后，立即将试模连同浆体平移的方式从玻璃板上取下，翻转 180°，直径大端向上，小端向下放在玻璃板上，再放入湿汽养护箱中继续养护，临近终凝时间时，每隔 15min 测定一次。为了准确观测试针沉入状况，在终凝针上安装一个环形附件。当试针沉入 0.5mm 时，环形附件开始不能在试体上留下痕迹，此时为水泥达到终凝状态，记录此时时间，用 min 来表示。

注：到达初凝或终凝状态时应立即重复测一次，当两次结论相同时才能定为达到初凝或终凝状态。

3. 水泥体积安定性的测定

安定性的测定用雷氏法测定。雷氏法是测定水泥净浆在雷氏夹中沸煮后的膨胀值的大小。

（1）每个雷氏夹需配备质量约为 75~80g 的玻璃 2 块，每个试样需成型两个试件。凡与水泥净浆接触的玻璃板和雷氏夹表面都要稍稍涂上一层油。

（2）将预先准备好的雷氏夹放在已稍稍涂上一层黄油的玻璃板上，把制备好的标准稠度水泥净浆装填在雷氏试模里，并用宽约 10mm 的小刀均匀地插捣 15 次左右，插到雷氏夹试模高度的 2/3 即可，以确保密实，然后由浆体中心向两边刮平，最多不超过 6 次。盖上稍稍涂油的玻璃板，立即将试模移至湿汽养护箱内，养护（24±2）h。

（3）沸煮实验前，首先调整好沸煮箱内的水位，要求在整个沸煮过程中箱里的水始终能够没过试件，不可中途补水，同时保证能在（30±5）min 内升温至沸腾。

（4）从养护箱中取出雷氏夹，去掉玻璃板，取下试件。先测量试件雷氏夹的指针尖端的距离（记录 A），将带试件的雷氏夹放在膨胀值测量仪的垫块上，指针朝上。放平后在指针尖端标尺读数，精确到 0.5mm。接着将试件放入沸煮箱中的试件架上，要求指针朝上，试件之间互不交叉，然后在（30±5）min 内沸腾，并恒沸（180±5）min。

（5）沸煮结束后，立即放掉沸煮箱中的热水，打开水箱盖，待箱体冷却到室温，取出试样，测量雷氏夹指针尖端间的距离（C）。然后计算膨胀值。

五、实验结果处理

1. 水泥的标准稠度用水量

（1）用调整水量方法测定时，以试杆下沉深度为（28±2）mm 时的净浆为标准稠度净浆，其拌和水量为该水泥的标准稠度用水量（P），以水泥质量百分数计。

$$P = \frac{拌和用水量}{水泥质量} \times 100\% \tag{8-4-1}$$

如下沉深度超出范围，需另称试样，调整水量，重做实验，直至达到(28±2)mm 时为止。

（2）用固定水量方法测定时，根据测得的试杆下沉深度 S(mm)，可按下式计算标准稠度用水量 P(%)。

$$P = 33.4 - 0.185S \tag{8-4-2}$$

当试杆下沉深度 S 小于 13mm 时，应改用调整水量方法测定。

当采用两种方法所测得的标准稠度用水量发生争议时，以调整水量法为准。

2. 水泥的凝结时间

（1）由水泥全部加入水中至试针沉入净浆中距底板 1~4mm 时，所需时间为水泥的初凝时间，用"min"表示。

（2）由水泥全部加入水中至终凝状态时所需的时间为水泥的终凝时间，用"min"表示。

3. 水泥的安定性

测量雷氏夹指针尖端间的距离（C），记录至小数点后一位，而当两个试件沸煮后所增加的距离（$C-A$）值大于 4.0mm 时，用同一样品立即重做一次实验。如其值仍大于 4.0mm，则认为该水泥不合格，如表 8-4-1 所示。当两个试件沸煮后所增加的距离（$C-A$）的平均值不大于 5.0mm 时，即认为该水泥安定性合格。

表 8-4-1 水泥安定性检测结果

水泥编号	雷氏夹号	沸前指针距离 A/mm	沸后指针距离 C/mm	增加距离 $(C-A)$/mm	平均值/mm	两个结果差值 $(C-A)$/mm	结果判别
A	1	12.0	15.0	3.0	3.2	0.5	合格
	2	11.0	14.5	3.5			
B	1	11.0	14.0	3.0	4.8	3.5	合格
	2	11.5	18.0	6.5			
C	1	12.0	14.0	2.0	4.5	5.0	重做
	2	12.0	19.0	7.0			
D	1	12.5	18.0	5.5	5.8	—	不合格
	2	11.0	17.0	6.0			

六、思考题

1. 在测定水泥的标准稠度用水量中应注意哪些事项？

2. 水泥凝结时间的影响因素有哪些？

3. 水泥沸煮法安定性实验测出水泥安定性不良是何种原因引起的，为什么？

实验 8-5　陶瓷的高温烧成实验

一、目的要求

1. 了解制备陶瓷的主要原料及其配料的设计和计算；

2. 掌握陶瓷坯料、釉料制备和陶瓷成型的方法；

3. 了解普通陶瓷烧成过程的物理、化学变化；

4. 进一步了解陶瓷烧成温度和温度制度对材料性能的影响；

5. 掌握实验室常用高温实验仪器、设备的使用方法；

6. 了解影响普通陶瓷产品的质量因素及改进方法；

7. 通过实验学会分析材料的烧成缺陷，制定材料合理的烧成温度制度。

8. 掌握气孔率、闭口气孔率、真气孔率、吸水率和体积密度的概念、测定原理和测定方法，并了解气孔率、吸水率、体积密度与陶瓷制品的理化性能关系。

二、实验原理

普通陶瓷的制备包括原料选择与配方设计、泥浆和釉浆的制备、坯体成型、施釉、烧成等主要工序。陶瓷产品质量的好坏与原料的种类、坯、釉料配方、工艺参数及工艺控制密切相关。

传统的硅酸盐陶瓷材料所用的原料大部分是天然原料。这些原料开采出来以后，一般需要加工，即通过筛选、风选、淘洗、研磨以及磁选等，分离出适当粒度的所需矿物组分。

1. 天然原料

传统陶瓷的典型制造过程是泥料的塑性原料、弱塑性原料及非塑性原料三大类。可塑性原料主要成分是高岭土、伊利石、蒙脱石等黏土矿物。弱塑性原料主要由叶蜡石和滑石，这两种矿物具有层状结构特征，与水结合时具有弱的可塑性。陶瓷中常用的减塑剂及助熔剂，前者对可塑性有影响，后者则对烧成过程起作用。石英砂和黏土熟料是典型的减塑剂，长石是典型的助熔剂。作为陶瓷中非塑性原料，二氧化硅在泥料制备过程中起骨架作用。另一重要大类是含碱金属及碱土金属离子的原料，以长石为典型代表，对烧成性能起到决定性作用。

2. 配方设计

选择原料、确定配方时既要考虑产品性能，还要考虑工艺性能及经济指标。因黏土、瓷土、瓷石均为混合物，长石、方石英常含不同的杂质，同时各地原有母岩的形成方法、风化程度不同，其理化工艺性能不尽相同，所以选用原料、制定配方只能通过实验来决定。坯料配方实验方法一般由三轴图法、孤立变量法、示性分析法和综合变量法。

3. 陶瓷坯料的成型

成型的目的是将坯料加工成一定形状和尺寸的半成品，使坯料具有必要的力学强度和一定的致密度。主要的成型方法有 3 种：可塑成型、注浆成型、压制成型。

可塑成型时陶瓷坯料中加入水或塑化剂，制成塑性泥料，然后通过手工、挤压或机加工成型的方法。这种方法在传统陶瓷中引用较多。

4. 陶瓷坯体的干燥

成型后坯体的强度不高，常含有较高的水分。为了适应后续工序（如修坯、施釉等），必须进行干燥处理。干燥可分为三个阶段：

第一阶段为干燥的初始阶段，水分能不受阻碍地进入周围空气中，干燥速度保持恒定而与坯体的表面积成比例，大小则由当时空气中的温度和湿度决定。第二阶段的干燥主要是排除颗粒间隙中的水分。第三阶段主要是排除毛细孔中残余的水分及坯体原料中的结合水，这需要采用较高的干燥温度，仅靠延长干燥时间是不够的。

5. 施釉

基本施釉方法是浸釉、浇釉和喷釉。浸釉是将坯体浸入釉浆，利用坯体的吸水性或热坯对釉的黏附而使釉料附着在坯体上，釉层的厚度与坯体的吸水性、釉浆浓度和浸釉时间有关。

6. 陶瓷材料的烧成

陶瓷材料在烧成过程中，随着温度的升高，将发生一系列的物理化学变化。随着温度的逐步升高，新生成的化合物量不断变化，液相的组成、数量及黏度也不断变化，坯体的气孔率逐渐降低，坯体逐渐致密，直至密度达到最大值，此种状态称为"烧结"。坯体在烧结时的温度称为"烧结温度"。

陶瓷材料的烧结过程将成型后的可密实化粉末，转化为一种通过晶界相互联系的致密晶体结构。陶瓷生坯经过烧结后，其烧结物往往就是最终产品。陶瓷材料的质量与其原料、配方以及成型工艺、陶瓷制品的性能、烧结过程等有很大关系。一般陶瓷的烧结除了要通过控制烧结条件，以形成所需要的物相和防止晶粒异常长大外，还要严格控制高温下生成的液相量。液相量过少，制品难以密实；液相量过多，则易引起制品变形，甚至成废品。

烧结后若继续加热，温度升高，坯体会逐渐软化（烧成工艺上称为过烧），甚至局部熔融，这时的温度称为"软化温度"。烧结温度和软化温度之间的温度范围称为"烧结温度范围"。

测定烧结温度范围的方法有多种，传统实验方法是根据在不同温度时试样的吸水率（或气孔率），以及线收缩（或体积收缩）的情况来确定的。高温显微镜法是测定在加热过程中试样轮廓投影尺寸与形状来确定的。

釉加热至一定温度开始熔化，这一温度称始熔温度。当充分熔化并在皮提上铺展成平滑优质釉面时的温度为釉的成熟温度。实验测定是将釉料制成 $\phi 3mm \times 3mm$ 小圆柱体，放在炉内煅烧，当受热后圆柱体棱角变圆时温度为始熔温度，当小圆柱体熔化变成半圆球体的温度即为成熟温度。

7. 陶瓷的吸水率、气孔率及体积密度

陶瓷制品或多或少含有大小不同、形状不一的气孔。浸渍时能被液体填充的气孔或和大气相通的气孔称为开口气孔；浸渍时不能被液体填充的气孔或不和大气相通的气孔称为闭气孔。陶瓷体中所有开口气孔的体积与其总体积之比值称为显气孔率或开口气孔率；陶瓷体中所有闭气孔的体积与其总体积之比值称为闭口气孔率。陶瓷体中固体材料、开口气孔及闭口气孔的体积总和称为总体积。陶瓷体中所有开口气孔所吸收的水的质量与其干燥材料的质量之比值称为吸水率。陶瓷体中固体材料的质量与其总体积之比值称为体积密度。陶瓷体中所有开口气孔和闭口气孔的体积与其总体积之比值称为真气孔率。

由于真气孔率的测定比较复杂，一般只测定显气孔率，在生产中通常用吸水率来反映陶瓷产品的显气孔率。

测定陶瓷原料与坯料烧成后的体积密度、气孔率与吸水率，是评价坯体是否成瓷和瓷体结构的致密程度的依据，可以确定其烧结温度与烧结范围，从而制定烧成曲线。陶瓷材料的力学强度、化学稳定性和热稳定性等与其气孔率有密切关系。

三、仪器、备品及物料

1. 原料

（1）釉用原料：长石、石英、高岭石、石灰石、白云石、氧化锌、铅英石粉等釉用原料若干 kg，电解质（CMC）少许；

（2）泥用原料：长石、石英、大同土、抚宁瓷石、紫木节、章村土、彰武土、苏州土、碱矸、白云石、电解质（碱面、水玻璃）等。

2. 设备与仪器

（1）瓷磨罐、球磨机等磨制设备；

（2）电子天平最小量程：（0.0001g），台式天平（最大称量：200g、500g），小磅秤，液体静力天平；

（3）标准筛：0.045mm 方孔筛；

（4）带照相装置的映像式烧结点仪；

（5）恩格勒黏度计；

（6）石膏模（坩埚、肥皂盒，自制）；

（7）粉末压片机；

（8）钢模 ϕ3mm × 3mm；

（9）烘箱，电热干燥箱；高温电阻炉（最高温度 ≈ 1350℃）；垫砂（煅烧 SiO_2 或 Al_2O_3 粉）；

（10）烧杯、玻璃棒、塑料杯、磁盘、金属丝网、带有溢流管的烧杯、煮沸用器皿、煤油、纱布、抽真空装置、毛刷、镊子、吊篮、小毛巾、三角架、纱布等。

（11）坩埚钳，石棉手套、护目镜等。

四、实验内容及步骤

1. 泥浆制备

（1）列坯式计算坯料配方（质量分数，%）：计算出各种原料的质量分数（干基）。坯式如表 8-5-1 所示。

表 8-5-1　坯式计算坯料配方表

K_2O	Na_2O	CaO	MgO
0.207	0.041	0.017	0.128
Al_2O_3	Fe_2O_3	SiO_2	TiO_2
0.971	0.029	0.971	0.021

（2）原料烘干（不烘干时计算出含水分原料的加入量）。

（3）按照配方准确称量各种原料的加入量。将原料、电解质、水一同装入球磨机中进行湿磨。料∶球∶水 = 1∶1∶0.4，磨制 10 ~ 15h，细度为 2% ~ 4%（0.045mm 方孔筛筛余），过筛、除铁、陈腐后备用。

（4）测试和记录泥浆的性能指标：水分、细度、流动性、吸浆厚度。

2. 制备釉浆

（1）按照表 8-5-2 计算釉料配方（质量分数，%）：计算所用各种釉用原料的百分比含量。

表 8-5-2 釉式计算釉料配方表

K₂O	Na₂O	CaO	MgO	ZnO
0. 091	0. 161	0. 529	0. 065	0. 154
Al₂O₃	Fe₂O₃	SiO₂	ZrO₂	
0. 239	0. 003	2. 555	0. 151	

（2）按配料量计算各种原料的加入量。电解质（CMC）0.2% ~ 0.3%、水 45%。

（3）将各种原料、电解质、水一同装入球磨机中进行湿磨。料：磨：水 = 1:1:0.4；磨制 20 ~ 25h，细度为 0.02% ~ 0.06%（0.045mm 方孔筛筛余），过筛、除铁、陈腐后备用。

（4）测试釉浆的工艺参数：水分、细度、流动性、吸干速度等。

3. 成型坯体

（1）泥浆注入石膏模型中，吃浆 30 ~ 45min 后放浆。待坯体硬化后脱模，放在平整的托板上，在干燥箱中干燥。

（2）将干坯修好，用湿布擦干净备用。

4. 施釉

（1）将坯体浸入釉浆中，静置一段时间，取出多余的釉浆控掉。釉浆厚度大于 0.5mm。注意浸釉时间应保持一致；釉体底面应无釉，以防烧成时黏结；

（2）釉坯自然干燥一段时间。

5. 烧成

测定所制瓷坯料的烧结温度、烧结范围、釉料的始熔温度、成熟温度，确定所制成品的烧成制度（温度制度和气氛制度）。

（1）坯体烧结温度及烧结范围的测定

1）试样烧结点的测定：取所制产品具有代表性的均匀试样至少 20g（干基），干燥后再加适量水润湿。用压样器制成直径与高相等的圆柱体（具体尺寸 ϕ3mm×3mm，压力 3MPa）。要求在仪器上观察到的试样投影图像为正方形。

2）实验开始时，首先接通电源，打开白炽灯，将制备好的试样放在有铂金垫片的氧化铝托板上，把托板小心、准确地放到试样架的规定位置上。使试样与热电偶端点在同一位置，再将试样架推到炉膛中央，合上炉膛关闭装置。调节白炽灯聚光，使光的焦点在试样上，调节目镜，使试样轮廓清晰，然后在 800℃ 后按 5℃/min 的升温速度加热（无特殊需要，试样均在空气中加热），记录温度：试样加热的起始温度 t_1；膨胀最大时的温度 t_2；开始收缩时的温度 t_3；开始收缩达最大值时的温度 t_4；开始二次膨胀时的温度 t_5。

（2）釉料始熔温度和成熟温度的测定

1）将磨细的釉料粉加入压制成 ϕ3mm×3mm 小圆柱体，烘干。

2）将小圆柱体垂直放入测定仪中加热，观察小圆柱体的变化，记录棱角刚变圆时的温度 t_6 和变成半球形时的温度 t_7。

将实验获得数据记入表 8-5-3 之中。

表 8-5-3 烧结实验测试结果

实验名称外观特征	t_1/℃	t_2/℃	t_3/℃	t_4/℃	t_5/℃	t_6/℃	t_7/℃	烧结温度范围/℃

（3）烧制步骤

1）按上述方法测定的坯体烧结温度及烧结范围、釉的始熔温度、成熟温度记录、制订样品的温度和气氛控制制度。

2）将制成的坯体放入垫砂（刚玉砂）的匣钵中，放入高温炉。

3）检查电炉正常后，按设定的升温曲线及相应的气氛制度加热，按预定的温度保温后取样。

升温速率为：室温至釉开始熔融温度前，$100 \sim 150℃/h$；氧化气氛；釉开始熔融，恒温30min，还原气氛；恒温后至烧结完成，$50 \sim 80℃/h$，还原气氛；最高温度，恒温 $1 \sim 2h$，还原气氛；二次恒温后至850℃，降温速率 $150 \sim 300℃/h$，还原气氛；$850 \sim 400℃$，$40 \sim 70℃/h$，氧化气氛；$400 \sim 100℃$，$100 \sim 150℃/h$，100℃后出炉；

4）取出后检查制品外观，测定吸水率、气孔率及体积密度等性能，评定烧成制度。

6. 陶瓷吸水率、气孔率及体积密度的测定

（1）刷净试样表面灰尘，编号，放入电热烘箱中于 $105 \sim 110℃$ 下烘干2h，或在允许的更高温度下烘干至恒量，并于干燥器中自然冷却至空温。称量试样的质量 m_1，精确至0.01g。试样干燥至最后两次称量之差不大于其前一次的0.1%即为恒量。

（2）把试样放入容器内，并置于抽真空装置中，在相对真空度不低于97%（残压2.67kPa）的条件下，抽真空5min，然后在5min内缓慢地注入供试样吸收的液体（工业用水或工业纯有机液体），直至试样完全淹没。再保持抽真空5min，停止抽气，将容器取出在空气中静置30min，使试样充分饱和。

（3）将饱和试样迅速移至带溢流管容器的浸液中，当浸液完全淹没试样后，将试样吊在天平的挂钩上称量，得饱和试样的表观质量 m_2，精确至0.01g。表观质量系指饱和试样的质量减去被排除的液体的质量，即相当于饱和试样悬挂在液体中的质量。

（4）从浸液中取出试样，用浸满液体的毛巾，小心地擦去试样表面多余的液滴（但不能把气孔中的液体吸出）迅速称量饱和试样在空气中的质量 m_3，精确至0.01g。每个样品的整个擦水和称量操作应在1min之内完成。

（5）测定在实验温度下所用的浸渍液体的密度，可采用液体静力称量法、液体比重天平法或液体比重计法，精确至 $0.001g/cm^3$。

五、实验结果处理

1. 实验记录

按表8-5-4填入记录的实验数据。

表8-5-4　陶瓷烧结实验记录表

试样名称					实验日期						
实验编号	取样温度/℃	试样重/g	吸水饱和后		失重/%	体积/cm³	体积密度/g·cm⁻³	吸水率/%	显气孔率/%	真气孔率/%	闭气孔率/%
			水中重 m_2/g	空气中重 m_3/g							
1											
2											
3											
4											
...											

2. 数据处理

按下列公式进行各参数的计算。

（1）吸水率按下式计算

$$W_a = [(m_3 - m_1)/m_1] \times 100\% \qquad (8\text{-}5\text{-}1)$$

（2）显气孔率按下式计算

$$P_a = [(m_3 - m_1)/(m_3 - m_2)] \times 100\% \qquad (8\text{-}5\text{-}2)$$

（3）体积密度按下式计算

$$D_b = m_1 D/(m_3 - m_2) \qquad (8\text{-}5\text{-}3)$$

（4）真气孔率按下式计算

$$P_t = [(D_t - D_b)/D_t] \times 100\% \qquad (8\text{-}5\text{-}4)$$

（5）闭口气孔率按下式计算

$$P_t = P_t - P_a \qquad (8\text{-}5\text{-}5)$$

式中　m_1——干燥试样的质量，g；

　　　m_2——饱和试样的表观质量，g；

　　　m_3——饱和试样在空气中的质量，g；

　　　D_b——实验温度下，浸渍液体的密度，g/cm^3；

　　　D_t——试样的真密度，g/cm^3。

3. 实验误差

（1）同一实验室、同一实验方法、同一块试样的复验误差不允许超过：显气孔率 0.5%；吸水率 0.3%；体积密度 0.02g/cm^3；真气孔率 0.5%。

（2）不同实验室、同一试样的复验误差不允许超过：显气孔率 1.0%；吸水率 0.6%；体积密度 0.049/cm^3；真气孔率 1.0%。

4. 作图求解

在坐标纸上以温度为横坐标，画出体积密度、气孔率和收缩率曲线，从曲线上确定烧结温度和烧结温度范围。

六、思考题

1. 试述影响烧成制度的因素。

2. 陶瓷烧成的温度制度、气氛制度如何确定？

3. 陶瓷制品烧制会产生缺陷，如何预防？

4. 影响陶瓷制品气孔率的因素是什么？

第九章 实验室可选性实验

实验9-1 重选可选性实验

一、目的要求

1. 掌握重选可选性实验研究的主要内容；
2. 学会重选可选性实验研究的方法和操作步骤。

二、实验原理

实验室重选可选性实验是依据重选理论和重选工艺技术，对物料进行重力分选的实验研究。通过实验确定物料重选的可能性，提出物料重选的合理流程和技术经济指标。为物料的重选加工利用和选厂的设计提供依据。

重选与其他分选方法相比，操作因素简单、对环境污染少、生产过程成本较低，所以只要物料能够采用重选方法选别，就要优先选择重选分选工艺。

三、实验仪器设备及器具

1. 各种重选设备，包括：重介质分选设备、溜槽分选设备、跳汰机、摇床等；
2. 各种筛孔尺寸的筛子；
3. 天平、秒表、量筒、烧杯等；
4. 盛样盆、塑料桶、取样工具。

四、实验步骤

1. 仔细阅读已有的关于待选物料的各种分析资料。
2. 取有代表性的试样，根据需要进行必要的检测分析，包括：光谱分析、X衍射分析、化学多元素分析、粒度分析、物相分析、岩矿鉴定、单体解离度测定等。
3. 根据重选理论、重选实践经验以及待选物料的特性，选择和设计物料的重选实验流程。确定重选流程的依据：
(1) 矿石的泥化程度和可洗性；
(2) 矿石的贫化率；
(3) 矿石的粒度组成和各粒级的金属分布率；
(4) 矿石的有用矿物的嵌布特性；
(5) 矿石中共生重矿物的性质、含量及其与主要有用矿物的镶嵌关系等。
4. 按设计的实验流程进行实验，如果物料有进行重介质预选的可能性，则取原矿样将其破碎至不同的粒度，进行密度组分分析，确定物料重介质的可选性及选别条件和选别指标；如果重介质预选效果不理想，可以考虑采用光电选矿法。

5. 如果物料不需要预选，则根据矿石的矿物粒度和单体解离度测定结果，判定物料的入选粒度范围；并将物料破碎至不同的粒度进行跳汰实验，依实验结果确定适宜的入选粒度。

6. 物料全部破碎至入选粒度以下，并根据粒度范围将其筛分成若干个粒度级别。

7. 对于 +2.0mm 各粒级的物料，分别进行跳汰分选实验，确定最终破碎磨碎粒度。

8. 对 -2 +0.5mm 粒级的物料分别进行跳汰和摇床选别实验，对比分选效果，确定该粒级分选设备。

9. 对 -0.5 +0.038mm 粒级进行摇床和溜槽实验，对 -0.038mm 粒级进行离心机和溜槽实验。

10. 考察各选别作业中矿特性，确定中矿处理方法。

11. 计算分析实验结果，确定最终选别流程。

12. 编写实验报告。

五、实验物料

主要特性已知的黑钨矿（能够采用重选法进行分选的物料均可）500kg 左右。

六、实验要求

1. 实验前，学生根据物料的性质和所学的重力分选知识进行实验方案设计，方案经指导老师指导并修改完善后，作为最终实验方案。

2. 实验过程中应注意专业知识的综合运用，力争得到较好的实验结果。

3. 注意观察、记录、分析实验中出现的各种现象，认真记录、计算、分析实验结果。

4. 实验报告的编写要完整、准确、专业，对实验结果的分析要全面、深入、透彻。

实验 9-2　磁选可选性实验

一、目的要求

1. 掌握磁选可选性实验研究的主要内容；

2. 学会磁选可选性实验研究的方法和操作步骤。

二、实验原理

磁选是根据物料中各种组分的磁性差异进行分选的一种选矿方法。磁选可选性实验的任务，是确定物料采用磁选工艺分选的可能性；并通过实验研究，确定磁选设备、磁选流程和磁选操作条件等。

磁选工艺与其他选矿方法相比较，具有流程简单、设备易于操作、生产成本较低、对环境污染轻等特点，因而是物料分选优先选择的方法。

三、实验仪器、设备及器具

1. 各种磁选设备，包括：磁化轮、干式磁选机、磁力脱水槽、湿式磁选机、磁选柱等；

2. 各种筛孔尺寸的标准筛；

3. 天平、秒表、量筒、烧杯等；

4. 盛样盆、塑料桶、取样工具。

四、实验步骤

1. 仔细阅读已有的关于待选物料的各种分析资料。

2. 取有代表性的试样，根据需要进行必要的检测分析，包括：光谱分析、X 射线衍射分析、化学多元素分析、粒度分析、物相分析、磁性分析、岩矿鉴定及单体解离度测定等。

3. 进行必要的探索实验，初步确定物料磁选的可能性和各操作参数取值范围。

4. 根据磁选理论、磁选实践经验、待选物料的特性以及探索实验结果，选择和设计物料的磁选方案，包括：选别的原则流程、使用的选别设备及可能达到的选别指标。

5. 进行干式预选实验。当物料中含有较多的围岩和夹石时，应进行干式预选实验，以剔除围岩和夹石，提高入选品位，降低生产成本。对弱磁性矿物可以采用强磁预选，强磁性矿物可以采用弱磁预选。预选实验内容主要包括：（1）磁场强度实验；（2）入选粒度实验；（3）水分实验；（4）处理量实验。

6. 进行磁选实验

A　强磁性物料的磁选实验

a　干式磁选实验。

在缺水和寒冷的地区以及其他条件适宜的地区，应考虑采用干磨干选工艺，进行干选实验。通过实验确定选别流程、设备参数和操作条件、可能达到的选别指标。弱磁场磁选设备主要是筒式干式磁选机。实验的主要内容为：1）磨矿细度实验；2）磁选机滚筒转数实验；3）磁场强度实验。

b　湿式磁选实验

（1）磁力脱水槽实验。磁力脱水槽常用于阶段磨矿、阶段选别流程中作为第一段磨矿后的选别设备；第二段磨矿后的选别作业，通常磨矿粒度均较细，在物料进入磁选机选别前常采用磁力脱水槽脱除细粒脉石，以提高磁选机的分选效果。

脱水槽实验的内容主要包括：1）上升水流速度实验；2）给料速度实验；3）给料浓度实验；4）磁场强度实验。

（2）湿式磁选机选别实验。湿式弱磁场磁选机是磁选工艺中最主要的选别设备，广泛用于各段选别作业中，分为：顺流型、逆流型、半逆流型。

湿式弱磁场磁选机选别实验的主要内容包括：1）不同类型磁选机磁选实验；2）适宜磨矿细度实验；3）磁场强度实验；4）补加水量实验。

（3）细筛实验。取出一定量的粗精矿进行筛分分析，根据各粒级的品位及金属分布，确定采用细筛对粗精矿提质的可能性。

（4）磁选柱精选实验。如果粗精矿中存在着脉石夹杂现象，则可以考虑采用磁选柱对粗精矿进行精选，进一步提高精矿品位。

磁选柱为电磁设备，精选实验的主要内容为：1）给料速度实验；2）上升水流速度实验；3）磁场强度（电流强度）实验。

B　弱磁性物料的磁选实验

弱磁性物料可以采用强磁场磁选机进行分选，弱磁性物料强磁选实验的任务，是通过实验确定物料磁选的可能性，找出设备适宜的结构参数和操作条件，获得物料的强磁选流程和强磁选指标。

强磁选实验的主要内容包括：（1）磁场强度实验；（2）介质型式实验；（3）磁选机转数实验；（4）给料量实验；（5）给料浓度实验；（6）给料粒度实验；（7）冲洗水量和水压实

验等。

7. 对最终磁选产品进行化验分析。

8. 确定物料的选别流程，进行流程计算，绘制数质量流程图。

9. 编制实验报告。

五、实验物料

主要特性已知的磁铁矿（可以采用磁选法进行分选的物料均可）50kg 左右。

六、实验要求

1. 实验前，学生根据物料的性质和所学的磁选知识进行实验方案设计，方案经指导老师指导并修改完善后，作为最终实验方案。

2. 实验过程中应注意专业知识的综合运用，力争得到较好的磁选结果。

3. 注意观察、记录、分析实验中出现的各种现象，认真记录、计算、分析实验结果。

4. 实验报告的编写要完整、准确、专业，对实验结果的分析要全面、深入、透彻。

实验 9-3　浮选综合实验

一、目的要求

1. 掌握浮选综合实验方案的设计方法；

2. 了解浮选综合实验的内容和实验程序。

二、原理

浮选是利用矿物颗粒表面物理化学性质的差异，在气-固-液三相流体中进行分离的技术，是细粒和极细粒物料的最有效的分离方法之一，可应用于有色金属、黑色金属、稀有金属、非金属和可溶性盐类等矿石的分选。

浮选实验的主要内容包括：确定选别方案；通过实验分析影响过程的因素，查明各因素在过程中的主次位置和相互影响的程度，确定最佳工艺条件；提出最终选别指标和必要的其他技术指标。由于浮选过程中各种组成矿物的选择性分离是基于矿物可浮性的差异，因此用各种药剂调整矿物可浮性差异，是浮选实验的关键。

实验室浮选综合实验通常按照以下程序进行：

1. 拟定原则方案。根据所研究的矿石性质，结合已有的生产经验和专业知识，拟定原则方案。例如多金属硫化矿矿石的浮选，可能的原则方案有优先浮选、混合浮选、部分混合优先浮选、等可浮浮选等方案；对于赤铁矿的浮选，可能的原则方案有正浮选、反浮选、选择性絮凝浮选等方案；对于铝土矿的浮选，可能的原则方案也有正浮选和反浮选方案。

2. 准备实验条件。包括试样制备、设备和检测仪器准备、药剂配制等。

3. 预先实验。对每一可能的原则方案进行预先实验，找出各自的适宜条件和指标，最后进行技术经济比较予以确定，从而确定矿石的可能的研究方案、原则流程、选别条件和可能达到的指标。

4. 条件实验（或称系统实验）。根据预先实验确定的方案和大致的选别条件，编制详细的实验计划，进行系统实验来确定适宜的浮选条件。

5. 流程实验。包括开路流程和闭路流程实验。开路实验为了确定达到合格技术指标，所需的粗选、精选和扫选次数。闭路流程实验是在不连续的设备上模仿连续的生产过程的分批实验，即进行一组将前一实验的中矿加到下一实验相应地点的实验室闭路实验。目的是确定中矿的影响，核定所选的浮选条件和流程，并确定最终指标。

实验室小型实验结束后，一般尚须进一步做实验室浮选连续实验（简称连选实验），有时还需要做中间实验和工业实验。

三、物料、仪器和药剂

1. 单槽浮选机 3 台；
2. XMQ 型锥形球磨机 1 台；
3. 注射器（带针头）3 支；
4. 100mL 量筒 3 个，洗瓶 3 个，搅拌棒（带有橡皮套）3 支，烧杯若干；
5. 待分选矿石 50kg。

针对不同矿石所需的捕收剂、起泡剂和调整剂等。

四、实验步骤

1. 试样准备

考虑到试样的代表性和小型磨矿机的效率，浮选实验粒度一般要求小于 1~3mm。破碎的试样，要分成单份试样装袋储存，每份试样重量为 0.2~1kg（与磨矿、浮选设备的规格和矿样的代表性有关），个别品位低的稀有金属矿石可多至 3kg（如辉钼矿等）。细物料的缩分可用两分器（多槽分样器）来分样，也可采用方格法手工分样。

2. 磨矿

实验室常用的 $\phi160mm \times 180mm$ 和 $\phi200mm \times 200mm$ 的筒形球磨机和 XMQ 型 $\phi240mm \times 90mm$ 锥形球磨机的给矿粒度小于 1~3mm，$\phi160mm \times 160mm$ 等筒形球磨机和 XMQ 型 $\phi150mm \times 50mm$ 锥形球磨机，它们用于中矿和精矿产品的再磨。

磨矿时要确定适宜的磨矿介质种类和配比、装球量、球磨机转速和磨矿浓度。磨矿后对产品进行湿式筛分，绘制出磨矿时间与磨矿细度的关系曲线，具体操作步骤见磨矿实验部分。

3. 磨矿细度实验

取四份以上试样，保持其他条件相同时，确定适宜的磨矿细度，找出对应的磨矿时间，磨矿后分别进行浮选，比较其结果。

浮选时泡沫分两批刮取。粗选时获得粗精矿，捕收剂、起泡剂的用量和浮选时间在全部实验中都要相同；扫选时获得中矿，捕收剂用量和浮选时间可以不同，目的是使欲浮选的矿物完全浮选出来，以得出尽可能贫的尾矿。如果从外观上难以判断浮选的终点，则中矿的浮选时间和用药量在各实验中亦应保持相同。

浮选产物分别烘干、称重、取样及送化学分析，然后将实验结果填入相应记录表，并绘制曲线图。曲线图通常以磨矿细度（$-74\mu m$ 级别的含量,%）或磨矿时间（min）为横坐标，浮选指标（品位 β 和回收率 ε）为纵坐标绘制。

4. pH 值调整剂实验

pH 值调整剂实验的目的是寻求最适宜的调整剂及其用量，使欲浮矿物具有良好的选择性和可浮性。

多数矿石可根据生产实际经验确定 pH 值调整剂种类和 pH 值大小，但 pH 值与矿石物质组成、浮选用水等多种性质有关，故一般仍需进行 pH 值实验。实验时，在适宜的磨矿细度基础上，固定其他浮选条件不变，只进行 pH 值调整剂的种类和用量实验。将实验结果绘制曲线图，以品位、回收率为纵坐标，调整剂用量为横坐标、根据曲线进行综合分析，找出 pH 值调整剂的适宜用量或适宜的 pH 值。

在已确定 pH 值调整剂种类和 pH 值的情况下，测定 pH 值和确定调整剂用量的方法如下：将调整剂分批地加入浮选机的矿浆中，待搅拌一定时间以后，用 pH 计测 pH 值，若 pH 值尚未达到浮选该种矿物所要求的数值时，可再加下一份 pH 值调整剂，依此类推，直至达到所需的 pH 值为止，最后累计其用量。

其他药剂种类和用量的变化，有时会改变矿浆的 pH 值，此时可待各条件实验结束后，再按上述方法作检查实验校核。或将与 pH 值调整剂有交互影响的有关药剂进行多因素组合实验。

5. 抑制剂实验

抑制剂在金属矿石和非金属矿石，特别在一些难选矿石的分离浮选中起着决定性的作用。进行抑制剂实验，必须认识到抑制剂与捕收剂、pH 值调整剂等因素有时存在交互作用。例如，捕收剂用量少，抑制剂就可能用得少；捕收剂用量多，抑制剂用量也多，而达两种组合得到的实验指标可能是相等的。又如硫酸锌、水玻璃、氰化物、硫化钠等抑制剂的加入，会改变已经确定好的 pH 值和 pH 值调整剂的用量。另外在许多情况下混合使用抑制剂时，各抑制剂之间也存在交互影响，此时采用多因素组合实验较合理。

6. 捕收剂实验

一般一种矿石原则方案确定后，捕收剂的种类已经选定。如要优选捕收剂，则需要进行捕收剂种类实验，可以采用单一捕收剂，也可采用组合捕收剂，进行实验研究工作。

捕收剂选定后，就要进行捕收剂用量实验。捕收剂用量实验方法有二：

第一种方法是直接安排一组对比实验，即固定其他条件，只改变捕收剂用量，例如其用量分别为 $40g/t$、$60g/t$、$80g/t$ 和 $100g/t$，分别进行实验，然后对所得结果进行对比分析。

第二种方法，是在一个单元实验中通过分次添加捕收剂和分批刮泡的办法，确定必需的捕收剂用量。即先加少量的捕收剂，刮取第一份泡沫，待泡沫矿化程度变弱后，再加入第二份药剂，并刮出第二份泡沫，此时的用量，可根据具体情况采用等于或少于第一份用量。以后再根据矿化情况添加第三份、第四份……药剂，分别刮取第三次、第四次……泡沫，直至浮选终点。各产物应分别进行化学分析，然后计算出累积回收率和累计品位，考察为欲达到所要求的回收率和品位所需的捕收剂用量。此法多用于预先实验。

组合捕收剂实验时，可以将不同捕收剂分成数个比例不同的组，再对每个组进行实验。例如两种捕收剂 A 和 B，可分为 1:1、1:2、1:4 等几个组，每组用量可分为 $40g/t$、$60g/t$、$80g/t$、$100g/t$、$120g/t$；或者将捕收剂 A 的用量固定为几个数值，再对每个数值改变捕收剂 B 的用量进行一系列的实验，以求出最适宜的条件。

起泡剂用量实验与捕收剂用量实验类同，但有时不进行专门的实验，其用量多在预先实验或其他条件实验中顺便确定。

7. 矿浆浓度实验

从经济上考虑，浮选过程在不影响分选效果和操作的条件下，尽可能采用浓矿浆。矿浆愈浓，现场所需浮选机容积愈小，药剂的相对有效浓度愈高，药剂的用量愈少。生产上大多数浮选矿浆浓度介于 25% ~ 40%，对于一些特殊矿种，矿浆浓度有时在 40% 以上和低到 25% 以下。一般处理泥化程度高的矿石，应采用较稀的矿浆，而处理较粗粒度的矿石时，宜采用较浓的矿浆。另外，粗选、精选和扫选的矿浆浓度不同，一般粗选浓度在 30% 左右，精选浓度在 20% 左右，扫选浓度介于粗选和精选浓度之间。

在小型浮选实验过程中，由于固体随着泡沫的刮出，故为维持矿浆液面不降低而添加补充水，矿浆浓度自始至终逐步变稀，这种矿浆浓度的不断变化，相应地使所有药剂的浓度和泡沫性质也随之变化。

8. 矿浆温度实验

大多数情况下浮选在室温条件下进行，即介于 15～25℃ 之间。用脂肪酸类捕收剂浮选非硫化矿，如分选铁矿、萤石矿和白钨矿时，常采用水蒸气直接或间接加温浮选，这可提高药剂的分散度和效能，改善分选效率。某些复杂硫化矿，如铜铅、锌硫和铜镍矿等采用加温浮选工艺，有利于提高分选效果。在这些情况下，必须作浮选矿浆温度的条件实验。若矿石在浮选前要预先加温搅拌或进行矿浆的预热，则要求进行不同温度的实验。

9. 浮选时间实验

浮选时间，可能从 1min 变化到 1h，通常介于 3～15min，一般在进行各种条件实验过程中便可测出。因此，在进行每个实验时都应记录浮选时间，但浮选条件选定后，可做检查实验。此时可进行分批刮泡，分批刮取时间可分别为 1min、2min、3min 和 5min，依此类推，直至浮选终点。为便于确定粗扫选时间，分批刮泡时间间隔还可短一些。实验结果可绘制曲线，横坐标为浮选时间（min），纵坐标为回收率（累积）和金属品位（加权平均累积），如图 9-3-1a 所示；也可以绘制各泡沫产品的品位与浮选时间的关系曲线，如图 9-3-1b 所示。根据曲线，可确定得到某一定回收率和品位所需浮选时间。粗选时间界限的划分，可以考虑以下几点：

（1）如欲从粗选直接获得合格精矿，可根据精矿品位要求，在累积品位曲线上找到对应点 A，通过 A 点作横坐标的垂线，B 点即为粗扫选时间的分界点；

（2）根据各泡沫产品品位与浮选时间的关系曲线，以品位显著下降的地方作为分界点，例如图 9-3-1b 中 C 点对应的浮选时间 D 点；

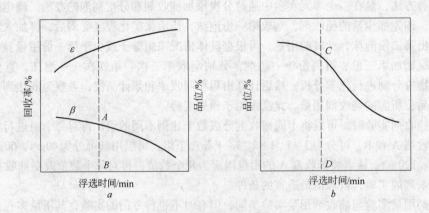

图 9-3-1　浮选时间实验

a—累积回收率和品位曲线；b—单元品位曲线

（3）选择泡沫产品的矿物组成或有用矿物单体解离度发生较大的变化的转折点作分界点；

（4）若粗精矿带入药量过多，给精选作业造成困难，此时，可根据精选的情况和需要来划分粗扫选时间。

在确定浮选时间时，应注意捕收剂用量增加，可大大缩短浮选时间，此时节省的电能及设备费用可补偿这部分药剂消耗，则增加捕收剂用量是有利的，故有时要考虑综合经济因素来确定适宜的浮选药剂用量和时间。

10. 精选实验

粗选时刮取的粗精矿，需在小容积的浮选机中进行精选，目的是除去机械夹杂物，提高精矿品位。精选次数大多数情况为 1~2 次，有时则多达 7 次，例如萤石、辉钼矿和石墨粗精矿的精选。在精选作业中，通常不再加捕收剂和起泡剂，但视具体情况也可以适当添加，并要注意控制矿浆 pH 值，在某些情况下需加入抑制剂、解吸剂，甚至对精选前的矿浆进行特别处理。精选时间视具体情况确定。

为避免精选作业的矿浆浓度过分稀释，或矿浆体积超过浮选机的容积，可事先将泡沫产物静置沉淀，用医用注射器将多余的水抽出。脱除的水装入洗瓶，用作将粗精矿洗入浮选机的洗涤水和浮选补加水。

影响浮选过程的其他因素，可根据具体情况进行实验。

上述实验完成后，就要进行浮选流程实验，包括浮选开路流程和闭路流程实验，以及连续浮选流程实验，详细可参见第五章。

五、数据处理

浮选综合实验过程中每个条件实验结果均记录在相应表格中，并根据相关数据绘制浮选回收率和精矿品位与相应浮选条件的关系曲线，根据曲线的趋势分析适宜的浮选实验条件。最终获得浮选综合实验适宜条件。

六、思考题

1. 自拟赤铁矿石浮选综合实验的方案。

2. 自拟含黄铜矿、闪锌矿和黄铁矿的多金属硫化矿浮选分离综合实验的方案和实验数据记录表格的设计，并考虑实验时要注意的主要问题。

第十章　新型检测方法

实验 10-1　X 射线衍射物相分析

一、目的要求

1. 了解 X 射线衍射仪的结构原理及其使用；
2. 掌握采用 X 射线衍射仪进行物相分析的制样方法；
3. 熟悉使用 X 射线物相分析的基本方法；
4. 掌握使用相关软件进行物相定性分析的基本原则、过程和步骤。

二、原理

1. X 射线衍射仪的结构原理

X 射线衍射仪是由 X 射线发生器系统、测角仪系统、X 射线衍射强度测量记录系统、衍射仪控制与衍射数据采集分析系统四大部分所组成。

X 射线发生器是衍射仪的 X 光源，其配用衍射分析专用的 X 光管，具有一套自动调节和自动稳定 X 光管工作高压、管电流的电路和各种保护电路等。

测角仪系统是 X 射线衍射仪的核心，用来精确测量衍射角。由计算机控制的两个互相独立的步进电机驱动样品台轴（θ 轴）与检测器转臂旋转轴（2θ 轴），依预定的程序进行扫描工作，另外还配有光学狭缝系统、驱动电源等电器部分，其光路布置如图 10-1-1 所示。

X 射线衍射强度测量记录系统是由 X 射线检测器、脉冲幅度分析器、计数率计及 X-Y 函数记录仪组成。

衍射仪控制与衍射数据采集分析系统是通过一个配有"衍射仪操作系统"的计算机系统来完成的。

衍射仪在进行正常工作之前，要进行一系列的调整工作，选好 X 光管，做好测角仪的校正和选好 X 射线强度记录系统的工作条件，这些确定好的仪器条件，在以后日常工作时一般不再改变。

2. X 射线物相分析的基本原理

每一种结晶物质都具有各自独特的晶体结构和化学组成，因而具有其特定的原子种类、原子排列方式和点阵参数及晶胞大小等。在一定波长的 X 射线照射下，晶体中不同晶面发生各自的衍射，进而对应其特定的衍射图样。如果实验中存在两种或两种以上的晶体物质时，每种晶体物质的衍射图样不变，各衍射图样互不干扰、相互独立，仅是试样中所含的晶体物质

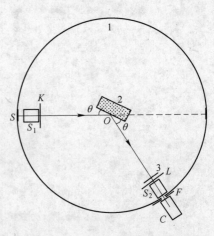

图 10-1-1　测角仪光路布置简图

1—测角仪圆；2—样品；3—滤波片；s—光源；
S_1、S_2—梭拉狭缝；K—发散狭缝；
L—防散射狭缝；F—接收狭缝；C—计数管；

的衍射图样机械地叠加，不仅如此，衍射图样也可表明物相中元素的化学结合态。

晶体的不同特征可用各个反射晶面的间距 d 和反射线的相对强度 I/I_0 来表征，其中面网间距 d 可由衍射花样中各衍射线的位置 2θ 来决定，如式 10-1-1 所示。面网间距与晶胞的性状和大小有关，而相对强度与质点的种类及其在晶胞中的位置有关。由此可知，任何一种结晶物质的衍射数据 d 和 I/I_1 是其晶体结构的必然反映，因而，可根据其来鉴定结晶物质的物相，$d \sim I$ 数据组就是最基本的判据。

$$d = \frac{\lambda}{2\sin\theta} \tag{10-1-1}$$

3. 利用 PDF 衍射卡片进行物相分析

每种物质都有反映该物质的衍射图谱，即衍射图谱具有一定的 d 值和相对强度 I/I_1。当未知样品为多相混合物时，每相都具有特定的一组衍射峰，其相互叠加形成混合物的衍射图谱。因此当样品中含有一定量的某种组分时，则其衍射图中的某些 d 值与相对强度，必定与这种相分所特有的一组 d 值与相对强度全部或部分的强峰相符合。因此描述每张衍射图的 d 值和相对强度 I/I_1 值，可鉴定出混合物中存在的各个物相。

单相物质的衍射图谱中的 d 值和相对强度 I/I_1 制成 PDF 数据卡片。将测得的样品衍射图的 d 值和相对强度 I/I_1 与 PDF 卡片一一比较，若某种物质的 d 值和 I/I_1 与某一卡片全部都能对上，则可初步确定该样品中含有此种物质（或相分），之后再将样品中余下的线条与别的卡片对比，这样便可逐次地鉴定样品中所含的各种组分。

三、仪器和物料

待检测多矿物矿石，粒度范围 $0 \sim 0.1$mm；

X 射线衍射仪；

玛瑙研钵；

牛角匙、玻璃片、薄刀片、刷子等；

四、实验步骤

1. 样品准备

（1）取适量样品，在玛瑙研钵中研磨，当物料粒度为 -0.074mm 时，即当手摸无颗粒感时，认为晶粒大小已符合要求。

（2）用"压片法"来制作试片。即先将样品框固定在平滑的玻璃片上，然后把样品粉末尽可能均匀地撒入样品框窗口中，再用小抹刀的刀口轻轻摊匀堆好、轻轻压紧，最后用刀片把多余凸出的粉末削去，使样品形成一个平面十分平整的试片。

（3）把准备好的样品框放入衍射仪的测试架上，并关好衍射仪的保护门。

2. 样品检测和分析

（1）开启冷却水和 XRD 电源。

（2）启动计算机，在 XRD 稳定 2min 左右后，进入 X'Pert Data Collector 系统；

（3）设置测量参数，如扫描模式、初始角度、终止角度、步长、扫描速度等；

（4）点击 X'pert Data Collector 软件菜单中的 measure→program 开始对试样进行 XRD 测试和数据存储。

（5）使用 X'pert Automatic Processing Program 对所测 XRD 曲线进行分析和数据处理（2θ、d 值、半峰宽、强度数据等），并将结果储存于文档中。

（6）操作完成后，退出 X′pert Data Collector 和 X′pert Automatic Processing Program 系统，并关闭计算机。

3. 关闭 XRD 电源，同时，冷却水应继续工作 20min 后方可关闭。关闭所有电源，做好运行记录。

五、实验结果处理

1. 进行误差分析，并对被测物质的分析结果作出结论。

2. 结合实验内容和结论，将存于文档的实验数据进行整理，并提取实验数据绘制衍射图谱，同时根据检测分析结果对代表混合物各物质的衍射峰进行标注，并附注说明。

3. 根据实验结果完成实验报告。

六、思考题

1. X 射线衍射仪的应用范围是什么？

2. X 射线衍射物相分析的核心原理是什么？

实验 10-2　红外光谱测试

一、目的要求

1. 了解红外光谱的基本原理；

2. 掌握红外光谱测定的基本步骤；

3. 熟悉傅里叶红外光谱仪的使用方法；

4. 初步学会红外光谱图的解析方法。

二、实验原理

通常把电磁波谱中，波长为 $0.76 \sim 3\mu m$ 的波段叫做红外光谱区，其短波方面与可见光谱区相接，长波方面与微波相合。红外光谱区主要涉及晶格振动光谱、自由载流子吸收和杂质吸收等。

红外吸收光谱分析是鉴别化合物和确定物质分子结构的常用方法之一。当一定频率的红外光照射某物质分子时，若分子中某基团的振动频率与它相同，则此物质就能吸收这种红外光，光的能量通过分子偶极矩的变化而传递给分子，使分子的振动能级发生跃迁。因此，如果连续地用不同频率的红外光照射某一物质，该物质就会根据自身的组成和结构对各种频率的红外光进行选择性吸收，用仪器将物质的分子吸收红外光的情况记录下来，即可得到红外吸收光谱图。

红外吸收光谱图横坐标是以波长（Pm）或波数（cm^{-1}）表示。波数是每厘米长度红外光波的数目。波数（cm^{-1}）=1/波长（cm）。红外吸收光谱图对应的纵坐标多以百分透光率 T 表示。纵坐标自下而上由 $0 \sim 100\%$ 标度。随吸收强度降低，曲线向上移动，无吸收部分的曲线在图的上部。因此，红外吸收光谱的所谓吸收"峰"实际上是向下的"谷"。红外吸收光谱分析法主要用于检验有机化合物中存在的基团，鉴定有机化合物，推断化合物结构，并进行定量分析。

红外吸收光谱是物质分子结构的客观反映，谱图中吸收峰都对应着分子中各基因的振动形式，其位置和形状也是分子结构的特征性数据。因此，根据红外吸收光谱中各吸收峰的位置、强度、形状及数目的多少，可以判断物质中可能存在的某些官能团，进而对未知物的结构进行鉴定。即首先对红外吸收光谱进行谱图解析，然后推断未知物的结构。最后还需将未知物的红外吸收光谱与未知物相同测定条件下得到的标准样品的谱图或标准谱图集中的标准光谱进行对照，以进一步证实其分析结果。据此，可以将待鉴定未知物的红外吸收光谱与仪器计算机所储存的谱图库中的标准红外光谱进行检索、比对，进而推断未知物可能的结构式和成分。

　　傅里叶红外光谱仪主要由红外光源、试样池、分光系统、检测系统四部分组成。其工作原理如图 10-2-1 所示。

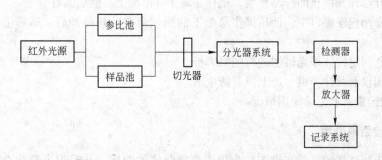

图 10-2-1　红外光谱仪原理图

　　红外光谱仪常用的光源有硅碳棒和奈恩斯特灯两种。当它们被加热至 1200～1800℃时，发射出红外光。由光源发出的光分成两束能量相同的光，分别照射并透过样品池和参比池，经切光器后进入分光器系统，色散后射向检测器，微弱信号经放大，由记录器得到红外吸收光谱图。分光系统有棱镜和光栅两种。棱镜材料多用碱金属的卤化物，如氯化钠、溴化钾制成，极易潮解，此类仪器应严格去湿防潮。检测器部分常用热电偶、热敏电阻、高雷池、硫化铅光导管等。

三、实验仪器、备品及物料

尼高力 AVATAR360 型红外光谱仪；
压片装置；
玛瑙研钵、牛角匙、刷子；
溴化钾（光谱纯或分析纯，于 130℃下干燥 24h，存于干燥器中备用）；
实验试样。

四、实验内容及步骤

1. 样品制备

（1）称取 0.5～2mg 样品，于玛瑙研钵中研细。

（2）于研钵中加入 100～200mg 事先研细至 2μm 左右，并于 110～150℃烘箱充分烘干（约需 48h）的溴化钾粉末，把样品与 KBr 粉末充分研磨均匀。

（3）把上述混合均匀的混合物置于一定的模具中，在真空下，用压片机将样品压成直径为 5mm 或 13mm 的半透明片子（注意压力不能太高）备用。

2. 样品检测

（1）开机前检查实验室电源、温度和湿度等环境条件，当电压稳定，室温为 (21±5)℃左右，湿度不大于 65% 才能开机。

（2）打开红外光谱仪的电源开关，稳定 0.5h，使得仪器能量达到最佳状态。

（3）开启计算机，并打开红外光谱仪操作平台软件，与仪器相连的计算机中的应用程序自动对仪器系统进行诊断，当诊断完毕，电源指示灯亮。保持系统稳定 15min。

（4）在应用程序窗口中点击菜单或工具栏选择实验参数，如分辨率、扫描时间（次数）及软件选用等。

（5）在与样品相同的实验条件下做背景实验，将所采集的一张背景光谱储存在计算机中，以便用来抵消样品光谱中属于仪器及环境的吸收部分，从而准确地进行样品检测。

（6）打开红外光谱仪的样品仓盖，把样品置于样品架上，然后盖好仓盖。

（7）在应用程序窗口中，使用操作菜单下的测试命令，几秒钟后，屏幕上出现样品的红外光谱图。

（8）对所测定的红外光谱图进行图谱解析。

（9）关闭仪器及计算机，盖上仪器防尘罩。

（10）在记录本上记录使用情况。

五、实验结果处理

1. 解析未知试样的红外光谱图，指出主要吸收峰的归属，并根据被测化合物的红外特性吸收谱带的出现来确定该基团的存在。

2. 然后查找该类化合物的标准红外谱图，待测化合物的红外光谱与标准化合物的红外光谱一致，即两者光谱吸收峰位置和相对强度基本一致时，则可判定待测化合物是该化合物或近似的同系物。

3. 编写实验检测报告。

六、思考题

测定固态试样的红外光谱，除了用压片法还可以用哪些制样方法？

实验 10-3　原子吸收光谱测试

一、目的要求

1. 了解原子吸收光谱仪的结构原理及其使用方法；
2. 熟悉原子吸收光谱仪测定溶液金属离子的基本方法。

二、实验原理

在通常的情况下，原子处于基态。当特征辐射通过原子蒸气时，基态原子就从入射辐射中吸收能量由基态跃迁到激发态，通常是第一激发态，发生共振吸收，产生原子吸收光谱。原子能级的能量是量子化的，原子吸收光谱的波长 λ 由产生该原子吸收谱线的能级之间的能量差 ΔE 决定，

$$\Delta E = \frac{hc}{\lambda} \tag{10-3-1}$$

式中　c——光速；

　　　h——普朗克常数；6.032×10^{23}。

原子吸收的程度（吸光度 A）取决于吸收光程内基态原子的浓度 N_0，

$$A = \lg \frac{I_0}{I} = kN_0L \tag{10-3-2}$$

式中　I_0——入射辐射的强度；

　　　I——透射辐射的强度；

　　　L——光程长度；

　　　k——与原子吸收光谱的波长 λ 和原子的特性有关的常数。

在通常的火焰原子化温度条件下，处于激发态的原子数 N_1 与基态原子的浓度 N_0 相比，可以忽略不计，实际上可将基态原子的浓度 N_0 看作等于总原子数 N。在确定的条件下，蒸气相中的总原子数 N 与试样中被测元素的含量 c 成正比，

$$N = \beta c \tag{10-3-3}$$

式中　β——与实验条件和被测元素化合物性质有关的系数。

将式（10-3-2）代入式（10-3-3），得到

$$A = KcL \tag{10-3-4}$$

式中，$K = k\beta$。

式（10-3-4）是原子吸收分光光度定量分析的基本关系式。

三、仪器、备品及物料

铜标准溶液（100.0μg/mL）；

稀硝酸（1∶100；1∶200）；

铜元素空心阴极灯；

容量瓶（50mL、500mL、1000mL）；

吸量管（5mL）；

移液管（25mL）；

AAA 岛津原子吸收光谱仪（参考条件：灯电流 3～6mL、波长 324.8nm、光谱通带 0.5nm、空气流量 9L/min、乙炔流量 2L/min、灯头高度 6mm、氘灯背景校正）；

四、实验步骤

1. 标准溶液配制

（1）分别吸取 25.00mL 待测水样 5 份于 5 个 50mL 容量瓶中，各加入浓度为 100.0μg/mL 的铜标准溶液 0、1.00mL、2.00mL、3.00mL 和 4.00mL；

（2）1 号容量瓶用 1∶100 稀硝酸稀释至刻度；2～5 号容量瓶用 1∶200 稀硝酸稀释至刻度。

2. 待测溶液配制

（1）吸取 0.5mL、1.5mL、2.5mL 和 3.5mL 铜标准使用液分别置于 50mL 容量瓶中，用 1∶200 稀硝酸稀释至刻度；

（2）以铜标准溶液含量和对应吸光度绘制标准曲线或计算直线回归方程，测定样品吸收值。

3. 仪器操作

（1）打开排风系统、稳压电源、空气压缩机（先拧松底部的放水阀进行放水）、乙炔钢瓶总阀门，调整分压阀，使压力在 0.1MPa 处。

（2）打开仪器电源开关，并打开电脑，开启工作软件，系统自动自检并初始化，待各个

组件都自检通过后，方可进行下一步操作。

（3）点击打开一个工作界面，此时电脑屏幕上同时出现4个操作窗口，分别用于点火操作和火焰控制、显示标准曲线、用于控制空白、标准曲线和样品的测定、显示测定结果，包括吸光度值和浓度。

（4）新建一个测试方法，选择待测元素，在 Method Editor 卡上的 Method Description 中填上操作者名称和标准曲线浓度范围，在选定标准曲线浓度的单位和各点的值、在进样器上的位置、测试重复次数、标准曲线类型及限制条件等参数。设置完毕，命名并保存该方法，以便下次测定时直接调用。

（5）新建样品信息列表：点击快捷键，在 Sample Information Editor 卡上填上待测样品相关信息。设置完毕保存样品信息列表。

（6）在灯架上插入待测元素的空心阴极灯，点击快捷键 Lamps，弹出 Lamp Setup 设置卡，将绿色光标移至相应灯位置，并输入该元素的名称，设定灯电流（参照灯的标签上的推荐使用电流值），点击 Setup 设置并打开该灯，1min 后可正常使用。

（7）在 Flame Control 窗内点火。当 Safety Interlocks 为绿色时，先点击 Bleed Gases 排空残留的气体，再点击 ON 点火。把吸液毛细管用纸擦干净，放入去离子水中，此时火焰为蓝紫色，既表示正常，火焰发黄则说明管路中盐类物质较多，要反复冲洗。

（8）在 Manual Analysis Control 窗内按照设置的顺序进行测定。先测定空白，再测定标准曲线，之后用水洗管路至火焰呈蓝紫色，插入样品中进行样品测定。若样品中盐含量很高（表现为火焰很黄），则每测完一个样品就要用1%的硝酸和水冲洗管路，使火焰呈蓝紫色后方可进行下一个样品测试。注意填上保存样品信息和测试结果的文件名。标准曲线可在 Calibration Display 窗口内看到，测试结果可在 Results 窗口内显示。

（9）分析结束后，用1%的硝酸和水冲洗管路，使火焰呈蓝紫色后，先关闭乙炔，再关闭空气压缩机，关火焰，拿开吸液毛细管，点击 Bleed Gases 排空管路残留的气体。

（10）记录测试结果，退出程序，关闭仪器电源和电脑，关闭稳压电源，排掉空气压缩机内的水分，关闭通风设备。

五、实验结果处理

1. 按式（10-3-5）计算样品中铜含量。

$$x = \frac{(A_1 - A_0) \times V_1 \times 1000}{m \times 1000} \tag{10-3-5}$$

式中　x——样品中铜的含量，mg/kg（或 mg/L）；

　　A_1——测定用样品中铜的含量，$\mu g/mL$；

　　A_0——试剂空白液中铜的含量，$\mu g/mL$；

　　V_1——样品溶液总体积，mL；

　　m——样品质量（或体积），g（或 mL）。

2. 将实验测试结果记录于表 10-3-1 中。

表 10-3-1　实验结果记录表

容量瓶标号	1	2	3	4	5
测定值					

3. 根据实验结果完成实验报告。

六、思考题

1. 火焰原子吸收光谱法测铜应注意什么问题？
2. 原子吸收分光光度法的应用范围是什么？

实验 10-4　X 射线光电子能谱检测

一、目的要求

1. 了解 X 射线光电子能谱仪的主要结构和使用方法。
2. 掌握 X 射线光谱谱图的分析方法。

二、实验原理

X 射线光电子能谱实际上是一种光电效应。具有一定能量的入射光子与样品中的原子相互作用时，单个光子把它的全部能量交给原子中某壳层上一个受束缚的电子，后者把一部分能量用来克服电子的结合能，余下的能量就作为电子的动能而发射出去，成为光电子。物质受光作用而激发出光电子的现象称为光电效应。

因为 X 射线光电子能谱以 X 射线作为激发源，其能量较高，可以激发内层电子。激发 K 层电子脱离原子成为光电子，这种光电子称为 1s 电子。激发出 L 层的电子为 2s、2p 光电子。K、L、M、N…的电子被激发出原子后，分别成为 s、p、d、f…光电子。

在 XPS 谱分析中，用相应光电离后的原子终态能级（1s，2s，$2p_{1/2}$，$2p_{3/2}$…）标定所激发的光电子。

根据爱因斯坦光电效应理论，光电子的动能 E'_k：

$$E'_k = h\nu - E_b - \varphi_s \tag{10-4-1}$$

φ_s 为样品的功函数，E_b 为原子某一能级结合能，对于固体来说，结合能都是以费米能级为参考零点。当样品与仪器相连时，它们的费米能级是相同的。φ_{sp} 为仪器功函数，E_k 为仪器测量到的光电子动能，$h\nu$ 为激发光子能量，多采用镁靶 K_α 线和铝 K_α 线，其能量分别为 1253.6eV 和 1486.6eV。

即有：

$$E_k + \varphi_{sp} = E'_k + \varphi_s \tag{10-4-2}$$

代入式（10-4-1）可得：

$$E_b = h\nu - E_k - \varphi_{sp} \tag{10-4-3}$$

式中，$h\nu$ 为已知量，φ_{sp} 一般为几个电子伏特，可预先测出，也为已知量。通过仪器测出光电子动能 E_k，可完全确定光电子结合能 E_b。由此可知，结合能 E_b 的测定只与仪器功函数有关，而与样品的功函数无关，所以只需对仪器本身功函数作一次校正，当更换样品时无需再进行功函数校正。因此，式（10-4-3）是 XPS 测量元素结合能的基本公式。

这些光电子带有样品表面的信息，并具有特征能量，收集这些电子并研究它们的能量分布，这就是光电子能谱。

原子中的电子被束缚在各种不同的量子化能级上，因此，一旦 X 射线将原子的束缚光电子电离成自由电子，由 XPS 测出的结合能，对于原子来说是特性的，因此通过测量结合能的大小可指认谱峰对应的元素及其能级。

在 XPS 实验研究过程中，人们不仅可以确定样品中元素及其化学状态，还能测出它们各自的含量。XPS 元素定量分析的关键就是找出所观测到的信号强度与元素含量之间这一关系，并对谱线强度作出定量分析。较常用的方法是元素灵敏度因子法，该法利用特定元素谱线强度作参照标准，测得其他元素相对含量。它是一种半经验性的相对定量方法。一般以相对峰面积大小作为基础，不考虑背散射校正。

单位时间内某一原子壳层被激发出来的光电子数，即与之相对应的光电子的谱线强度（谱峰积分面积），可以用下面的公式来表示：

$$n = \frac{I}{f\sigma\theta y\lambda AT} = \frac{I}{S} \tag{10-4-4}$$

式中　n——每立方厘米样品中含有此种元素的原子数；

　　　f——入射到样品的 X 射线通量，$cm^{-2} \cdot s^{-1}$；

　　　σ——光电子发射截面，cm^2；

　　　θ——仪器的角分布效率因子，依赖于入射光子路径和被检测的光电子之间的夹角，（°）；

　　　y——光电发射中产生的无损失能量的正常光电子效率；

　　　λ——光电子的非弹性散射平均自由程；

　　　A——样品被分析部分的面积；

　　　T——光电子的检测效率。

其中 $S = f\sigma\theta y\lambda AT$ 称为原子灵敏度因子。样品中某元素 x 的相对百分含量为：

$$C_x = \frac{n_x}{\sum_1 n_1} = \frac{I_x/S_x}{\sum_1 I_1/S_1} \tag{10-4-5}$$

灵敏度因子同被测样品的性质、所用的测量仪器特性、工作条件等有关，要精确测定灵敏度因子较困难。通常是在同一实验条件下测定各元素 XPS 峰的强度，假定 F15 峰的灵敏度因子为 1，求出其他元素的相对灵敏度因子 $2s_1$ 供以后使用。用元素的相对灵敏度因子代入式（10-4-5）中，求出原子浓度，该法就叫做相对灵敏度因子法。这种方法简单易行，是目前应用较多的方法，但测定误差较大，约为 10% ~ 20%，因为该方法中忽略了样品基体效应，背散射等影响。要精确测定元素含量，必须对该法进行改进，或选用其他方法。需要指出的是：XPS 测出的是样品表面浓度，并不是体浓度，其探测深度强烈地依赖于光电子的动能。

三、仪器、备品及物料

ESCAIAB MK Ⅱ 多功能电子能谱仪；

压片机；

玛瑙研钵、刷子、牛角匙等；

四、实验内容及步骤

1. 取 0.1g 待测样品，用丙酮或三氯甲烷溶液（分析纯）清洗样品表面以确保样品分析面确保不受污染，将粉末样品压片（直径小于 8mm）。

2. 开启 XPS 数据采集系统单元，预减速透镜及其相关的控制单元预热 30min 左右。

3. 根据实验需要选择 Mg 靶或 Al 靶，开启 X 光枪高压电源单元和灯丝电源稳发射单元。设置 X 光枪高压和灯丝发射电流值。

4. 打开计算机运行 ESCA（即 XPS）软件包，根据需要设置好实验参数，准备采谱。

5. 将要分析的样品放在分析室中央的样品架上。

6. 设置电子倍增管电压。

7. 启动采谱程序录谱。

（1）记录样品的 XPS 全谱（0～1200eV 结合能），标定 XPS 谱图上各峰名称。

（2）选择特征峰，缩小扫描范围，提高分辨率，增加扫描次数以提高信噪比，测出各峰的峰值，判定化学位移量。

（3）运用 ESCA 专用软件包对收录的 XPS 峰进行分析（分峰拟合，扣除背底，平滑等）。

五、实验结果处理

1. 记录分析检测结果；

2. 在所测谱图上标出各峰名称；

3. 根据所测结果完成实验报告。

六、思考题

1. 原子所处的化学环境不同，如何影响 XPS 的光电子峰位？

2. 光电子能谱对元素探测灵敏度是多少？

实验 10-5　扫描电镜测试

一、目的要求

1. 了解扫描电镜的工作原理和结构；

2. 掌握扫描电镜的基本操作；

3. 掌握扫描电镜样品的制备方法。

二、实验原理

扫描电子显微镜主要由镜体和操纵台两部分构成，如图 10-5-1 所示。镜体包括电子枪、两组电磁透镜、一组偏转线圈和一组电磁透镜，以及样品室和真空系统等部分。操纵台是由图像信息处理（检验器、光电倍增管等）组成。

从电子枪灯丝发射出密度很高的强电子束，通过两组电磁透镜，将电子束聚集成电子细束，再经偏转线圈将电子束由直线运动变成兼有 x 和 y 方向的光栅扫描运动，又经电磁物镜作进一步聚焦，成为电子束斑点，向样品表层轰击，使样品表层发出次级电子，由于样品表层的结构有高低、纹理的不同，扫描电子束在样品上轰击的角度不同，使激发出的两次电子的强度和方向也不同，这些不同信号的次级电子，次级电子由探测体收集，并在那里被闪烁器转变为光信号，经光电倍增管放大，再经过信号处理和放大系统，接到显像管的

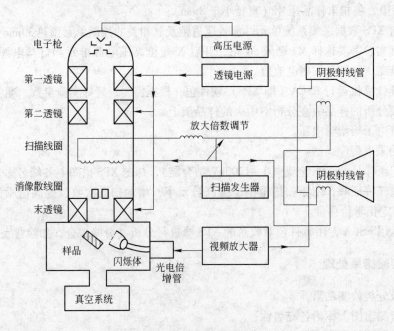

图 10-5-1　扫描电镜结构示意图

栅极上，以控制显像管的亮度，显示出与电子束同步的扫描图像。为了使标本表面发射出次级电子，标本在固定、脱水后，要喷涂上一层重金属微粒，重金属在电子束的轰击下发出次级电子信号。

三、实验仪器、备品及物料

粉末状碳酸钙试样若干克；

SEM6360LV 扫描电镜；

JFC-1100 离子溅射仪；

玛瑙研钵、刷子、牛角匙和干燥器等。

四、实验内容及步骤

1. 试样准备

（1）取待测试样于玛瑙研钵中研细；

（2）研磨后粉末放入干燥器中备用；

（3）干燥的粉末试样均匀地撒于导电胶电镜专用的样品台上；

（4）制好样品即可进行镀膜处理。

2. 开机

（1）打开冷却水箱开关；

（2）打开主机的稳压电源；

（3）打开计算机，打开检测软件（桌面上）。

（4）打开 HT，观察时按第三步进行聚焦、放大、缩小、照相和保存。

3. 放置样品

（1）关掉 HT；

（2）点击 Sample→Vent；

（3）平稳拉开样品室，抽出样品台，放置待测样品；

（4）推进关闭样品室；

（5）Sample→Vac→Ready；

（6）点击 HT。

4. 调节图像

（1）调节 HT 于 on；

（2）降低 Mag 到 30X；

（3）调节 ABC→（AF）Focus。

（4）定位样品：旋 R 转轴，用鼠标寻找所要观测的样品；

（5）调节 Z 轴于 10～20mm 之间；

（6）调节 Spotsize 于 20～30 左右较为合适；

（7）选择合适的 Acc、Volt，一般 20～25 较合适；

（8）Signal 选择 SE，且注意 HV；

（9）Scan1 调节 ABC→手动 Focus→Stigmx. Stigmx 至清晰为止。

（10）Scan4 扫描/Freeze，保存图像。

5. 关机

（1）关掉操作软件；

（2）关闭计算机；

（3）关掉主控开关；

（4）关掉稳压电源；

（5）20min 后关掉水箱；

（6）关掉水箱及主机开关。

五、实验结果处理

1. 简要描述扫描电镜的工作原理；

2. 对扫描电镜照片进行处理和分析；

3. 根据测试和分析结果，完成相应实验报告。

六、思考题

1. 扫描电镜主要应用在哪些领域？

2. 针对不导电粉末材料进行扫描电镜分析检测时，为什么要进行喷金处理？

3. 为什么扫描电镜的分辨率和信号的种类有关？试比较各种信号的分辨率高低。

实验 10-6　透射电镜测试

一、目的要求

1. 了解透射电镜（TEM）的基本构造和成像原理；

2. 熟悉样品装入、图像观察和摄像等操作过程。

二、实验原理

透射电子显微镜中像的形成可理解为光学透镜成像，具有一定波长（0.1nm）的电子束入射到晶面间距为 d 的晶体时，在满足布拉格条件：$2d \times \sin\theta = n\lambda$ 的特定角度（2θ）处产生衍射波。这个衍射波在物镜的后焦面上会聚成一点，形成衍射点。在电子显微镜中，后焦面上形成规则的花样经电子透镜在荧光屏上显现出来，这就得到了电子衍射图谱（电子衍射图）。透射电镜的结构原理如图 10-6-1 所示。

在后焦面上的衍射波继续向前运动时，衍射波合成，在像平面上形成放大的像。通常，将生成衍射花样的后焦面处空间称为倒易空间（倒易晶格空间），将试样位置或成像平面称为实空间。从试样到后焦面的电子衍射，即从实空间到倒易空间的变化，在数学上用傅里叶变换来表示。

在透射电子显微镜中，调节电子透镜的焦距时，就能够很容易观察到电子显微像（实空间的信息）和衍射花样（倒易空间的信息），这样，利用这两种观察模式就能很好获取这两类信息。对于电子衍射图谱的观察，

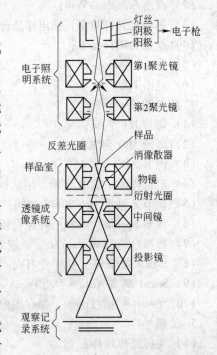

图 10-6-1　透射电镜结构原理

先观察电子显微像（放大像），插入光阑（选区光阑）到感兴趣的区域，调节电子透镜，就能得到只有这个区域产生的衍射图谱。这种观察模式叫选区电子衍射方法。利用选区电子衍射方法能获得细微组织各个区域的衍射图谱，从而能够得知各个区域的晶体结构和它们的晶体取向关系。另一方面，观察电子显微像时，先观察衍射图谱，将光阑插入物镜的后焦面，在电子衍射图谱中选择感兴趣的衍射波，调节透镜就能得到电子显微像。这样，就能有效识别夹杂物和观察晶格缺陷。用物镜光阑选择透射波、观察电子显微像的情况称为明场方法，观察到的像叫明场像。另外，用物镜光阑选择一个衍射波观察时称为暗场方法，观察到的像叫暗场像。

三、实验仪器、备品及物料

待测纳米级粉末（如碳酸钙）；

无水乙醇；

FEI TECNAI 20 透射电镜；

SH 超声波分散机；

干燥器；

电镜铜网、烧杯 50mL 和吸管等；

四、实验步骤

1. 无机非金属材料的制样

（1）将粉末样品浸泡于无水乙醇中；

（2）用超声波分散器将粉末在无水乙醇中分散成悬浮液；

（3）滴几滴悬浮液在电镜铜网上，并进行干燥处理；

（4）待其干燥后，再蒸上一层碳膜，以备透射电镜使用。

2. TEM 的开机

（1）打开总电源开关；

（2）打开稳压器；

（3）打开循环水机电源；

（4）启动电镜主机，真空泵预抽真空 30min；

（5）随后依次接通各级透镜的工作电流，调整电镜的工作状态。

3. TEM 的合轴调整

（1）电子枪合轴

1）在镜筒外调节好灯丝尖端与栅极冒小孔的对中并将它们的组合件装到电子枪的高压瓷瓶上。

2）当镜筒达到工作真空度后，加上所需电压，逐渐加大灯丝电流，同时注意电子束流指示及荧光屏的亮度，直到荧光屏的亮度和指示的束流不增加时为止。

3）若随灯丝电流增大，荧光屏反而变暗，则应调节电子枪对中装置，使荧光屏上的光斑达到最亮。

（2）聚光镜系统的调整和合轴

1）调整光阑的机械位置，使第二聚光镜在焦点两边改变时，色斑中心始终保持不变，只在荧光屏中心均匀地扩大或缩小。

2）调节第二聚光镜电流，使其在焦点前后变化，同时调节聚光镜，使光斑变圆，即可消除像散。校正时先将幅度钮调到最大，再调节方位，使光斑拉长的方向与原方向相垂直，再减小幅度直到光斑呈圆形，并使第二聚光镜聚集，得到一个最小的照明圆斑。

（3）成像系统的调整

1）镜偏位补偿校正是装入观察样品，使物镜聚焦，并将光斑缩小至直径为 10～20nm，移至荧光屏中央。改变物镜为欠焦像时，若光斑偏离荧光屏中心，可用合轴平移钮，将光斑调至荧光屏中。再改变物镜电流使图像聚焦，用物镜偏位校正钮把光斑调至荧光屏中央。如上反复调节，直到在改变物镜电流时，光斑始终停留在荧光屏中央。

2）透镜电流反相法调节物镜合轴即调节投影镜轴与物镜轴一致。

3）中间镜的合轴是在照相距离改变时（如 120cm 和 15cm），分别调整中间镜和投影镜，使衍射斑点移到荧光屏中心，反复操作即可完成。分别调整中间镜和投影镜，使衍射斑点移到荧光屏中心。

4）物镜消除像散的方法是选择标本上界限清楚的颗粒调节物镜电流在焦点附近来回作小幅度变动，观察颗粒是否变成椭圆形，且在互相垂直的方向上变化，若颗粒呈椭圆形，表示有像散，如果颗粒较为密集，在物镜欠焦或过焦时这些椭圆形相连，好像存在一些模糊的线条，这就是像散线。用消散器校正到物镜在欠焦和过焦时无像散线，或者使这些颗粒清晰又不会变形。

5）物镜光阑的合轴调整必须肯定电子枪与聚光镜已经合轴，然后调节聚光镜在焦点两边变动，光斑不能有漂移的现象。调节光阑机械位置，使衍射斑点位于光阑孔中心，即可对中。此外在低放大倍数时，通过限制视场的观察范围也可迅速地使光阑对中。

（4）照明系统的倾斜调整时，只要在变化物镜电流或加速电压的情况下，调节电子束的倾斜角度，使电流中心或电压中心与荧光屏中心重合即可。

4. 镜筒抽真空

开动机械泵，调整程序，使镜筒的真空度达到 $10^{-7}Pa$。

5. 置换样品

（1）用样品传递装置将样品杯送入样品更换室（过渡室）；

（2）而后将样品更换室抽低真空，使其达到真空度的要求；

（3）打开样品更换室与样品间的空气锁紧阀门，调节样品传递装置，把样品杯放入样品台中心孔内。

6. 图像的观察和记录

已调整好电压对中、电流对中、亮度对小。消除像散等各项指标，使物镜光阑孔与中心透射斑点同心，把主要的观察对象放在荧光屏中心，对感兴趣的部位拍照记录。

（1）尽可能在低倍下寻找视野，选择最佳的研究图像。一般选样 200 倍左右可以看到铜网的大部分。

（2）根据研究需要选择放大倍数，注意研究图像的完整性；

（3）观察 15000 倍以下采用图像摇摆聚焦。电镜的图像摇摆器是由两对偏转线圈组成，在偏转器上加交流电，使照明束以物像平面上的一点为中心来回倾斜摇摆，改变聚焦电流，使图像无重影，即可达到正焦。

7. 图像拍照或保存

研究视野确定后，可用低倍双目镜对图像聚焦，选择亮度均匀的区域作为拍摄对象，尽可能使图像充满拍摄区域，再观察图像是否稳定，有无漂移，而后确定曝光时间（通常选择 1 ~ 4s）注意所要拍摄的图像在底片范围内，最后保存（或拍照）图像。

8. 关机

（1）电镜使用完毕，先降低放大倍率，再依次关闭灯丝加热电流和高压电流，使束流回零。

（2）关闭各级透镜工作电源以及取出样品。

（3）待冷却水机再工作 15 ~ 20min 后，关闭电镜和冷却水机电源。

五、实验结果处理

1. 对透射电镜照片进行分析处理；

2. 简要描述透射电镜的工作原理；

3. 根据以上的分析结果完成实验报告。

六、思考题

1. 简述电子光学系统组成及各组成部分的作用。

2. 透射电镜（TEM）在无机非金属材料中有何应用？

3. 陶瓷粉末样品在透射电镜中进行观察时应注意哪些问题？

第十一章 实验数据的处理和实验设计

实验数据处理和实验设计是一专门的学问。到目前为止，已经经过了 80 多年的研究和实践，已成为广大技术人员与科学工作者必备的基本理论知识。实践表明，该学科与实际的结合，在工、农业生产中产生了巨大的社会效益和经济效益。20 世纪 20 年代，英国生物统计学家及数学家费希尔（R. A. Fisher）首先提出了方差分析，并将其应用于农业、生物学和遗传学等方面，取得了巨大的成功，在实验设计和统计分析方面做出了一系列先驱工作，开创了一门新的应用技术学科，从此实验设计成为统计科学的一个分支。20 世纪 50 年代，日本统计学家田口玄一将实验设计中应用最广的正交设计表格化，在方法解说方面深入浅出，为实验设计的更广泛使用做出了巨大的贡献。

在矿物加工生产中，经常需要通过实验来确定工艺参数和选别的工艺流程，矿物的作用机理等，并通过对规律的研究达到各种实用的目的，如提高产率、降低药剂消耗和提高回收率等，特别是新设备和新药剂实验，未知的东西很多，要通过大量的实验来摸索工艺流程条件或药剂用量。在很多的情况下，要想把实验做好仅靠专业知识是不够的，还需要事先设计实验、分析实验数据。实验设计就是解决这个问题的。本章简要介绍数据处理和实验设计的一些基本内容以及相关概念。

工程技术中所进行的实验，是一种有计划的实践，只有科学的实验设计，才能用较少的实验次数，在较短的时间内达到预期的实验目标；反之，往往会浪费大量的人力、物力和财力，甚至劳而无功。另外，随着实验进行，必然会得到大量的实验数据，只有对实验数据进行合理的分析和处理，才能获得研究对象的变化规律，达到指导生产和科研的目的。可见，最优实验方案的获得，必须兼顾实验设计方法和数据处理两方面，两者是相辅相成、互相依赖、缺一不可的。

在实验设计之前，实验者首先应对所研究的问题要有一个深入的认识，如实验目的，影响实验结果的因素，每个因素的变化范围等，然后才能选择合理的实验设计方法，达到科学安排实验的目的。在科学实验中，实验设计一方面可以减少实验过程的盲目性，使实验过程更有计划；另一方面还可以从众多的实验方案中，按一定规律挑选出少数实验。

合理的实验设计只是实验成功的充分条件，如果没有实验数据的分析计算，就不能对所研究的问题有一个明确的认识，也不可能从实验数据中寻找到规律性的信息，所以实验设计都是与一定的数据处理方法相对应的。实验数据处理在实验中的作用主要体现在如下几个方面：

（1）通过误差分析，可以评判实验数据的可靠性；

（2）确定影响实验结果的因素主次，从而可以抓住主要矛盾，提高实验效率；

（3）可以确定实验因素与实验结果之间存在的近似函数关系，并能对实验结果进行预测和优化；

（4）揭示实验因素对实验结果的影响规律，为控制实验提供思路；

（5）确定最优实验方案或药剂制度。

实验设计与数据处理虽然归于数理统计的范畴，但它也属于应用技术学科，具有很强的适用性。一般意义上的数理统计的方法主要用于分析已经获得的数据，对所关心的问题做出尽可能精确的判断，而对如何安排实验方案的设计没有过多的要求。实验设计与数据处理则是研究如何合理地安排实验，有效地获得实验数据，然后对实验数据进行综合的科学分析，以求尽快达到优化实验的目的。所以完整意义上的实验设计实质上是实验的最优化设计。

11.1　实验数据的精准度

误差的大小可以反映实验结果的好坏，误差可能是由于随机误差或系统误差单独造成的，还可能是两者的叠加。为了说明这一问题，引出了精密度、正确度和准确度这三个表示误差性质的术语。

11.1.1　精密度

精密度反映了随机误差大小的程度，是指在一定的实验条件下，多次实验值的彼此符合程度。精密度的概念与重复实验时单次实验值的变动性有关，如果实验数据分散程度较小，则说明是精密的。例如，甲、乙两人对同一个量进行测量，得到两组实验值：

甲：11.45，11.46，11.45，11.44

乙：11.39，11.45，11.48，11.50

很显然，甲组数据的彼此符合程度好于乙组，故甲组数据的精密度较高。

实验数据的精密度是建立在数据用途基础之上的，对某种用途可能认为是很精密的数据，但对另一用途可能显得不精密。

由于精密度表示了随机误差的大小，因此对于无系统误差的实验，可以通过增加实验次数而达到提高数据精密度的目的。如果实验过程足够精密，则只需少量几次实验就能满足要求。

11.1.2　正确度

正确度反映系统误差的大小，是指在一定的实验条件下，所有系统误差的综合。

由于随机误差和系统误差是两种不同性质的误差，因此对于某一组实验数据而言，精密度高并不意味着正确度也高；反之，精密度不好，但当实验次数相当多时，有时也会得到好的正确度。精密度和正确度的区别和联系，可通过图11-1得到说明。

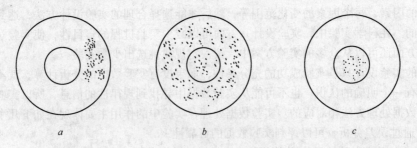

图 11-1　精密度和正确度的关系

a—精密度好，正确度不好；b—精密度不好，正确度好；c—精密度好，正确度好

11.1.3　准确度

准确度反映了系统误差和随机误差的综合，表示了实验结果与真值的一致程度。如图11-2所示，假设 A、B、C 三个实验都无系统误差，实验数据服从正态分布，而且对应着同一个真

值，则可以看出 A、B、C 的精密度依次降低；由于无系统误差，三组数的极限平均值（实验
次数无穷多时的算术平均值）均接近真值，即它们的正确度是相当的；如果将精密度和正确度
综合起来，则三组数据的准确度从高到低依次为 A、B、C。

又由图 11-3，假设 A′、B′、C′三个实验都有系统误差，实验数据服从正态分布，而且对应
着同一个真值，则可以看出 A′、B′、C′的精密度依次降低，由于都有系统误差，三组数的极限
平均值均与真值不符，所以它们是不准确的。但是，如果考虑到精密度因素则图 11-3 中 A′的
大部分实验值可能比图 11-2 中 B 和 C 的实验值要准确。

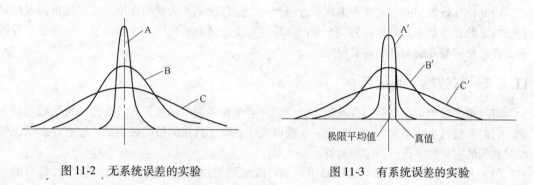

图 11-2　无系统误差的实验　　　　　　　　图 11-3　有系统误差的实验

11.2　有效数字和实验结果的表示

11.2.1　有效数字的概念

能够代表一定物理量的数字，称为有效数字。实验数据总是以一定位数的数字来表示，这
些数字都是有效数字，其末位数往往是估计出来的，具有一定的误差。例如，用分析天平测得
某样品的质量是 1.5687，共有 5 位有效数字，其中 1.568 是所加砝码标值直接读得的，它们都
是准确的，但最后一位数字"7"是估计出来的，是可疑的或欠准确的。

有效数字的位数可反映实验的精度或表示所用实验仪表的精度，所以不能随便多写或少
写。不正确地多写一位数字，则该数据不真实，也不可靠；少写一位数字，则损失了实验精
度，实质上是对测量该数据所用高精度仪表的耗费，也是一种时间浪费。

例如，某选矿厂根据每天处理的矿石的计量结果，得到全年的矿石处理量为 520.3417
万 t。这时，作为报表或研究用数据时，该选矿厂的实际年处理量可能有四个选择：520.3417
万 t、520.342 万 t、520.34 万 t、520.3 万 t。很显然，这些数据都是可靠的。我们到底选择哪
一个数据更合适呢？简单一看，似乎小数点后的位数越多，结果就越精确，越真实，但这种做
法未必就合适。因为，对于一个年设计处理量为 500 万 t 的选矿厂来说，实际总的矿石处理量
增加或减少 0.34 万 t 对选矿厂的效益、成本和工时都没有太多的实质影响，况且，对于这样大
规模的选矿厂，它的计量可能是比较粗糙的，因此，选择 520 万 t 或 520.3 万 t 作为实际统计
结果就足够了，而选择 520.34 万 t、520.342 万 t 或者 520.3417 万 t 则没有必要。在这种情况
下，有效数字的内涵更加体现为有意义的数字。

数据中小数点的位置不影响有效数字的位数。例如，50mm，0.050m，$5.0 \times 10^{-4} \mu m$，这
三个数据的准确度是相同的，它们的有效数字位数都为 2，所以常用科学记数法表示较大或较
小的数据，而不影响有效数字的位数。

　　数字 0 是否是有效数字，取决于它在数据中的位置。一般第一个非 0 数前的数字都不是有效数字，而第一个非 0 数后的数字都是有效数字。例如：0.0105 仅有三位有效数字，其中前两个"0"只起定位作用，因为将该数据放大 100 倍（如将以米为单位的数据变成以厘米为单位的数据），就变成了 1.05。数据 29mm 和 29.00mm 并不等价，前者有效数字是二位，后者是四位有效数字，它们是用不同精度的仪器测得的。所以在实验数据的记录过程中，不能随便省略末尾的 0。需要指出的是，有些为指定的标准值，末尾的 0 可以根据需要增减，例如，相对原子质量的相对标准是"C"，它的相对原子质量为 12，它的有效数字可以视计算需要设定。

　　因此，有效数字的含义应考虑两个方面：一个是反映测量的精确程度，或者说由测量精确程度决定的有效数字的数位；另一个是由实际需要决定的有效数字。也就是说，有效数字反映了工作的精密程度或实际的需要程度。

11.2.2　有效数字的运算

　　有效数字的确定就是确定有效数字的位数。对于仪器测量的数据，只要测到可疑数字位为止，它的有效数字就是确定的。但是，实验研究中，除了直接测量的数据外，还有许多情况需要对数据的有效数字进行确定和运算。

　　（1）加、减运算。在加、减运算中，加、减结果的位数应与其中小数点后位数最少的相同，也可以理解为结果的精度只能取决于精度最差的测量结果，而不是精度最好的测量结果。例如，11.96 + 10.2 + 0.003 的结果是 22.2，而不是 22.163 或 22.16。具体计算方法是先不考虑小数点的位数，直接计算结果，再将结果处理成小数点的位数与原始数据中小数点后位数最少的相同。

　　（2）乘、除运算。在乘、除运算中，乘积和商的有效位数，应以各乘、除数中有效数字位数最少的为准。例如，$12.6 \times 9.81 \times 0.050$ 中 0.050 的有效数字位数最少，所以有 $12.6 \times 9.81 \times 0.050 = 6.2$。

　　（3）乘方、开方运算。乘方、开方后的结果的有效数字位数应与其底数的相同。例如，$\sqrt{2.4} = 1.5, 3.6^2 = 13$。

　　（4）对数运算。对数的有效数字位数与其真数的相同。例如，$\lg 0.00004 = -4.4$；$\ln 6.84 = 1.92$。而 pH、pK_a 等数据的有效数字取决于小数部分的位数，整数部分只是 10 的方次。例如，$pH = 6.12, pK_a = 4.74$ 都只有两位有效数字，其真数值的有效数字位数应与此一致，分别为 $[H^+] = 7.6 \times 10^{-7} mol/L$，$[pK_a] = 1.8 \times 10^{-5}$。由此可见，pH、$pK_a$ 的值写成小数点后一位并不合适。

　　（5）在 4 个以上数的平均值计算中，平均值的有效数字可增加一位，可理解为平均值结果使精度增加。

　　（6）所有取自手册上的数据，其有效数字位数按实际需要选取，但原始数据如有限制，则应服从原始数据。

　　（7）一些常用数据的有效数字的位数可以认为是无限制的，例如，圆周率、重力加速度 g、$\sqrt{2}$、1/3 等，可以根据需要确定有效数字位数。

　　（8）一般在工程计算中，取两至三位有效数字就足够精确了，只有在少数情况下，需要取到四位有效数字。

　　从有效数字的运算可以看出，每一个中间数据对实验结果精度的影响程度是不一样的，其中精度低的数据影响相对较大。所以在实验过程中，应尽可能采用精度一致的仪器或仪表，只采用一两个高精度的仪器或仪表无助于整个实验结果精度的提高。

11.2.3　有效数字的修约规则

数值修约就是去掉数据中多余的位，也叫"化整"或"舍入"。在有效数字的运算过程中，当有效数字的位数确定后，需要舍去多余的数字。其中最常用的修约规则是"四舍五入"，但这种方法的缺点是容易使所得数据结果偏大，而且无法消除，为了提高精度，这种方法常用在精度要求不高的场合。可以采用"四舍六入尾留双"或称为"四舍六入五凑偶"的修约规则。"四舍六入尾留双"规则规定，4 和 4 以下的数字舍去，6 和 6 以上的数字进位；若是 5 这个数字，则要看它前面的一个数，如果是奇数就入，是偶数就舍，这样数据的末位都为偶数。值得注意的是，如果有多位数字要舍去，不能从最后一位数字开始连续进位进行取舍，而是直接用准备舍去数位中的最左边的数字进行修约。如，将 3.13456 修约为保留小数点后三位，则直接从小数点后第四位入手进行"舍入"处理，因小数点后第四位为 5，而它前面的数字 4 是偶数，根据"四舍六入五凑偶"的修约规则，修约结果是 3.134。相反，如果从最后一位开始，则需修约两次，第一次修约为 3.1346，第二次修约为 3.135，最后的修约结果就变成了 3.135，这种做法是错误的。又如，将数据 26.7548 修约为保留小数点后两位，则修约结果是 26.75，而不是 26.76。

11.2.4　实验结果的表示方法

实验数据经误差分析和数据处理之后，就可考虑结果的表述形式。实验结果的表述不是简单地罗列原始测量数据，需要科学地表述，既要清晰，又要简洁。推理要合理，结论要正确。实验结果的表示有列表法、图解法和数学方程（函数）法，分别简要介绍如下。

11.2.4.1　列表法

列表法是实验数据和结果表示的主要方法之一。列表法用表格的形式表达实验结果，表格中的数值是实验中直接测得的，其准确度较高，尽管有时需要绘制曲线，但同时也需要绘出列表数值，如按一定要求将实验数据填入表格来表示粒度特性并绘制粒度特性曲线。列表法通常是整理数据的第一步，是绘制曲线图或建立数学模型的基础。具体做法是：将已知数据、直接测量数据及通过公式计算得出的（间接测量）数据，按主变量 x 与应变量 y 的关系，一个一个地对应列入表中。这种表达方法的优点是：数据一目了然，从表格上可以清楚而迅速地看出二者间的关系，便于阅读、理解和查询；数据集中，便于对不同条件下的实验数据进行比较与校核。

在作表格时，应注意下述几点。

（1）表格的设计形式要规范，排列要科学，重点要突出。每一表格均应有一完全又简明的名称。一般将每个表格分成若干行和若干列，每一变量应占表格中一行或一列。

（2）表格中的单位与符号在表格中，每一行的第一列（或每一列的第一行）是变量的名称及量纲。使用的物理量单位和符号要标准化、通用化。

（3）表格中的数据处理同一项目（每一行或列）所记的数据，应注意其有效数字的位数尽量一致，并将小数点对齐，以便查对数据。如果用指数来表示数据中小数点的位置，为简便起见，可将指数放在行名旁，但此时指数上的正负号应易号。

此外，表格中不应留有空格，失误或漏做的内容要以"/"记号划去。

实验数据表可分为两大类：记录表和结果表示表。记录表是用来记录原始数据、中间和最终结果的表格，应在实验正式开始之前列出，这样可以使实验数据的记录更有计划性，而且也不容易遗漏数据，例如表 11-1 为磁化焙烧实验的数据记录表。实验结果表示表所表达的是变量之间的相关关系，以得到实验结论。结果表示表应该简明扼要，只需包括所研究变量关系的数据，并能从中反映出关于研究结果的完整概念，例如表 11-2 是浮选实验的数据结果表示表。

表 11-1　磁化焙烧实验数据记录表

序　号	温　度	时　间	矿样焙烧前的质量/g	矿样焙烧后的质量/g	还原剂（煤）的用量/g
1					
2					
⋮					

附：矿样的细度 _____　　还原剂（煤）的细度 _____

表 11-2　浮选实验数据结果表示表

序　号	pH 值	精矿质量/g	精矿产率/%	精矿品位/%	精矿回收率/%
1					
2					
⋮					

11.2.4.2　图解法

图解法利用实验测得的原始数据，通过正确的作图方法画出合适的直线或曲线，以图的形式表达实验结果是一种更为形象的表示法。该法的优点是使实验测得的各数据间的相互关系表现得更为直观，能清楚地显示出所研究对象的变化规律，如极大值或极小值、转折点、周期性和变化速度等。从图上也易于找出所需的数据，有时还可用作图外推法或内插法求得实验难于直接获得的物理量。

图解法的缺点是存在作图误差，所得的实验结果不太精确。因此，为了得到理想的实验结果，必须提高作图技术。随着计算机技术的快速发展，目前几乎所有的图形绘制都可以用计算机软件来完成，对于一些常用的图形直接采用 Microsoft Word 文字处理软件从菜单"插入图表"就可以绘出所需要的图形。计算机绘制图形不仅极大地减少了绘图人员的劳动量，而且绘制的图形更加美观，容易修改，目前绘图工具常采用 Excel 或 Origin 等。

（1）图形种类的选择

用图示法表示实验数据和结果，首先必须选择的就是采用什么类型的图形。选择图形类型总的原则是所选择的图形要能够简单清楚地表达绘图者想表达和想研究的信息。具体来说，应考虑下面几个方面。

1）变量和指标的个数。类似函数的自变量和因变量个数决定了图形是二维图还是三维图，以及图形坐标轴的数量。由于大部分图形都要在纸张上打印出来，所以一般多使用二维图。对于两个自变量或两个指标的数量关系，有时需要采用双横坐标或双纵坐标。

2）变量的类别。一般指标是数值化的，可以直接比较大小。而自变量则不完全这样，有些自变量是数值化的，有些自变量是不能数值化的，而是代表了不同类别，因此，图形的坐标轴有分类轴和数值轴之分。因此，应根据变量类别来选择图形种类。如比较几种方案，不同方案可作为分类轴列在条形图上比较，比较用量大小与指标的关系可用 XY 散点图等等。

在实验研究中，XY 散点图和折线图应用很广泛，且容易被混淆，需要特别注意。从形式看，折线图与 XY 散点图十分相似，但两者有本质的区别。XY 散点图的两个坐标轴都是数值轴，各个实验点的横坐标是可以比较大小的，而折线图就不一样，它的横轴是分类轴，不是数值轴，横轴上的各点代表了不同的类别，而不是不同的大小。分类轴的坐标数字应标在刻度线的中间，而数值轴的坐标应标在刻度线的正下方。

在绘制图形时还应注意以下几点：

①在绘制线图时，要求曲线光滑。可以利用曲线板等工具将各离散点连接成光滑曲线，并使曲线尽可能通过较多的实验点，或者使曲线以外的点尽可能位于曲线附近，并使曲线两侧的点数大致相等。

②定量的坐标轴，其分度不一定自零起，可用低于最小实验值的某一整数做起点，高于最大实验值的某一整数做终点。

③定量绘制的坐标图，其坐标轴上必须标明该坐标所代表的变量名称、符号及所用的单位，一般横轴代表变量。

④图必须有图号和图题（图名），以便于引用，必要时还应有图注。

（2）坐标系的选择

相同的实验数据放在不同的坐标系中得到的图形不一样，信息的显现程度也不相同，因此，在作图前，应该对实验数据的变化规律有一个初步的判断，以选择合适的坐标系。可以选用的坐标系有笛卡儿坐标系（又称普通坐标系）、半对数坐标系、双对数坐标系、极坐标系、三角坐标系等。其中最常用的坐标系有笛卡儿坐标系、半对数坐标系和双对数坐标系。

选用坐标系的基本原则如下：

1）根据数据间的函数关系，所选用的坐标系最好使图形近似为一直线。如对线性函数 $y = a + bx$，宜选用普通直角坐标系；对幂函数 $y = ax^b$，因为 $\lg y = \lg a + b \lg x$，宜选用双对数坐标系使图形线性化；对于指数函数 $y = ab^x$，因 $\lg y$ 与 x 呈直线关系，故可采用半对数坐标系。

2）根据数据的变化情况，使图形轮廓和各个数据点都能清楚地显现出来。如实验数据的两个变量的变化幅度都不大，可选用普通直角坐标系；若所研究的两个变量中，有一个变量的最小值与最大值之间数量级相差太大时，可以选用半对数坐标系；如果所研究的两个变量在数值上均变化了几个数量级，可选用双对数坐标系；在自变量由零开始逐渐增大的初始阶段，当自变量的少许变化引起因变量极大变化时，此时采用半对数坐标系或双对数坐标系，可使图形轮廓清楚。

（3）坐标比例尺的确定

坐标比例尺是指每条坐标轴所能代表的物理量的大小，即指坐标轴的分度。在相同的坐标系中，不同的坐标比例尺容易给出不同的图形信息。坐标分度的确定可以采取如下方法：

1）当变量 x 和 y 的误差 Δx、Δy 已知时，比例尺的取法应使实验"点"的边长为 $2\Delta x$、$2\Delta y$，而且使 $2\Delta x = 2y = 1 \sim 2 \text{mm}$。其道理是，在坐标系中以实验点 (x, y) 为中心作一正方形，正方形内各点的横坐标均在 $(x - \Delta x, x + \Delta x)$ 内，纵坐标均在 $(y - \Delta y, y + \Delta y)$ 内，因为变量的误差为 Δx，Δy，所以，可以认为这个正方形内的任一点都可以代表实验点。若 $2\Delta y = 2\text{mm}$，则 y 轴的比例尺 M_y 应为：

$$M_y = \frac{2\text{mm}}{2\Delta y} = \frac{1}{\Delta y}$$

例如，已知质量的测量误差 $\Delta m = 0.1\text{g}$，若在坐标轴上取 $2\Delta m = 2\text{mm}$，则

$$M_m = \frac{2\text{mm}}{0.2\text{g}} = \frac{1\text{mm}}{0.1\text{g}} = 10$$

即坐标轴 10mm 代表 1g。

2）如果变量 x 和 y 的误差 Δx 和 Δy 未知，坐标轴的分度应与实验数据的有效数字位数相匹配，即坐标读数的有效数字位数与实验数据的位数相同。

3）推荐坐标轴的比例常数 $M = (1,2,5) \times 10^{\pm n}$（$n$ 为正整数），而 3，6，7，8 等的比例常数绝不可用。

4）纵横坐标之间的比例不一定取的一致，应根据具体情况选择，使曲线的坡度介于30°～60°之间，这样的曲线，坐标读数准确度较高。

11.2.4.3　数学方程函数表示法

用一定的数学方法将实验数据进行处理，可得出实验参数的函数关系式，这种关系式也称经验公式，对变化规律很有意义，所以被普遍应用。

当通过实验得出一组数据之后，可用该组数据在坐标纸上粗略地描述一下，看其变化趋势是接近直线或是曲线。如果接近直线，则可认为其函数关系是线性的，就可用线性函数关系公式进行拟合，用最小二乘法求出线性函数关系的系数。手工拟合十分麻烦，若将拟合方法编成计算程序，将实验数据输入计算机，就可迅速得到实验结果。

对于非线性关系的数据，可将粗描的曲线与标准图形对照，再确定用何种曲线的关系式进行拟合。当然，曲线拟合要复杂得多。为了简化，在可能的条件下，可通过数学处理将数据转化为线性关系。例如，在处理测量玻璃软化点温度的数据时，将实验数据在直角坐标纸上描绘时是明显的非线性关系，但在半对数坐标纸上描绘时则成为线性关系，可以用最小二乘法方便地进行处理，用计算机进行快速计算。

用函数形式表达实验结果，不仅给微分、积分、外推或内插等运算带来极大的方便，而且便于进行科学讨论和科技交流。随着计算机的普及，用函数形式来表达实验结果将会得到更普遍的应用。

11.2.4.4　三种表示法表示碎散物料粒度特性

（1）列表表示法

根据测定结果，分别计算筛分或分析的级别总出量，总出量用大于某一筛孔各级别出量之和（正累积重量百分比）或小于某一筛孔的各级别出量之和（负累积重量百分比）表示，将计算后结果填入规定的表格。表 11-3 为常用的粒度分析记录表格形式之一。

表 11-3　粒度分布测定结果及计算

序　号	粒级 M_m Δx_i	平均粒径 M_m $\overline{\Delta x_i}$	产率（频率） Δy_i	负累积（由细至粗） $\sum_{i=1}^{n} \Delta y_i$	正累积（由粗到细） $\sum_{i=n}^{1} \Delta y_i$
1	– 0.1	0.05	0.318	0.316	1.000
2	0.1～0.2	0.15	0.131	0.447	0.684
3	0.2～0.3	0.25	0.101	0.548	0.553
4	0.3～0.4	0.35	0.084	0.632	0.452
5	0.4～0.5	0.45	0.075	0.707	0.368
6	0.5～0.6	0.55	0.067	0.774	0.293
7	0.6～0.7	0.65	0.063	0.837	0.226
8	0.7～0.8	0.75	0.057	0.894	0.163
9	0.8～0.9	0.85	0.054	0.948	0.106
10	0.9～1.0	0.95	0.052	1.000	0.052

（2）图示法

用图示法表示碎散物料粒度测定数据更易于了解颗粒分布情况及其规律，是更为形象的表示法。通常把粒度特性曲线绘制在直角坐标系统上，横坐标表示物料颗粒的大小（x 或 d），纵坐标表示粒级出量或颗粒个数。

1）矩形图示法

矩形图是最简单的粒度特性图形表示法。如表11-3中将物料分为10个粒度级别。然后绘制矩形图。方法是对每一个分级间隔作一矩形方块,其高度与各间隔中的产率(Δy_i)成正比(图11-4a)。

2）曲线图示法

把矩形图顶边中点联结起来可得一条曲线，称为部分粒度特性曲线（图11-4b），当然，也可以把该粒级的纵坐标点定在最大粒度和最小粒度上。

如根据各粒级累积出量绘制的粒度特性曲线，称为累积粒度特性曲线（图11-4c）。

图11-4b 又称为密变函数曲线，图11-4c 又称为分布函数曲线。

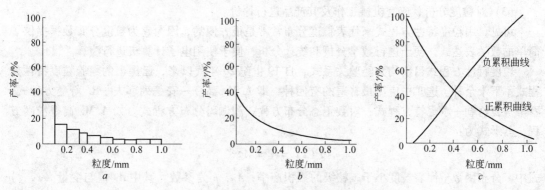

图 11-4　粒度特性曲线

a—矩形图；b—部分粒度特性曲线；c—累积粒度特性曲线

累积粒度特性曲线的纵坐标表示大于某一直径的物料出量，称为正累积曲线，反之称为负累积曲线。在粒度范围很广的累积粒度特性曲线中，细粒级的纵坐标很短，曲线难于绘制和使用。因此，必须把曲线绘制在很大的图纸上。为了解决这个问题，累积曲线可以在半对数坐标或双对数坐标系统上绘制。图11-5为半对数坐标系统，图11-6为双对数坐标系统。

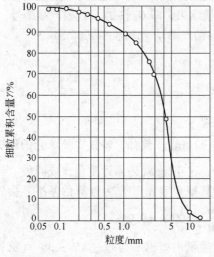

图 11-5　半对数坐标系

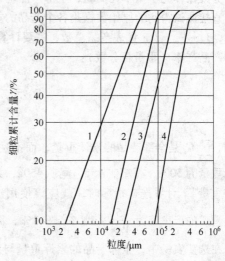

图 11-6　双对数坐标系

排料口宽度：1—5cm；2—9cm；3—15cm；4—30cm

（3）数学方程函数法

数学方程函数法，除了根据重量产率（出量）来决定粒子的精度和数量外，还提出了碎磨物料特性的这样或那样的指标。如根据表面积决定粒子的直径，根据体积，沉降速度及其他方法来决定粒子的直径。

从实践得知，碎磨物料的各种各样粒度特性，它们在一般情况下具有某种稳定性，根据这些可以推测出粒子按粒度尺寸分布的规律。

粒度分布的解析法意义在于：

（1）证明了在整个粒度范围内粒度组成的外推法，它可简便、迅速地对粒度分析进行计算。

（2）用于计算粒子的表面积、颗粒数、体积和其他指标。

（3）对粒度分析、碎磨机械工作及其产品进行评价。

可见，用粒度特性方程式来代表粒度分布常常是很方便的，因为它为粒度分布数据提供了简单的数学表达式，便于进行数学分析和统计分析；便于使用电子计算机进行演算。

粒度特性方程式目前均为经验关系式，自 19 世纪 20 年代以来，已提出的经验粒度特性方程式不下十余种。选矿中应用最普遍的有四种，即 A. M. 高登—安德列耶夫—R. 舒曼方程式；罗辛—拉姆勒—本尼特方程式；对数正态分布方程式和伽玛分布方程式。如 A. M. 高登粒度方程，其形式为：

$$F(x) = y = A_G x^k$$

式中，分布函数 y 代表粒度小于 x 粒级的累积产率；A_G，k 为参数。其中 A_G 值与变量（x，y）的选用单位有关，k 与物料性质有关。

11.3　实验结果的计算和评价

11.3.1　实验结果的计算

分批操作的小型单元实验，全部产品均可计重，其主要选别指标一般按下列方法计算。

直接测试得到的原始数据是各个产品的重量和化验结果，即 G_i 和 β_i，i 代表产品编号，$i = 1, 2, 3, \cdots, n$，n 代表产品总数，需要计算的是产品的产率 γ_i 和回收率 ε_i。

产品产率（重量百分数）：

$$\gamma_i = \frac{G_i}{\sum\limits_{i=1}^{n} G_i} \times 100\% \tag{11-1}$$

式中，$\sum\limits_{i=1}^{n} G_i$ 是全部产品的累计重量，而不是给矿的原始重量。例如，若该实验单元的给矿的原始重量为 500g，得精矿 45g，尾矿 450g，共重 495g，这 495g 就是累计重量，或叫做"计算原矿重量"。计算选矿指标时，就应该使用这个"计算原矿重量"作为计算的基准。换句话说，精矿的产率应为 $\frac{45}{495} \times 100\% = 9.1\%$，而不是 $\frac{45}{500} \times 100\% = 9.0\%$。

在选矿实验中，全部产品的累计重量与给矿原始重量的差值不得超过 1% ~ 3%（流程短时取低限，流程长时取高限），超过时表明实验操作不仔细，实验指标将不可靠，因而应返工重做。超差的具体原因可以是：操作损失、称量误差、试样没烘干，甚至是由于过多地加入了某些药剂等。

金属回收率（金属分布率）：

$$\varepsilon_i = \frac{G_i \beta_i}{\sum\limits_{i=1}^{n} G_i \beta_i} \times 100\% = \frac{\gamma_i \beta_i}{\sum\limits_{i=1}^{n} \gamma_i \beta_i} \times 100\% \tag{11-2}$$

$\dfrac{\sum\limits_{i=1}^{n} \gamma_i \beta_i}{100}$ 可叫做"计算原矿品位"。计算原矿品位与实验给矿化验品位亦不应相差太大。有人提出，其差值应不超过化验允许误差，这并不确切。因为计算原矿品位是根据各个产品的产率和品位累计出来的，其误差也应是各个产品的重量误差和化验误差的综合反映（操作上产品截取量的波动并不会影响计算原矿品位的数值）。按误差传递理论，多项相加时，和的相对误差不会大于各单项的相对误差中的最大者；乘、除运算时，积或商的相对误差是各个单项的相对误差之和。因而计算原矿品位的相对误差，应大致地等于重量误差与化验误差的和。例如，若允许重量误差为 ±2%，化验误差为 ±3%，计算原矿品位的误差就可能达到 ±5%，而不能保证也小于 ±3%。当然，这里讲的只是一个限度，若重量误差和化验误差均未达到上限数值，计算原矿品位的误差也可达到不超过允许化验误差，但不能作为标准来要求。只有当化验误差显著地大于重量误差时，才能近似地按化验允许误差确定计算原矿品位的允许误差。

11.3.2 实验结果的评价

选矿工艺上，实验结果的评价通常用判断选别过程（以及筛分、分级等其他分离过程）效率来评价，这些指标有回收率、品位、产率、金属量、富矿比和选矿比等。这些指标都不能同时从数量和质量两个方面反映选矿过程的效率。例如，回收率和金属量是数量指标，品位和富矿比是质量指标，产率和选矿比若不同其他指标联用则根本不能说明问题。因而在实际工作中通常是成对地联用其中两个指标，即一个数量指标和一个质量指标。

为了比较不同的选矿方案（方法、流程、条件），只要原矿品位相近，一般都是用品位和回收率这一对指标作判据；若原矿品位相差很远，就要考虑用富矿比代替精矿品位作质量指标；选煤工业上还常用产率做数量指标，其前提是各种原煤"含煤量"均相差不大，对精煤质量要求也大体相同，因而产率高就意味着损失少。至于其他判据，如金属量主要用于现场生产核算，选矿实验时有时用来代替回收率作为数量指标；选矿比则是辅助指标，选矿实验中不常使用。

用一对指标作判据，常会出现不易分辨的情况。例如，两个实验，一个品位较高而回收率较低，另一个品位较低而回收率较高，就不易判断究竟是哪一个实验的结果较好。因而长期以来，有不少人致力于寻找一个综合指标来代替用一对指标作判据的方法，为此提出了效率公式。可惜在选矿工艺上碰到的各种具体情况，对分离效率的数量方面和质量方面的要求的侧重程度往往不同，实际上无法找到一个公式能"灵活地"反映这种不同要求。因而尽管不少作者在推荐自己提出的公式时，可以利用一些看来似乎有利的数据证明该公式的合理性和通用性，其他作者却可提出另一些数据证明该公式的缺陷，说明实际上无法找到一个通用的综合指标，来完全代替现有的用一对指标作判据的方法，而只能是在不同情况下选择不同的判据，并在利用综合指标作为主要判据的时候，同时利用各个单独的质量指标和数量指标作辅助判据。

我们用分离效率这个名词，是为了把筛分效率、分级效率、选矿效率等分离过程的效率，统一在一起进行讨论。

筛分和分级，是按矿粒粒度分离的过程；选矿则是按矿物分离的过程。分离效率，应反映分离的完全程度。

最常用的指标，回收率和品位（对筛分和分级过程，则为某指定粒级的含量，下同）。这一对指标的优点是，物理意义最清晰，直接回答了生产上最关心的两个问题，即资源的利用程度和产品质量。缺点是不易进行综合比较，特别是不适于用来比较不同性质原矿的选矿效率，这不仅是由于不论回收率或品位都不能同时反映效率的数量方面和质量方面，因而不易作出综合判断，而且是因为即使是仅从数量效率或质量效率一个方面来说，回收率和品位也并不总是一个很理想的相对判据。例如，两个厂矿，若一个原矿品位很高，而另一个原矿品位很低，即使它们的金属回收率和精矿品位指标完全相同，也不能认为这两个厂矿的选矿效率是相等的，因而回收率和品位这两个指标即使作为单纯的数量指标和质量指标，也必须要给以某种修正，才能作为比较通用的相对判据。

11.3.2.1　质效率

最基本的质效率指标是 β。对筛分、分级过程而言，β 一般是指细产品中小于分离粒度的细粒级的含量。显然，对于筛分过程，若筛网完好无缺，筛下产品中原则上不应含有粗粒级，因而一般可认为 β 总能等于 100%。换句话说，对于筛分过程，质效率一般是不必考虑的。而对于分级过程，溢流中不可能不混入粗粒，β 也就不会等于 100%，因而在评价分级过程的效率时，不仅要从数量上考虑，而且必须同时从质量上考虑。在实践中筛分和分级同属分粒过程，所用的效率公式却不同，其原因就在这里。

对选矿过程，习惯上 β 是指精矿中有用元素（如铜、铅、铁、锡等）或化合物（如 CaF_2 等）的含量。但按选矿本身的定义（按矿物分离），应该是指精矿中有用矿物的含量。若从习惯，仍用 β 表示精矿中有用元素或化合物的含量，则应根据对效率指标的第一条基本要求进行一些修正。例如，一个黄铜矿石，理论上可达到的最高精矿品位是纯黄铜矿含铜量，即 $\beta_{max} = 34.5\% \, Cu$，若实际精矿品位达到 $25\% \, Cu$，已比较满意，而辉铜矿矿石，理论最高品位应是辉铜矿纯矿物的含铜量，即 $\beta_{max} = 79.8\% \, Cu$，若实际精矿也只有 $25\% \, Cu$，选矿效率就太低了，表明在此情况下用 β 作为度量分离过程质效率的判据是不理想的，因而有人建议用实际精矿品位同理论最高品位的比值 $\dfrac{\beta}{\beta_{max}} \times 100\%$ 作为质效率指标。显然，这个比值就是精矿中有用矿物的含量。

再考虑对效率指标的第二项基本要求。若原矿品位为 α，则即使是一个简单的分样过程，毫无分选作用，精矿品位 β 也不会等于 0，而是等于 α，但这显然不能看作是选矿的效率，因而有人建议以 $\beta - \alpha$ 代替 β 度量分离过程的质效率。这时，对于分样过程，$\beta = \alpha$，$\beta - \alpha = 0$。也就是说，若以 $\beta - \alpha$ 作质效率指标，就能达到使分样过程的效率指标值为 0，从而满足前述第二项基本要求。

若兼顾第一和第二项基本要求，则质效率公式应写成：

$$\frac{\beta - \alpha}{\beta_{max} - \alpha} \times 100\%$$

11.3.2.2　量效率

最常用的量效率指标就是回收率，其计算公式如下：

$$\varepsilon = \frac{\beta(\alpha - \theta)}{\alpha(\beta - \theta)} \times 100\% \tag{11-3}$$

式中，α、β、θ，对选矿过程，分别代表原矿、精矿、尾矿的品位。

11.3.2.3 综合效率

几十年来，不断地有人提出不同的分离效率公式，也不断地有人对已提出的众多公式进行分类和评述，对此大家可自行参看有关的专门著作，此处仅介绍几个最常用的公式，即以汉考克公式为代表的第一类综合效率公式，及以弗来敏或斯梯芬斯公式和道格拉斯公式为代表的第二类综合效率公式。

A 第一类综合效率公式

推导此类综合效率公式的基本指导思想为，若能综合考虑不同成分在不同产品中的分布率，例如，不仅考虑有用成分在精矿中的回收率，而且考虑无用成分在精矿中的混杂率，设法从"有效回收率"中扣除"无效回收率"的影响，即可使所得综合算式既反映过程的量效率，又反映过程的质效率。

$$E = \varepsilon - \gamma \tag{11-4}$$

这是我国锡矿工业中曾经采用过的一个选矿效率公式。其基本思想是，在用回收率指标评价选矿效率时，应从中扣除分样过程带来的那部分回收率，因为即使是毫无分选作用的缩分过程，其回收率也不会等于 0，而是等于 γ，显然不能将这部分回收率看作选矿的效果。

汉考克—卢伊肯公式用 $\varepsilon - \gamma$ 代替 ε，仅仅是满足了对分离效率指标的第二项基本要求，若再考虑第一项要求，则应改写成下列形式：

$$E_{汉} = \frac{\varepsilon - \gamma}{\varepsilon_{max} - \gamma_{opt}} \times 100\% \tag{11-5}$$

式中　ε_{max}——理论最高回收率，$\varepsilon_{max} = 100\%$；

　　　γ_{opt}——理论最佳精矿产率。

因而 $E_{汉}$ 看作是实际分离效果与理论最好分离效果的比值，是一个可用于比较不同性质原矿分离效果的相对指标。

B 第二类综合效率公式

第二类综合效率计算公式，是将质效率同量效率的乘积作为综合效率，常见的有：

弗来敏—斯梯芬斯公式

$$E = \varepsilon \cdot \frac{\beta - \alpha}{\beta_{max} - \alpha} \times 100\% \tag{11-6}$$

或写成：

$$E = \frac{100\beta(\alpha - \theta)(\beta - \alpha)}{\alpha(\beta - \theta)(\beta_{max} - \alpha)} \times 100\% \tag{11-7}$$

道格拉斯公式

$$E = \frac{\varepsilon - \gamma}{100 - \gamma} \cdot \frac{\beta - \alpha}{\beta_{max} - \alpha} \times 100\% \tag{11-8}$$

或写成：

$$E = \frac{(\alpha - \theta)(\beta - \alpha)}{\alpha(\beta - \theta)\left(1 - \dfrac{\alpha}{\beta_{max}}\right)} \cdot \frac{\beta - \alpha}{\beta_{max} - \alpha} \times 100\% \tag{11-9}$$

对于单一有用矿物的矿石，$\beta_{max} = \beta_m$，此处 β_{max} 为理论最高精矿品位，β_m 为纯矿物品位。

11.3.2.4 选择性指数

分离 1、2 两种成分时，希望精矿中成分 1 的回收率尽可能高，成分 2 的回收率尽可能低，故可用相对回收率 $\varepsilon_{精相} = \dfrac{\varepsilon_{1精}}{\varepsilon_{2精}}$ 作判据。同样，对尾矿亦可得出类似之指标 $\varepsilon_{尾相} = \dfrac{\varepsilon_{2尾}}{\varepsilon_{1尾}}$。

高登（A. M. Gaudin）就用这个相对回收率的几何平均值作为分离判据，并习惯上称为选择性指数，通常用字母 S 代表：

$$S = \sqrt{\varepsilon_{精相}\varepsilon_{尾相}} = \sqrt{\frac{\varepsilon_{1精}\varepsilon_{2尾}}{\varepsilon_{2精}\varepsilon_{1尾}}} \tag{11-10}$$

此式在两种金属分离（铜铅分离、铅锌分离、钨锡分离）时应用颇广。由此还派生了一系列其他效率公式，但思路是类似的，就是用多个组分或产品的指标（回收率、浮选速率、浮选概率等）的几何平均值作综合效率判据。

11.4　实验数据的误差分析

实验的成果最初往往是以数据的形式表达的，如果要得到更深入的结果，就必须对实验数据做进一步的整理工作。为了保证最终结果的准确性，应该首先对原始数据的可靠性进行客观的评定，也就是需对实验数据进行误差分析。

在实验过程中由于实验仪器精度的限制，实验方法的不完善，科研人员认识能力的不足和科学水平的限制等方面的原因，在实验中获得的实验值与它的客观真实值并不一致，这种矛盾在数值上表现为误差。可见，误差是与准确相反的一个概念，可以用误差来说明实验数据的准确程度。实验结果都具有误差，误差自始至终存在于一切科学实验过程中。随着科学水平的提高和人们经验、技巧、专门知识的丰富，误差可以被控制得越来越小，但是不能完全消除。

11.4.1　真值与平均值

11.4.1.1　真值

真值是指在某一时刻和某一状态下，某量的客观值或实际值。真值一般是未知的，但从相对的意义上来说，真值又是已知的。根据真值是否已知，可将真值分为两种，即理论真值和约定真值。其中，理论真值是通过理论可以证明是确定和已知的真值；约定真值是无法通过理论证明直接得到，但通过人们公认的约定方法所获得的真值最佳估计值。例如，平面三角形三个内角之和恒为 180°；高精度仪器所测之值和多次实验值的平均值等。

11.4.1.2　平均值

在科学实验中，虽然实验误差在所难免，但平均值可综合反映实验值在一定条件下的一般水平，所以在科学实验中，经常将多次实验值的平均值作为真值的近似值。平均值的种类很多，在处理实验结果时常用的平均值见表 11-4。

表 11-4 平均值的主要计算方法及作为约定真值的适用条件

平均值类别	计算公式	使用平均值的条件
算术平均值	$\bar{x} = \dfrac{1}{n}(x_1 + x_2 + x_3 + \cdots + x_n) = \dfrac{1}{n}\sum\limits_{i=1}^{1} x_i$	重复实验中各实验值服从正态分布，则算术平均值是这组等精度实验值中的最佳值或最可信赖值
加权平均值	$\bar{x_w} = \dfrac{w_1 x_1 + w_2 x_2 + w_3 x_3 + \cdots + w_n x_n}{w_1 + w_2 + w_3 + \cdots + w_n} = \dfrac{\sum\limits_{i=1}^{1} w_i x_i}{\sum\limits_{i=1}^{1} w_i}$	如果某组实验值是用不同的方法获得的，或由不同的实验人员得到的，则这组数据中不同值的精度或可靠性不一致，为了突出可靠性高的数值，则可采用加权平均值
对数平均值	$\bar{x_L} = \dfrac{x_1 - x_2}{\ln x_1 - \ln x_2} = \dfrac{x_1 - x_2}{\ln \dfrac{x_1}{x_2}}$	如果实验数据的分布曲线具有对数特性，则宜使用对数平均值
几何平均值	$\bar{x_G} = \sqrt[n]{x_1 x_2 x_3 \cdots x_n} = (x_1, x_2, x_3, \cdots, x_n)^{\frac{1}{n}}$	当一组实验值取对数后所得数据的分布曲线更加对称时，宜采用几何平均值。即各实验值取对数后服从正态分布
调和平均值	$H = \dfrac{n}{\dfrac{1}{x_1} + \dfrac{1}{x_2} + \dfrac{1}{x_3} + \cdots + \dfrac{1}{x_n}} = \dfrac{n}{\sum\limits_{i=1}^{n} \dfrac{1}{x_i}}$	调和平均值是实验值倒数的算术平均值的倒数，它常用在涉及到一些与量的倒数有关的场合

注意：（1）式中，x_i 表示单个实验值。

（2）式中，$w_1, w_2, w_3, \cdots, w_n$ 代表单个实验值对应的权。如果某值精度较高，则可给以较大的权数，加重它在平均值中的分量。例如，如果我们认为某一个数比另一个数可靠两倍，则两者的权的比是 2：1 或 1：0.5。显然，加权平均值的可靠性在很大程度上取决于科研人员的经验。

实验值的权是相对值，因此可以是整数，也可以是分数或小数。权不是任意给定的，除了依据实验者的经验之外，还可以按如下方法给予：

1）当实验次数很多时，可以将权理解为实验值 x_i 在很大的测量总数中出现的频率。

2）如果实验值是在同样的实验条件下获得的，但来源于不同的组，这时加权平均值计算式中的 x_i 代表各组的平均值，而称为 w_i 代表每组实验次数，如例 11-1。若认为各组实验值的可靠程度与其出现的次数成正比，则加权平均值即为总算术平均值。

3）根据权与绝对误差的平方成反比来确定权数，如例 11-2。

例 11-1 在实验室称量某样品时，不同的人得 4 组称量结果见表 11-5，如果认为各测量结果的可靠程度仅与测量次数成正比，试求其加权平均值。

表 11-5 例 11-1 数据表

组	测 量 值	平均值
1	100.357，100.343，100.351	100.350
2	100.360，100.348	100.354
3	100.350，100.344，100.336，100.340，100.345	100.343
4	100.339，100.350，100.340	100.343

解： 由于各测量结果的可靠程度仅与测量次数成正比，所以每组实验平均值的权值即为对应的实验次数，即 $w_1 = 3$，$w_2 = 2$，$w_3 = 5$，$w_4 = 3$，所以加权平均值为：

$$\bar{x}_w = \frac{w_1 x_1 + w_2 x_2 + w_3 x_3 + \cdots + w_n x_n}{w_1 + w_2 + w_3 + \cdots + w_n} = 100.346$$

例 11-2　在测定溶液 pH 值时，得到两组实验数据，其平均值为：$\overline{x_1} = 8.5 \pm 0.1$；$\overline{x_2} = 8.53 \pm 0.02$，试求它们的加权平均值。

解：

$$w_1 : w_2 = \frac{1}{0.1^2} : \frac{1}{0.02^2} = 100 : 2500 = 1 : 25$$

$$\overline{\text{pH}} = \frac{8.5 \times 1 + 8.53 \times 25}{1 + 25} = 8.53$$

（3）注意，两数的对数平均值总小于或等于它们的算术平均值。如果 $\frac{1}{2} \leqslant x_1 \leqslant 2$ 时，可用算术平均值代替对数平均值，而且误差不大（$\leqslant 4.4\%$）。

（4）一组实验值的几何平均值常小于它们的算术平均值。

（5）调和平均值一般小于对应的几何平均值和算术平均值。

综上，不同的平均值都有各自适用场合，选择哪种求平均值的方法取决于实验数据本身的特点，如分布类型、可靠性程度等。

11.4.2 误差的基本概念和表示方法

误差是实验值与真值不一致的数值表现。对单次实验而言，误差大小可分别用绝对误差和相对误差表示；对多次重复实验，一般采用算术平均误差和标准误差来反映一组数据的误差大小。

11.4.2.1 绝对误差

实验值与真值之差称为绝对误差，即：

绝对误差 = 实验值 − 真值

绝对误差反映了实验值偏离真值的大小，这个偏差可正可负。通常所说的误差一般是指绝对误差。由于真值一般是未知的，所以绝对误差也就无法准确计算出来。虽然绝对误差的准确值通常不能求出，但是可以根据具体情况，估计出它的大小范围。

如果用 x、x_t、δ 分别表示实验值、真值和绝对误差，则有

$$\delta = x - x_t \tag{11-11}$$

根据实验值和绝对误差可估计真值范围为

$$x - |\delta| \leqslant x_t \leqslant x + |\delta| \tag{11-12}$$

一般情况下，真值是未知的，因此，无法计算绝对误差。但是，实验研究过程中可以通过某些方法控制绝对误差的大小，即让绝对误差控制在某一范围内，这时，可引入最大绝对误差 $|\delta|_{\max}$，则有

$$|\delta| = |x - x_t| \leqslant |\delta|_{\max} \tag{11-13}$$

所以

$$x - |\delta| \leqslant x_t \leqslant x + |\delta|_{\max} \tag{11-14}$$

在测量中，如果对某物理量只进行一次测量，常常可依据测量仪器上注明的精度等级或仪器最小刻度作为单次测量误差的计算依据。一般可取最小刻度值作为最大绝对误差，而取其最小刻度值的一半作为绝对误差的计算值。

例如某天平的最小刻度为 0.1mg，则表明该天平有把握的最小称量质量是 0.1mg，所以它的最大绝对误差为 0.1mg。可见，对于同一真值的多个测量值，可以通过比较绝对误差限的大小，来判断它们精度的大小。

11.4.2.2 相对误差

相对误差是指绝对误差与真值的比值。如果用 E_r 表示相对误差，则有

$$E_r = \frac{\delta}{x_t} = \frac{x - x_t}{x_t} \tag{11-15}$$

所以

$$\delta = E_r x_t \tag{11-16}$$

$$x_t = x \pm |\delta| = x\left(1 \pm \left|\frac{\delta}{x}\right|\right) \approx x\left(1 \pm \left|\frac{\delta}{x_t}\right|\right) = x(1 \pm |E_r|) \tag{11-17}$$

即

$$x_t \approx x(1 \pm |E_r|) \tag{11-18}$$

同计算绝对误差一样，也可采用最大相对误差来估计相对误差的范围，即

$$E_r = \left|\frac{\delta}{x_t}\right| \leqslant |E_r|_{max} \tag{11-19}$$

这里 $|E_r|_{max}$ 称为实验值 x 的最大相对误差或称为相对误差限和相对误差上界。在实际计算中，由于真值为未知数，所以常将绝对误差与实验值或平均值之比作为相对误差，即

$$E_r = \frac{\delta}{x} \tag{11-20}$$

或

$$E_r = \frac{\delta}{\bar{x}} \tag{11-21}$$

相对误差常常表示为百分数（%）或千分数（‰）。

需要指出的是，在科学实验中，由于绝对误差和相对误差一般都无法知道，所以通常将最大绝对误差和最大相对误差分别看作是绝对误差和相对误差，在表示符号上也可以不加区分。

例11-3 已知某样品质量的称量结果为：(58.7 ± 0.2) g，试求其相对误差。

解：依题意，称量的绝对误差为 0.2g，所以相对误差为

$$E_r = \left|\frac{\delta}{x_t}\right| = \frac{0.2}{58.7} = 0.3\%$$

11.4.2.3 算术平均误差

算术平均误差定义式为

$$\bar{\delta} = \frac{\sum_{i=1}^{n} |x_i - \bar{x}|}{n} \tag{11-22}$$

显然，算术平均误差可以反映一组实验数据的误差大小，但是无法表达出各实验值间的彼此符合程度。

11.4.2.4 标准误差

标准误差也称均方根误差、标准偏差，简称标准偏差。当实验次数 n 无穷大时，称为总体标准差，其定义为

$$\sigma = \sqrt{\frac{\sum\limits_{i=1}^{n}(x_i - \bar{x})^2}{n}} = \sqrt{\frac{\sum\limits_{i=1}^{n}x_i^2 - (\sum\limits_{i=1}^{n}x_i)^2/n}{n}} \tag{11-23}$$

对于有限次实验，使用样本（sample）标准差，其定义式为

$$S = \hat{\sigma} = \sqrt{\frac{\sum\limits_{i=1}^{n}(x_i - \bar{x})^2}{n-1}} = \sqrt{\frac{\sum\limits_{i=1}^{n}x_i^2 - (\sum\limits_{i=1}^{n}x_i)^2/n}{n-1}} \tag{11-24}$$

根据国家标准，总体标准差和样本标准差要求用不同的符号表示，分别为 σ 和 S，本书为了方便起见，当两者不同时出现时，也用 σ 表示样本标准差。可见，标准差是由全部实验值计算出来的，而且个别较大或较小的实验值都可能导致标准差显著增大或减小，因此，标准差能明显地反映出较大的个别误差。它常用来表示实验值的精密度，标准差越小，则实验数据精密度越好。在计算实验数据一些常用的统计量时，如算术平均值 $\bar{x}$、样本标准差 S、总体标准差 σ 等，如果按它们的基本定义式计算，计算量很大，尤其是对于实验次数很多时，这时可以使用计算器上的统计功能（可以参考计算器的说明书），或者借助一些计算机软件，如 Excel 等。

11.4.3 实验数据误差的来源及消除

误差根据其性质或产生的原因，可分为随机误差、系统误差和过失误差。

11.4.3.1 随机误差

随机误差是指在一定实验条件下，以不可预知的规律变化着的误差，多次实验值的绝对误差时正时负，绝对误差的绝对值时大时小。随机误差的出现一般具有统计规律，大多服从正态分布，即绝对值小的误差比绝对值大的误差出现机会多，而且绝对值相等的正、负误差出现的次数近似相等，因此当实验次数足够多时，由于正负误差的相互抵消，误差的平均值趋向于零。所以多次实验值的平均值的随机误差比单个实验值的随机误差小，可以通过增加实验次数减小随机误差。

随机误差是由于实验过程中一系列偶然因素造成的，例如气温的微小变动、仪器的轻微振动、电压的微小波动等。这些偶然因素是实验者无法严格控制的，所以随机误差一般不可完全避免。

11.4.3.2 系统误差

系统误差是指在一定实验条件下，由某个或某些因素按照某一确定的规律起作用而形成的误差。系统误差的大小及其符号在同一实验中是恒定的，或在实验条件改变时按照某一确定的规律变化。当实验条件一旦确定，系统误差就是一个客观上的恒定值，它不能通过多次实验被

发现，也不能通过取多次实验值的平均值而减小。

产生系统误差的原因是多方面的，可来自仪器（如砝码不准或刻度不均匀等），可来自操作不当，可来自个人的主观因素（如观察滴定终点或读取刻度的习惯），也可来自实验方法本身的不完善等。因此要发现系统误差是哪种误差引起的不太容易，而要完全消除系统误差则是更加困难的。

A　系统误差的检出

在一般情况下，用实验对比法可以发现测量仪器的系统误差的大小并加以校正。实验对比法是用几台仪器对同一试样的同一物理量进行测量，比较其测量结果；或用标准样品、被校准的样品进行测量，检查仪器的工作状况是否正常，然后对被测样品的测量值加以修正。

根据误差理论，误差 $x - x_0$ 是测不到的，能测得的只是剩余误差。剩余误差 v_i 定义为：

$$v_i = x_i - \bar{x} \tag{11-25}$$

式中　$\bar{x}$——一组测量数据（数列）的算术平均值；

　　　　x_i——任一测量值。

用剩余误差观察法可以检出变质系统误差。如果剩余误差大体是正负相间，而且无明显变化规律时，则不考虑有系统误差。如果剩余误差有规律地变化时，则可认为有变质系统误差。

用标准误差也可以判断是否存在系统误差。不存在明显系统误差的判据定义为：

$$\overline{M_i} - \overline{M_j} \leqslant 2\sqrt{\frac{\sigma_i^2}{n_i} - \frac{\sigma_j^2}{n_j}}$$

式中　$\overline{M}$——被测物理量的算术平均值；

　　　　n——测量次数；

　　　　σ——测量标准差；

　　　i, j——分别为第 i 组和第 j 组测量。

当式中的不等号方向变为相反方向时，表示第 i 和第 j 次的测量结果之间存在系统误差。

B　系统误差的消除或减少

要完全消除系统误差比较困难，但降低系统误差则是可能的。降低系统误差的首选方法是用标准件校准仪器，做出校正曲线。最好是请计量部门或仪器制造厂家校准仪器。其次是实验时正确地使用仪器，如调准仪器的零点、选择适当的量程、正确地进行操作等。

11.4.3.3　过失误差

过失误差是一种显然与事实不符的误差，没有一定的规律，它主要是由于实验人员粗心大意造成的，如读数错误、记录错误或操作失误等。所以只要实验者加强工作责任心，过失误差是可以完全避免的。

过失误差是实验人员疏忽大意所造成的误差，这种误差无规律可循。在实验中是否出现过失误差，可用以下准则进行检测。

A　拉依达准则

在一般实验中，实验次数很少超过几十次，因此可以认为绝对值大于 3σ 的误差是不可能出现的，通常把这个误差称为单次实验的极限误差 δ_{limx}，即

$$\delta_{limx} = \pm 3\sigma \tag{11-26}$$

随机误差落在 $-3\sigma \sim +3\sigma$ 对应的概率 $P = 99.73\%$。所以，拉依达准则规定：如果某个观测值的剩余误差 $v_i = x_i - \bar{x}$ 超过 $\pm 3\hat{\sigma}$，就有过失误差存在。因此，这个准则又称为 $\pm 3\hat{\sigma}$ 法则，有时也称极限误差法。

拉依达方法简单，无须查表，当测量次数较多或要求不高时，使用比较方便。

B　格鲁布斯准则

在一组测量数据中，按其从小到大的顺序排列，最大项 x_{max} 和最小项 x_{min} 最有可能包含过失性，它们是不是可疑数据，可由其剩余误差与临界值进行比较来确定，如果

$$v_i = x_i - \bar{x} > G_0\hat{\sigma}$$

则 x_i 是可疑数据。为此，先要计算出统计量

$$G_{max} = \frac{|x_{max} - \bar{x}|}{\hat{\sigma}} \quad \text{或} \quad G_{min} = \frac{|x_{min} - \bar{x}|}{\hat{\sigma}}$$

在 n 次测量中，若给定显著度 α，就可从表 11-6 中查出临界值 $G(n, \alpha)$。如果 $G_{max} \geqslant G(n, \alpha)$ 或 $G_{min} \geqslant G(n, \alpha)$，则有过失误差存在。

在我国的一些产品标准或检验标准中，对准则的选择已有规定，数据处理时应按其规定进行操作。

消除过失误差的最好办法是提高测量人员对实验的认识，要细心操作，认真读、记实验数据，实验完后，要认真检查数据，发现问题，及时纠正。

表 11-6　格鲁布斯准则 $G(n, \alpha)$ 数值表

n　α	0.01	0.05	n　α	0.01	0.05
3	1.16	1.15	17	2.78	2.48
4	1.49	1.46	18	2.82	2.50
5	1.75	1.67	19	2.85	2.53
6	1.94	1.82	20	2.88	2.56
7	2.10	1.94	21	2.91	2.58
8	2.22	2.03	22	2.94	2.60
9	2.32	2.11	23	2.96	2.62
10	2.41	2.18	24	2.99	2.64
11	2.48	2.23	25	3.01	2.66
12	2.55	2.28	30	3.10	2.74
13	2.61	2.33	35	3.18	2.81

11.4.4　误差的传递

许多实验数据是由几个直接测量值按照一定的函数关系计算得到的间接测量值，由于每个直接测量值都有误差，所以间接测量值也必然有误差。如何根据直接测量值的误差来计算间接测量值的误差，就是误差的传递问题。

11.4.4.1 误差传递基本公式

由于间接测量值与直接测量值之间存在函数关系，设：

$$y = f(x_1, x_2, \cdots, x_n) \tag{11-27}$$

式中　y——间接测量值；

x_i——直接测量值，$i = 1$，2，$\cdots$，n。

对式（11-27）进行微分可得：

$$dy = \frac{\partial f}{\partial x_1}dx_1 + \frac{\partial f}{\partial x_2}dx_2 + \cdots + \frac{\partial f}{\partial x_n}dx_n \tag{11-28}$$

如果用 Δy，Δx_1，Δx_2，$\cdots$，Δx_n 分别代替式（11-28）中的 dy，dx_1，dx_2，$\cdots$，dx_n，则有：

$$\Delta y = \frac{\partial f}{\partial x_1}\Delta x_1 + \frac{\partial f}{\partial x_2}\Delta x_2 + \cdots + \frac{\partial f}{\partial x_n}\Delta x_n \tag{11-29}$$

或

$$\Delta y = \sum_{i=1}^{n}\left(\frac{\partial f}{\partial x_i}\Delta x_i\right) \tag{11-30}$$

式（11-29）和式（11-30）即为绝对误差的传递公式。它表明间接测量或函数的误差是各直接测量值的各项分误差之和，而分误差的大小又取决于直接测量误差（Δx_i）和误差传递系数 $\frac{\partial f}{\partial x_i}$，所以函数或间接测量值的绝对误差为：

$$\Delta y = \sum_{i=1}^{n}\left|\frac{\partial f}{\partial x_i}\Delta x_i\right| \tag{11-31}$$

相对误差的计算公式为：

$$\frac{\Delta y}{y} = \sum_{i=1}^{n}\left|\frac{\partial f}{\partial x_i} \times \frac{\Delta x_i}{y}\right| \tag{11-32}$$

式中　$\frac{\partial f}{\partial x_i}$——误差传递系数；

Δx_i——直接测量值的绝对误差；

Δy——间接测量值的绝对误差或称函数的绝对误差。

从最保险的角度，不考虑误差实际上有抵消的可能，所以式（11-31）和式（11-32）中各分误差都取绝对值，此时函数的误差最大。

所以间接测量值或函数的真值 y_t 可以表示为：

$$y_t = y \pm \Delta y \tag{11-33}$$

或

$$y_t = y\left(1 \pm \frac{\Delta y}{y}\right) \tag{11-34}$$

根据标准误差的定义，可以得到函数标准误差传递公式为：

$$\sigma_y = \sqrt{\sum_{i=1}^{n}\left(\frac{\partial f}{\partial x_{\partial i}}\right)^2 \sigma_i^2} \tag{11-35}$$

由于直接测量次数一般是有限的，所以宜用下式表示间接测量或函数的标准误差。

$$S_y = \sqrt{\sum_{i=1}^{n} \left(\frac{\partial f}{\partial x_{\partial i}}\right)^2 S_i^2} \tag{11-36}$$

式（11-35）、式（11-36）中的 σ_i，S_i 为直接测量值 x_i 的标准误差，也可用于表示间接测量值的标准误差。

11.4.4.2　常用函数的误差传递公式

一些常用函数的最大绝对误差和标准误差的传递公式列于表 11-7 中。

表 11-7　部分函数误差传递公式

函　数	最大绝对误差 Δy	标准误差 S_y	函　数	最大绝对误差 Δy	标准误差 S_y
$y = x_1 \pm x_2$	$\pm(\lvert \Delta x_1 \rvert + \lvert \Delta x_2 \rvert)$	$\sqrt{S_1^2 + S_2^2}$	$y = a\dfrac{x_1}{x_2}$	$\pm\dfrac{\lvert ax_2\Delta x_1 \rvert + \lvert ax_1\Delta x_2 \rvert}{x_2^2}$	$a\dfrac{\sqrt{x_2^2 S_1^2 + x_1^2 S_2^2}}{x_2^2}$
$y = ax_1x_2$	$\pm(\lvert ax_2\Delta x_1 \rvert + \lvert ax_1\Delta x_2 \rvert)$	$a\sqrt{x_2^2 S_1^2 + x_1^2 S_2^2}$			
$y = a + bx^n$	$\pm(nbx^{n-1}\Delta x)$	$nbx^{n-1}S_x$	$y = a + b\ln x$	$\pm\left\lvert\dfrac{b}{x}\Delta x\right\rvert$	$\dfrac{b}{x}S_x$

注：1. 表中函数表达式中的 a，b，n 等量表示常数；
　　2. 设各直接测量值之间相互独立；
　　3. 只要将第三列中的 S 换成 ∂，就可得到标准误差 ∂_y 的计算式。

11.4.4.3　误差传递公式的应用

在任何实验中，虽然误差是不可避免的，但希望将间接测量值或函数的误差控制在某一范围内，为此也可以根据误差传递的基本公式，反过来计算出直接测量值的误差限，然后根据这个误差限来选择合适的测量仪器或方法，以保证实验完成之后，实验结果的误差能满足实际任务的要求。

由误差传递公式可以看出，间接测量或函数的误差是各直接测量值的各项分误差之和，而分误差的大小又取决于直接测量误差（Δx_i 或 σ_x，S_x）和误差传递系数（$\frac{\partial f}{\partial x_i}$）的乘积。所以，可以根据各分误差的大小，来判断间接测量或函数误差的主要来源，为实验者提高实验质量或改变实验方法提供依据。

例 11-4　一组等精度测量值 x_1，x_2，$\cdots$，x_n，它们的算术平均值为 $\bar{x}$，试推导出 $\bar{x}$ 标准误差的表达式。

解： 由算术平均值的定义可知：

$$\bar{x} = \frac{x_1 + x_2 + \cdots + x_n}{n} \tag{11-37}$$

误差传递系数为：

$$\frac{\partial \bar{x}}{\partial x_i} = \frac{1}{n}, \quad i = 1, 2, \cdots, n$$

则算术平均值的绝对误差为：

$$\Delta \bar{x} = \frac{\sum_{i=1}^{n} \lvert \Delta x_i \rvert}{n}$$

算术平均值的标准误差为：

$$\partial \bar{x} = \sqrt{\frac{\sum\limits_{i=1}^{n} \sigma_i^2}{n^2}}$$

11.5　实验方案设计方法

11.5.1　实验设计概述

在进行具体的实验之前，要对实验的有关影响因素和环节做出全面的研究和安排，从而制订出行之有效的实验方案。实验设计，就是对实验进行科学合理的安排，以达到最好的实验效果。实验设计是实验过程的依据，是实验数据处理的前提，也是提高科研成果质量的一个重要保证。一个科学而完善的实验设计，能够合理地安排各种实验因素，严格地控制实验误差，并且能够有效地分析实验数据，从而用较少的人力、物力和时间，最大限度地获得丰富而可靠的资料。反之，如果实验设计存在缺点，就必然造成浪费，减损研究结果的价值。

11.5.1.1　实验设计的定义

实验因素简称为因素或因子，是实验的设计者希望考察的实验条件。因素的具体取值称为水平。按照因素的给定水平对实验对象所做的操作称为处理。接受处理的实验对象称为实验单元。

衡量实验结果好坏程度的指标称为实验指标，也称为响应变量。

从专业设计的角度看，实验设计的三个要素就是实验因素、实验单元和实验效应，其中实验效应可用实验指标反映。在前面已经介绍了这几个概念，下面再对有关问题作进一步的介绍。

一个完善的实验设计方案应该考虑到如下问题：人力、物力和时间满足要求；重要的观测因素和实验指标没有遗漏，并做了合理安排；重要的非实验因素都得到了有效的控制；实验中可能出现的各种意外情况都已考虑在内并有相应的对策；对实验的操作方法、实验数据的收集、整理、分析方式都已确定了科学合理的方法。从设计的统计要求来看，一个完善的实验设计方案应该符合三要素与四原则。在讲述实验设计的要素与原则之前，首先介绍实验设计的几个基本概念。

11.5.1.2　实验设计的三要素

（1）实验因素。实验设计的一项重要工作就是确定可能影响实验指标的实验因素，并根据专业知识初步确定因素水平的范围。若在整个实验过程中影响实验指标的因素很多，就必须结合专业知识，对众多的因素做全面分析，区分哪些是重要的实验因素，哪些是非重要的实验因素，以便选用合适的实验设计方法妥善安排这些因素。因素水平选取得过于密集，实验次数就会增多，许多相邻的水平对结果的影响十分接近，将会浪费人力、物力和时间，降低实验的效率；反之，因素水平选取得过于稀少，因素的不同水平对实验指标的影响规律就不能真实地反映出来，就不能得到有用的结论。在缺乏经验的前提下，可以先做筛选实验，选取较为合适的因素和水平数目。

实验的因素应该尽量选择为数量因素，少用或不用品质因素。数量因素就是对其水平值能够用数值大小精确衡量的因素，例如温度、容积等；品质因素水平的取值是定性的，如药物的种类、设备的型号等。数量因素有利于对实验结果做深入的统计分析，例如回归分析等。

在确定实验因素和因素水平时要注意实验的安全性，某些因素水平组合的处理可能会损坏实验设备（例如高温、高压）、产生有害物质，甚至发生爆炸。这需要参加实验设计的专业人员能够事先预见，排除这种危险性，处理或者做好预防工作。

（2）实验单元。接受实验处理的对象或产品就是实验单元。在工程实验中，实验对象是材料和产品，只需要根据专业知识和统计学原理选用实验对象。

（3）实验效应。实验效应是反映实验处理效果的标志，它通过具体的实验指标来体现。与对实验因素的要求一样，要尽量选用数量的实验指标，不用定性的实验指标。

11.5.1.3 实验设计的四原则

费希尔在实验设计的研究中提出了实验设计的三个原则，即随机化原则、重复原则和局部控制原则。半个多世纪以来，实验设计得到迅速的发展和完善，这三个原则仍然是指导实验设计的基本原则。同时，人们通过理论研究和实践经验对这三个原则也给予进一步的发展和完善，把局部控制原则分解为对照原则和区组原则，提出了实验设计的四个基本原则：分别是随机化原则、重复原则、对照原则和区组原则。目前，这四大实验设计原则已经是被人们普遍接受的保证实验结果正确性的必要条件。同时，随着科学技术的发展，这四大原则也在不断发展完善之中。

（1）随机化原则。随机化是指每个处理以概率均等的原则，随机地选择实验单元。

实验设计随机化原则的另外一个作用是有利于应用各种统计分析方法，因为统计学中的很多方法都是建立在独立样本的基础上的，用随机化原则设计和实施的实验就可以保证实验数据的独立性。本书后面的内容总是假定实验，是按照随机化原则设计和实施的，实验的数据满足统计学的独立性要求。那些事先加入主观因素，以致不同程度失真的资料，统计方法是不能弥补其先天不足的，往往是事倍而功半。

（2）重复原则。由于实验的个体差异、操作差异以及其他影响因素的存在，同一处理对不同的实验单元所产生的效果也是有差异的。通过一定数量的重复实验，该处理的真实效应就会比较确定地显现出来，可以从统计学上对处理的效应给以肯定或予以否定。

从统计学的观点看，重复例数越多（样本量越大）实验结果的可信度就越高，但是这就需要花费更多的人力和物力。实验设计的核心内容就是用最少的样本例数保证实验结果具有一定的可信度，以节约人力、经费和时间。

在实验设计中，"重复"一词有以下两种不同的含义：

1）独立重复实验。在相同的处理条件下对不同的实验单元做多次实验，这是人们通常意义下所指的重复实验，其目的是为了降低由样品差异而产生的实验误差，并正确估计这个实验误差。

2）重复测量。在相同的处理条件下对同一个样品做多次重复实验，以排除操作方法产生的误差。遗憾的是，这种重复在很多场合是不可实现的。如果实验的样品是流体（包括气体、液体、粉末），可以把一份样品分成多份，对每份样品分别做实验，以排除操作方法产生的误差。

（3）对照原则。有比较才有鉴别，对照是比较的基础，对照原则是实验的一个主要原则。除了因素的不同处理外，实验组与对照组中的其他条件应尽量相同。只有高度的可比性，才能对实验观察的项目做出科学结论。对照的种类有很多，可根据研究目的和内容加以选择。

（4）区组原则。人为划分的时间、空间、设备等实验条件成为区组。区组因素也是影响实验指标的因素，但并不是实验者所要考察的因素，也称为非处理因素。任何实验都是在一定的时间、空间范围内并使用一定的设备进行的，把这些实验条件都保持一致是最理想的，但是这在很多场合是办不到的。解决的办法是把这些区组因素也纳入实验中，在对实验做设计和数据分析中也都作为实验因素。

11.5.1.4　实验设计的类型

根据实验设计内容的不同，可以分为专业设计与统计设计。实验的统计设计使得实验数据具有良好的统计性质（例如随机性、正交性、均匀性等），由此可以对实验数据做所需要的统计分析。实验的设计和实验结果的统计分析是密切相关的，只有按照科学的统计设计方法得到的实验数据才能进行科学的统计分析，得到客观有效的分析结论。反之，一大堆不符合统计学原理的数据可能是毫无作用的，统计学家也会对它束手无策。因此对实验工作者而言，关键是用科学的方法设计好实验，获得符合统计学原理的科学有效的数据。至于对实验结果的统计分析，很多方法都可以借助统计软件由实验人员自己完成，必要时还可以请统计专业人员帮助完成。本书重点讲述实验的统计设计。

根据不同的实验目的，实验设计可以划分为五种类型。

（1）演示实验。实验目的是演示一种科学现象，只要按照正确的实验条件和实验程序操作，实验的结果就必然是事先预定的结果。对演示实验的设计主要是专业设计，其目的是为了使实验的操作更简便易行，实验的结果更直观清晰。

（2）验证实验。实验目的是验证一种科学推断的正确性，可以作为其他实验方法的补充实验。本书中讲述的很多实验设计方法都是对实验数据做统计分析的，通过统计方法推断出最优实验条件，然后对这些推断出来的最优实验条件做补充的验证实验给予验证。验证实验也可以是对已提出的科学现象的重复验证，检验已有实验结果的正确性。

（3）比较实验。比较实验的实验目的是检验一种或几种处理的效果，例如对生产工艺改进效果的检验，对一种新药剂效果的检验，其实验的设计需要结合专业设计和统计设计两方面的知识，对实验结果的数据分析属于统计学中的假设检验问题。

（4）优化实验。优化实验的实验目的是高效率地找出实验问题的最优实验条件，这种优化实验是一项尝试性的工作，有可能获得成功，也有可能不成功，所以常把优化实验称为实验，以优化为目的的实验设计则称为优化实验设计。例如目前流行的正交设计。

优化实验是一个十分广阔的领域，几乎无所不在。在科研、开发和生产中，可以达到提高质量、增加产量、降低成本以及保护环境的目的。随着科学技术的迅猛发展，市场竞争的日益激烈，优化实验将会越发显示其巨大的威力。

优化实验的内容十分丰富，是本书主要讲述的内容，可以划分为以下的几种类型：

1）按实验因素的数目不同可以划分为单因素优化实验和多因素优化实验。

2）按实验目的的不同可以划分为指标水平优化和稳健性优化。指标水平优化的目的是优化实验指标的平均水平，例如增加产品的回收率、延长产品的使用寿命、降低产品的能耗。稳健性优化是减小产品指标的波动（标准差），使产品的性能更稳定。

3）按实验的形式不同可以分为实物实验和计算实验。实物实验包括现场实验和实验室实验两种，都是主要的实验方式。计算实验是根据数学模型计算出实验指标，在物理学中有大量的应用。

现代的计算机运行速度很高，人们往往认为对已知数学模型的情况不必再做实验设计，只需要对所有可能情况全面计算，找出最优条件就可以了。实际上这种观点是一个误解，在因素和水平数目较多时，即使高速运行的大型计算机也无力承担所需的运行时间。例如，为了研究矿物表面原子结构，如 Si（100）2×1 的一个原胞中有 5 层共 10 个原子，每个原子的位置用三维坐标来描述，每个坐标取 3 个水平，全面计算需要 330 次，而每次计算都包括众多复杂的步骤和公式，需要几个小时才能完成，因此对这个问题的全面计算是不可能实现的。美国的 Bell 实验室和 IBM 实验室等几家最大的研究机构都投入了巨大的人力和物力进行了多年的研究工作，但是始终没有获得有效的进展。后来我国学者建议采用正交实验设计方法，并与美国学者合作，经过两轮 $L_{27}(3^{13})$ 与几轮 $L_9(3^4)$ 正交实验，仅做了几十次实验就找到 Si（100）2×1 表面原子结构模型的最优结果。原子位置准确到原子距的 2%，达到了当今这一课题所能达到的最高精度，得到了世界的公认。

4）按实验的过程不同可以分为序贯实验设计和整体实验设计。序贯实验是从一个起点出发，根据前面实验的结果决定后面实验的位置，使实验指标不断优化，形象地称为"爬山法"。分数法、因素轮换法都属于爬山法。整体实验是在实验前就把所要做的实验的位置确定好，要求设计这些实验点能够均匀地分布在全部可能的实验点之中，然后根据实验结果选择最优的实验条件。正交设计和均匀设计都属于整体实验设计。

11.5.2　单因素优化实验设计

11.5.2.1　单因素实验的定义及其应用场合

单因素优选法是指在安排实验时，影响实验指标的因素只有一个。实验的任务是在一个可能包含最优点的实验范围 $[a, b]$ 内寻求这个因素最优的取值，以得到优化的实验目标值。在多数情况下，影响实验指标的因素不止一个，称为多因素实验设计。有时虽然影响实验指标的因素有多个，但是只考虑一个影响程度最大的因素，其余因素都固定在理论或经验上的最优水平保持不变，这种情况也属于单因素实验设计问题。

优选问题在实验研究、开发设计中经常碰到。例如在现有设备和原材料条件下，如何安排生产工艺，使产量最高、质量最好，在保证产品质量的前提下使产量高而成本低。为了实现以上目标就要做实验，优化实验设计就是关于如何科学安排实验并分析实验结果的方法。

单因素优化实验设计包括均分法、对分法等多种方法，统称为优选法。这些方法都是在生产过程中产生和发展起来的，从 20 世纪 60 年代起，我国著名数学家华罗庚教授在全国大力推广优选法，取得了巨大的成效。

单因素优化实验设计有多种方法，对一个实验应该使用哪一种方法与实验的目标、实验指标的函数形式、实验的成本费用有关。在单因素实验中，实验指标函数 $f(x)$ 是一元函数，它的几种常见形式如图 11-7 所示。这几种函数形式也不是截然分开的，在一定条件下可以相互转换。

11.5.2.2　均分法

均分法是单因素实验设计方法，它是在因素水平的实验范围 $[a, b]$ 内按等间隔安排实验点。在对目标函数没有经验认识的场合下，均分法可以作为了解目标函数的前期工作，同时可以确定有效的实验范围 $[a, b]$。

例 11-5　在磁选实验中，考察磨矿细度对磁铁矿品位的影响，仅从实验指标上看，在一定范围内磁铁矿细度越细，品位越高，品位是磨矿细度的单调增加函数。

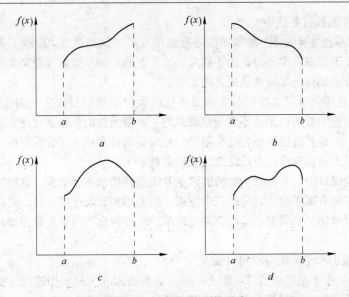

图 11-7 实验指数函数形式

a—单调上升函数；*b*—单调下降函数；*c*—单峰函数；*d*—多峰函数

表 11-8 看到，品位是磨矿细度的单调增加函数，先是随着磨矿细度的增加而迅速增加，但是当磨矿细度超过 -0.074mm(-200 目)85%后，品位的增加幅度变得缓慢。

表 11-8 不同磨矿细度下磁选管实验结果

-0.074mm(200 目)含量/%	精矿产率/%	精矿品位/%	精矿回收率/%
45	31.00	46.50	80.06
55	25.30	53.40	75.06
65	23.00	58.35	74.58
75	21.00	62.10	72.45
85	19.00	64.20	67.76
95	20.00	65.70	73.00

11.5.3 多因素优化实验设计

多因素实验设计在实验设计方法中占主导地位，具有丰富的内容。本书主要介绍多因素实验设计中的正交设计。

11.5.3.1 多因素优化实验概述

在生产过程中影响实验指标的因素通常是很多的，首先需要从众多的影响因素中挑选出少数几个主要的影响因素，实现这个目标的途径有两个：第一是依靠专业知识，由专家决定因素的取舍；第二是做筛选实验，从众多的可能影响因素中找到真正的影响因素。

目前，多因素优化实验设计在很多领域都有广泛应用，取得了巨大的效益。在 20 世纪 60 年代，日本推广田口方法（即正交设计），应用正交表超过 100 万次，对于日本的工业发展起到了巨大的推进作用。实验设计技术已成为日本工程技术人员和企业管理人员必须掌握的技术，是工程师的共同语言。日本的数百家大公司每年运用正交设计完成数万个项目。丰田汽车公司对田口方法的评价是：在为公司产品质量改进做出贡献的各种方法中，田口方法的贡献占50%。选择实验因素的原则有以下几方面。

（1）实验因素的数目要适中

1）实验因素不宜选得太多。如果实验因素选得太多（例如超过 10 个），这样不仅需要做较多的实验，而且会造成主次不分，丢了西瓜，拣了芝麻。如果仅从专业知识不能确定少数几个影响因素，就要借助筛选实验来完成这项工作。

2）实验因素也不宜选得太少。若实验因素选得太少（例如只选定一两个因素），可能会遗漏重要的因素，使实验的结果达不到预期的目的。本章所讲的单因素优化实验设计虽然也是非常有效的方法，但是其适用的场合是有限的，有时是通过多因素实验确定出一个最主要的影响因素后，再用单因素实验设计方法优选这个因素的水平。

在多因素实验设计中，有时增加实验的因素并不需要增加实验次数，这时要尽可能多安排实验因素。某项实验方案中原计划只有三个因素，而利用实验设计的方法，可以在不增加实验次数的前提下，再增加一个因素，实验结果发现最后添加的这个因素是最重要的，从而发现了最好的工艺条件。

（2）实验因素的水平范围应该尽可能大

1）实验因素的水平范围应当尽可能大一些。如果实验在实验室中进行，实验范围尽可能大的要求比较容易实现；如果实验直接在现场进行，则实验范围不宜太大，以防产生过多次品，或发生危险。实验范围太小的缺点是不易获得比已有条件有显著改善的结果，并且也会把对实验指标有显著影响的因素误认为没有显著影响。历史上有些重大的发明和发现，是由于"事故"而获得的，在这些事故中，实验因素的水平范围大大不同于已有经验的范围。

2）因素的水平数要尽量多一些。如果实验范围允许大一些，则每一个因素的水平数要尽量多一些。水平数取得多会增加实验次数，如果实验因素和指标都是可以计量的，就可以使用均匀设计方法。用均匀设计安排实验，其实验次数就是因素的水平数，或者是水平数的 2 倍，最适合安排水平数较多的实验。

为了片面追求水平数多而使水平的间隔过小也是不可取的。水平的间隔大小和生产控制精度与测量精度是密切相关的。例如一项生产中对温度因素的控制只能做到 ±3℃，当我们设定温度控制在 85℃ 时，实际生产过程中温度将会在（85±3）℃，即在 82～88℃ 的范围内波动。假设根据专业知识，温度的实验范围应该在 60～90℃ 之间，如果为了追求尽量多的水平而设定温度取 7 个水平，分别为 60℃，65℃，70℃，75℃，80℃，85℃ 和 90℃，就太接近了，应当少设几个水平而加大间隔。例如只取 61℃，68℃，75℃，82℃ 和 89℃ 这 5 个水平。

（3）实验指标要量化

在实验设计中实验指标要使用计量的测度，不要使用合格或不合格这样的属性测度，更不要把计量的测度转化为不合格品率，这样会丧失数据中的有用信息，甚至对实验产生误导。

11.5.3.2　因素轮换法

因素轮换法也称为单因素轮换法或一次一因素法，是解决多因素实验问题的一种非全面实验方法，是在实际工作中被工程技术人员所普遍采用的一种方法。这种方法的想法是：每次实验中只变化一个因素的水平，其他因素的水平保持固定不变，希望逐一地把每个因素对实验指标的影响摸清，分别找到每个因素的最优水平，最终找到全部因素的最优实验方案。

实际上这个想法是有缺陷的，它只适合于因素间没有交互作用的情况。当因素间存在交互作用时，每次变动一个因素的做法不能反映因素间交互作用的效果，实验的结果受起始点影响。如果起始点选得不好，就可能得不到好的实验结果，对这样的实验数据也难以做深入的统计分析，是一种低效的实验设计方法。

尽管因素轮换法有以上缺陷，但是由于其方法简单，并且也具有以下一些优点，因此目前仍然被实验人员广泛使用。

（1）从实验次数看因素轮换法是可取的，其总实验次数最多是各因素水平数之和。例如5个3水平的因素用因素轮换法做实验，其最多的实验次数是15次。而全面实验的次数是35～243次。如果因素水平数较多，可以用单因素优化设计方法寻找该因素的最优实验条件。

（2）在实验指标不能量化时也可以使用。

（3）属于爬山实验法，每次定出一个因素的最优水平后就会使实验指标更提高一步，离最优实验目标（山顶）更接近一步。

（4）因素水平数可以不同。假设有 A、B、C 三个因素，水平数分别为3、3、4，选择 A，B 两因素的2水平为起点，因素轮换法可以由图11-8表示。首先把 A，B 两因素固定在2水平，分别与 C 因素的4个水平搭配做实验，如果 C 因素取2水平时实验效果最好，就把 C 因素固定在2水平，如图11-8a 所示。

然后再把 A，C 两因素固定在2水平，分别与 B 因素的3个水平搭配做实验（其中 B 因素的2水平实验已经做过，可以省略），如果 B 因素取3水平时实验效果最好，就把 B 因素固定在3水平，如图11-8b 所示。

最后再把 B，C 两因素分别固定在3水平和2水平，分别与 A 因素的3个水平搭配做实验（其中 A 因素的2水平实验已经做过），如果 A 因素取1水平时实验效果最好，就得到最优实验条件是 $A_1B_3C_2$，如图11-8c 所示。

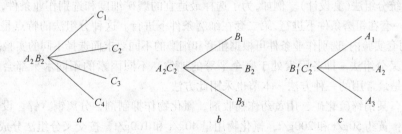

图 11-8　因素轮换法示意图

a—C_2 是好条件；b—B_3 是好条件；c—A_1 是好条件

例 11-6　考查某镍矿磨矿细度、捕收剂用量和起泡剂用量对精矿产品质量的影响。要求和实际经验初步确定各因素的水平范围是：

磨矿细度：-0.074mm 占55%～95%

丁基黄药用量为：25～200g/t

起泡剂用量为：17.8～53.4g/t

使用因素轮换法寻找最优搭配，按下列步骤进行实验：

（1）暂采用如下药剂制度：丁基黄药为200g/t，2号油53.4g/t；确定磨矿细度最优水平值，这相当于单因素优化问题。磨矿细度：-0.074mm 占55%～95%，理论上是取连续值的变量，分别在 -0.074mm 占55%、65%、75%、85%、95%的磨矿细度下进行一次粗选浮选实验以确定适宜的磨矿细度。浮选浓度为30%。实验结果表明：随着磨矿细度增加，精矿中铜的品位变化不大，铜的回收率在 -0.074mm 占75%以后变化不大；随着磨矿细度增加，精矿中镍的品位在 -0.074mm 在55%～85%范围变化不大，磨矿细度 -0.074mm 含量超过85%后镍的品位明显出现下降，镍的回收率在 -0.074mm 占75%达到最大值，因此确定磨矿细度

－0.074mm含量为75%。

（2）确定磨矿细度－0.074mm含量为75%，2号油53.4g/t，确定捕收剂用量的最优水平值。丁基黄药用量为：25～200g/t，理论上是取连续值的变量，分别在丁基黄药用量为25g/t、50g/t、75g/t、100g/t、125g/t、150g/t、175g/t、200g/t进行一次粗选浮选实验以确定适宜的丁基黄药用量。实验结果表明：捕收剂用量对精矿中的铜、镍品位影响不大。随着捕收剂用量增加，精矿中铜、镍的回收率逐渐增加，但考虑到药剂成本以及生产流程会采用扫选来提高回收率，因此确定丁基黄药用量为100g/t。

（3）确定磨矿细度－0.074mm 75%，丁基黄药用量为100g/t，进行不同起泡剂用量浮选实验，由于2号油在精选实验室实验时是用注射器添加的，本实验中注射器每滴的用量8.9g/t，因此进行起泡剂用量为17.8g/t、26.7g/t、35.6g/t、44.5g/t、53.4g/t的浮选实验。实验结果表明：随着起泡剂用量增加，精矿中铜、镍品位逐渐降低，而铜、镍的回收率逐渐增加，起泡剂用量大于44.5g/t后，精矿中铜、镍的回收率变化不大。因此确定起泡剂用量为44.5g/t。

实验所得的最优组合是磨矿细度－0.074mm 75%，丁基黄药用量为100g/t，起泡剂用量为44.5g/t。

11.5.3.3　多因素全面实验法——全面析因实验

大多数因素组合实验法是以析因实验法为基础的，析因实验的实质是将各个因素的不同水平相互排列组合而配成一套实验。常用的组合方式有两种：

（1）系统分组法（套设计）。例如，为了选择最适宜的磨矿细度和选别作业条件，可以安排两套实验。第一套在粗磨条件下进行，第二套在细磨条件下进行。这种分组法的特点是强调了因素的主次，在两套实验内，选别作业条件可根据粗磨和细磨的不同要求而选择不同的实验范围。

（2）交叉分组法。即各因素处于完全平等的地位，不同因素的不同水平都会以相同的机会搭配，这是最常用的一种方法，本节也采用此方法。

例 11-7　某铜锌硫化矿，用黄药作捕收剂，氰化物作抑制剂，分离铜、锌。设每个因素考查两个水平：黄药50g/t和200g/t，氰化物用量40g/t和160g/t，按交叉分组法分成$2^2 = 4$个试点，E代表这四个试点的实验结果。本例采用综合选矿效率（按道格拉斯）作基本判据，但实际工作中也可采用品位、回收率或其他效率判据，须根据具体情况而定。

若将这四个试点的条件和结果按一般实验记录表的习惯综合成一个表，即得表11-9，只不过此处因素名称是用字母 A、B 代表，用量是用水平代码1、2 表示，故该表左半部实验安排部分实际代表了二因素二水平析因实验安排的一般形式。这类实验安排表，可称为析因表或正交表。

表 11-9　2^2 析因实验安排与结果

因素　列号　水平　试点号	A（氰化物用量） 1	B（黄药用量） 2	AB 3	实验结果 $\beta/\%$	$\varepsilon/\%$	$E/\%$
1	1(50g/t)	1(40g/t)	1	16	88	39
2	2(200g/t)	1(40g/t)	2	17	68	32
3	1(50g/t)	2(160g/t)	2	14	90	35
4	2(200g/t)	2(160g/t)	1	16	83	37

当氰化物的用量由低水平变至高水平时，选矿效率的平均变化幅度为第 2、4 两试点的平均指标与第 1、3 两试点的平均指标的差值，即

$$A = \frac{1}{2}(E_2 + E_4) - \frac{1}{2}(E_1 + E_3)$$

该值称为氰化物用量的主效应，可就用该因素的符号 A 表示，将本例数字代入得：

$$A = \frac{1}{2}(32 + 37) - \frac{1}{2}(39 + 35) = -2.5\%$$

类似地可算出黄药用量的主效应 B：

$$B = \frac{1}{2}(E_3 + E_4) - \frac{1}{2}(E_1 + E_2) = +0.5\%$$

若氰化物用量与黄药用量对选别指标的影响相互间无关联，则不论黄药用量是多少，氰化物用量对选别指标的影响均应大致相等，即 $(E_2 - E_1)$ 应与 $(E_4 - E_3)$ 大致相等。若二者差别很大，则说明二因素间存在着交互作用。现以 AB 代表 A、B 二因素间的交互效应，其大小可按下式计算：

$$AB = \frac{1}{2}(E_2 - E_1) - \frac{1}{2}(E_4 - E_3) = -4.5\%$$

计算结果表明，三项效应中以交互效应最显著，意味着决定选矿效率高低的关键是两种药剂用量的配比：氰化物多，黄药也要多，氰化物少，黄药用量也要少。由于氰化物的主效应 A 是负值，因此最优条件应是两种药剂均取低用量。

再回到正交表，可以看出，正交表不仅是安排实验的工具，也是计算实验结果的工具。若欲计算主效应 A，可直接按表找出 A 列中水平代码为 2 的试点，求出其平均指标。

若找出其水平代码为 1 的试点并求出其平均指标，二者的差值就是该因素的效应。类似地可求得 B。前面尚未交代的第 3 列，则是用来计算交互效应 AB 的。

（3）析因实验同因素轮换法（单因素轮换法或一次一因素法）的比较

例 11-8 若采用一次一因素实验法，则可能出现下列两种情况：

（1）先固定黄药用量为 50g/t，变动氰化物用量为 40g/t、160g/t，得选矿效率 E 为 39 和 35，比较其结果，结论是氰化物用量为 40g/t 较优，因而确定氰化物用量为 40g/t，再变动黄药用量 50g/t、200g/t，选矿效率 E 为 39 和 32，比较其结果，黄药用量 50g/t 较优，因而确定黄药最优用量为 50g/t，氰化物最优用量为 40g/t。此结论是正确的。

（2）如果黄药用量先定为 200g/t，变动氰化物用量 40g/t、160g/t，得选矿效率 E 为 32 和 37，比较其结果，结论是氰化物用量为 160g/t 较优，因而确定氰化物用量为 160g/t，再变动黄药用量 50g/t、200g/t，选矿效率 E 为 35 和 37，比较其结果，黄药用量 200g/t 较优，因而确定黄药最优用量为 200g/t，氰化物最优用量为 160g/t。此结论显然是不确切的。

由上可知，在有交互作用存在的情况下，如果采用因素轮换法（单因素轮换法或一次一因素法），则要求能将其他暂时不变化的因素保持在较合适的水平上，否则最终结论可能不确切。显然，这一要求在实践中并不一定总能满足。析因实验法的主要优点就在于可以充分揭露出各因素间的相互关系，保证我们确切地找到最优条件组合，让实验工作少走弯路。

11.5.4　正交设计

正交设计是实验设计中广泛应用的方法。自 1945 年 Finney 提出分式设计后，许多学者潜

心研究，提出了供分式设计用的正交表。20 世纪 40 年代后期，日本田口玄一首次把正交法应用到日本的电话机实验上，随后在日本各行业广泛应用，获得丰硕的经济效益。某学派认为，日本生产率的增长在世界上领先，使用正交表进行实验设计是一个主要因素。实验设计已成为日本企业界管理人员、工程人员及研究人员必备的技术。正交实验设计在我国普及使用始于 20 世纪 60 年代末，70 年代达到高潮，随后也在各行业逐步展开应用。正交实验设计由于能用少量实验，提取关键信息，并且简单易行，已成为我国多因素最优化的主要方向。随着正交设计的应用，促进了实验设计的发展，并形成了一些新的领域，如稳健设计、回归设计、配方设计等。

正交设计是多因素的优化实验设计方法，也称为正交实验设计。它是从全面实验的样本点中挑选出部分有代表性的样本点做实验，这些代表点具有正交性。其作用是只用较少的实验次数就可以找出因素水平间的最优搭配或由实验结果通过计算推断出最优搭配。

11.5.4.1　正交表

正交设计是多因素实验中最重要的一种设计方法。它是根据因素设计的分式原理，采用由组合理论推导而成的正交表来安排设计实验，并对结果进行统计分析的多因素实验方法。

在数学上，两向量 a_1，a_2，a_3，$\cdots$，a_n 和 b_1，b_2，b_3，$\cdots$，b_n 的内积之和为零，即 $a_1 b_1 + a_2 b_2 + a_3 b_3 + \cdots + a_n b_n = 0$，则称这两个向量间正交，即它们在空间中交角为 $90°$。正交设计法的"正交"这个名词，就是从空间解析几何上两个向量正交的定义引申过来的。

在多因素实验中，当因素及水平数目增加时，若进行全面实验，将全部处理在一次实验中安排，实验处理个数及实验单元数就会急剧增长，要在一次实验内安排全部处理常常是不可能的。比如，某实验有 13 个因素各取 3 个水平，这个实验全面实施要 1594323 次，其工作量之大是惊人的。为了解决多因素全面实施实验次数过多、条件难以控制的问题，有必要挑选出部分代表性很强的处理组合来做实验，这些具有代表性的部分处理组合，可以通过正交设计正交表来确定，而这些处理通常是线性空间的一些正交点。

正交表是正交设计中合理安排实验，并对数据进行统计分析的主要工具。较简单的正交表 $L_9(3^4)$ 见表 11-10。

表 11-10　$L_9(3^4)$ 正交表

实验号	列　　号			
	1	2	3	4
1	1	1	1	1
2	1	2	2	2
3	1	3	3	3
4	2	1	2	3
5	2	2	3	1
6	2	3	1	2
7	3	1	3	2
8	3	2	1	3
9	3	3	2	1

表头中的符号分别为：

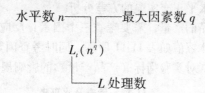

L 代表正交表，各种符号表示如下：

t = 正交表行数 = 处理数；

n = 因素的水平数；

q = 正交表列数 = 可容纳的最大因素数；

$t = n^k$，k = 基本因素数 = 基本列数。

例如 $L_9(3^4)$ 正交表，右下角数字 9 表示有 9 行，实验有 9 个处理；括号内的指数 4 表示有 4 列，即最多允许安排的因素数是 4 个；括号内的数字 3 表示此表的主要部分只有三种数字（或三种符号），实验的因子有三种水平；即水平 1、2、3。

表 11-10 就是一张正交表，记做 $L_9(3^4)$。这张正交表的主体部分有 9 行 4 列，由 1，2，3 这 3 个数字构成。用这张表安排实验最多可以安排 4 个因素，每个因素取 3 个水平，需要做 9 次实验。

常见的正交表有 L_4（2^3），L_8（2^7），L_{16}（2^{15}），L_{27}（3^{13}），L_{16}（4^5），L_{25}（5^6）以及混合水平 $L_{18}(2^1 \times 3^7)$ 等。

用正交表安排实验就是把实验的因素（包括区组因素）安排到正交表的列，允许有空白列，把因素水平安排到正交表的行。具体来说，正交表 11-10 的列用来安排因素，正交表中的数字表示因素的水平，用 $L_t(n^q)$ 正交表最多可以安排 q 个水平数目为 n 的因素，需要做 t 次实验（含有 t 个处理）。

正交表的列之间具有正交性。正交性可以保证每两个因素的水平在统计学上是不相关的。正交性具体表现在两个方面，分别是：

（1）均匀分散性。在正交表的每一列中，不同数字出现的次数相等。例如 $L_9(3^4)$ 正交表中，数字 1，2，3 在每列中各出现 3 次。

（2）整齐可比性。对于正交表的任意两列，将同一行的两个数字看作有序数对，每种数对出现的次数是相等的，例如 $L_9(3^4)$ 表，有序数对共有 9 个：（1，1），（1，2），（1，3），（2，1），（2，2），（2，3），（3，1），（3，2），（3，3），它们各出现一次。

常用的正交表在各种实验设计的书中都能找到。

在得到一张正交表后，我们可以通过三个初等变换得到一系列与它等价的正交表：

（1）正交表的任意两列之间可以相互交换，这使得因素可以自由安排在正交表的各列上。

（2）正交表的任意两行之间可以相互交换，这使得实验的顺序可以自由选择。

（3）正交表的每一列中不同数字之间可以任意交换，称为水平置换。这使得因素的水平可以自由安排。

正交实验则是将多个需要考查的因素组合在一起同时实验，而不是一次只变动一个因素，因而有利于揭露各因素间的交互作用，可以较迅速找到最优条件。

11.5.4.2　正交实验的分析

对正交实验结果的分析有两种方法，一种是直观分析法，另外一种是方差分析法。三水平正交实验设计是最一般的正交实验设计，它的方差分析法具有代表性，下面通过具体实例说明如何进行含有交互作用的三水平正交实验的方差分析。

例 11-8　为了提高某产品的产量，需要考查三个因素：反应温度、反应压力和溶液浓度，每个因素都取三个水平，具体数值如表 11-11 所示。同时考查因素间所有的一级交互作用，试进行方差分析确定所考查因素对实验指标（产品产量）的影响规律。

表 11-11　因素及水平表

因素水平	A 温度/℃	B 压力/Pa	C 浓度/%
1	60	2.0×10^5	0.5
2	65	2.5×10^5	1.0
3	70	3.0×10^5	2.0

选取三水平的正交表 $L_{27}(3^3)$ 最合适。正交表的表头设计、实验结果及相关计算结果列于表 11-12。

表 11-12　正交实验安排及实验结果

表头设计	A	B	AB1	AB2	C	AC1	AC2	BC1			BC2			实验结果
列号　实验号	1	2	3	4	5	6	7	8	9	10	11	12	13	
1	1	1	1	1	1	1	1	1	1	1	1	1	1	1.30
2	1	1	1	1	2	2	2	2	2	2	2	2	2	4.65
3	1	1	1	1	3	3	3	3	3	3	3	3	3	7.23
4	1	2	2	2	1	1	1	2	2	2	3	3	3	0.50
5	1	2	2	2	2	2	2	3	3	3	1	1	1	3.67
6	1	2	2	2	3	3	3	1	1	1	2	2	2	6.23
7	1	3	3	3	1	1	1	3	3	3	2	2	2	1.37
8	1	3	3	3	2	2	2	1	1	1	3	3	3	4.73
9	1	3	3	3	3	3	3	2	2	2	1	1	1	7.07
10	2	1	2	3	1	2	3	1	2	3	1	2	3	0.47
11	2	1	2	3	2	3	1	2	3	1	2	3	1	3.47
12	2	1	2	3	3	1	2	3	1	2	3	1	2	6.13
13	2	2	3	1	1	2	3	2	3	1	3	1	2	0.33
14	2	2	3	1	2	3	1	3	1	2	1	2	3	3.40
15	2	2	3	1	3	1	2	1	2	3	2	3	1	5.80
16	2	3	1	2	1	2	3	3	1	2	2	3	1	0.63
17	2	3	1	2	2	3	1	1	2	3	3	1	2	3.97
18	2	3	1	2	3	1	2	2	3	1	1	2	3	6.50
19	3	1	3	2	1	3	2	1	3	2	1	3	2	0.03
20	3	1	3	2	2	1	3	2	1	3	2	1	3	3.40

续表 11-12

表头设计	A	B	AB1	AB2	C	AC1	AC2	BC1			BC2			实验结果
列号　实验号	1	2	3	4	5	6	7	8	9	10	11	12	13	
21	3	1	3	2	3	2	1	3	2	1	3	2	1	6.80
22	3	2	1	3	1	3	2	2	1	3	3	2	1	0.57
23	3	2	1	3	2	1	3	3	2	1	1	3	2	3.97
24	3	2	1	3	3	2	1	1	3	2	2	1	3	6.83
25	3	3	2	1	1	3	2	3	2	1	2	1	3	1.07
26	3	3	2	1	2	1	3		3	2	3	2	1	3.97
27	3	3	2	1	3	2	1	2	1	3	1	3	2	6.57
K_1	36.75	33.46	35.63	34.30	6.27	32.94	34.21	33.33	32.96	34.40	32.98	33.77	33.28	
K_2	30.70	31.30	32.08	31.73	35.21	34.66	33.13	33.04	34.30	33.21	33.43	33.96	33.25	
K_3	33.21	35.88	32.93	34.61	59.16	33.04	33.30	34.27	33.38	33.03	34.23	32.91	34.11	
$\bar{K}_1$	4.08	3.72	3.96	3.81	0.70	3.66	3.80	3.70	3.66	3.82	3.66	3.75	3.70	
$\bar{K}_2$	3.41	3.48	3.56	3.53	3.91	3.85	3.68	3.67	3.81	3.69	3.71	3.77	3.69	
$\bar{K}_3$	3.69	3.99	3.66	3.85	6.57	3.67	3.70	3.81	3.71	3.67	3.80	3.66	3.79	
r	0.67	0.51	0.40	0.32	5.87	0.19	0.12	0.14	0.15	0.15	0.14	0.11	0.10	
S_i	2.04	1.17	0.76	0.56	155.87	0.21	0.08	0.09	0.10	0.12	0.09	0.07	0.05	

（1）效应的计算。可直接在表格上进行。如表 11-12 第 1 列代表因素 A（温度），水平取"1"（60℃）的共 9 个实验点，其实验结果的总和及平均值为：

$$K_1 = 1.30 + 4.65 + 7.23 + 0.5 + 3.67 + 6.23 + 1.37 + 4.73 + 7.07$$

$$= 36.73$$

$$\bar{K}_1 = \frac{1}{9}K_1 = 4.08$$

同理可以求出其他因素各水平的实验结果的总和及平均值。

（2）极差的计算。极差（误差范围）是直接用数据中最大者减去最小者的差值。本例中采用各因素中实验结果中 $\bar{K}_1$、$\bar{K}_2$、$\bar{K}_3$ 中的最大值减去最小值作为该因素的极差。

如对于第 1 列代表因素 A（温度），其实验极差 $r = 4.08 - 3.41 = 0.67$。

同理可以求出其他因素实验极差。

（3）正交实验结果的直观分析。实验结果的直观分析方法是一种简便易行的方法，没有学过统计学的人也能够学会，这正是正交设计能够在生产一线推广使用的奥秘。

1）直接看的好条件。从表中的 27 次实验结果看出，第 3 号实验 A1B1C3 最高，为 7.23%。但第 3 号实验方案不一定是最优方案，还应该通过进一步的分析寻找出可能的更好方案。

2）算一算的好条件。表中 K_1、K_2、K_3 这三行数据分别是各因素同一水平结果之和。例如，K_1 行 A 因素列的数据 36.73 是 A 因素 9 个 1 水平实验值的和，而 A 因素 9 个 1 水平分别在第 1，2，3，4，5，6，7，8，9 号实验，所以：

$$K_1 = 1.30 + 4.65 + 7.23 + 0.5 + 3.67 + 6.23 + 1.37 + 4.73 + 7.07$$

$$= 36.75$$

注意到，在上述计算中，B 因素的 9 个水平各参加了一次计算，C 因素的 9 个水平也各参加了一次计算。

其他的求和数据计算方式与上述方式相似。

然后对 K_1、K_2、K_3 这三行分别除以 3，得到三行新的数据 $\overline{K_1}$、$\overline{K_2}$、$\overline{K_3}$，表示各因素在每一水平下的平均产量。例如，$\overline{K_1}$ 行 A 因素的数据 4.08，表示反应温度为 60℃时的平均产率是 4.08%。这时可以从理论上计算出最优方案为 A1B1C3，也就是用各因素平均产率最高的水平组合的方案。

3）分析极差，确定各因素的重要程度。正交实验安排及实验结果倒数第二行 r 是极差，它是 $\overline{K_1}$、$\overline{K_2}$、$\overline{K_3}$ 各列三个数据的极差，即最大数减去最小数，例如 A 因素的极差 $r = 4.08 - 3.41 = 0.67$。从表中看到，C 因素的极差最大，表明 C 因素对产量的影响程度最大。B 因素的极差最小，说明 B 因素对产量影响程度不大。A 因素的极差大小居中，说明 A 因素对产量有一定的影响，但是影响程度不大。

4）画趋势图。进一步可以画出 A，B，C 三个因素对产量影响的趋势图，见图 11-9。从图中看出，反应浓度越高越好，因而有必要进一步实验反应浓度是否应该再增高。压力和温度是 U 形曲线，需要进一步实验反应压力是否应该再降低或增高，反应温度是否再降低或增高。

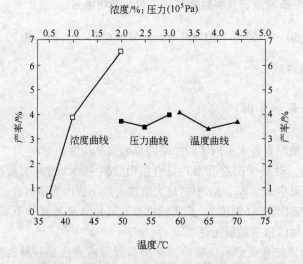

图 11-9　A，B，C 三个因素对产量影响的趋势图

5）成本分析。前面的分析说明选取的温度和压力，如果考虑生产成本的话，选压力为 $2.0 \times 10^5 \mathrm{Pa}$，温度为 60℃ 最好。

6）综合分析。前面的分析表明，A1B1C3 是理论上的最优方案，还可以考虑把反应温度 A 的水平进一步降低，压力进一步减少，浓度进一步增大。这需要安排进一步的补充实验，可以在 A1B1C3 附近安排一轮 2 水平小批量的实验，如果实验者对现有的实验结果已经满意，也可以不做实验。

7）验证实验。不论是否做进一步的撒细网实验，都需要对理论最优方案做验证实验。需要注意的是，最优搭配 A1B1C3 只是理论上的最优方案，还需要用实际的实验做验证。对这两个方案各做两次验证实验。

（4）正交实验的方差分析。正交实验设计是一种常用的重要多因素实验设计方法，方差分析是正交实验数据分析的主要分析方法。正交实验设计的类型有多种，但正交实验数据的方差分析原理、步骤及格式基本上相同，这里首先以本例叙述一般的正交实验的方差分析步骤和格式。

设用正交表安排 m 个因素的实验，实验次数为 n，实验结果分别为 x_1，x_2，x_3，$\cdots$，x_n。假定每个因素有 n_a 个水平，每个水平做 a 次实验，则 $n = an_a$。

1）计算总离差平方和

$$S_T = \sum_{k=1}^{n} (x_k - \bar{x})^2 = \sum_{k=1}^{n} x_k^2 - n\bar{x}^2 = Q - \frac{T^2}{n}$$

其中，$\bar{x} = \frac{1}{n} \sum_{k=1}^{n} x_k$ 为所有实验结果的总平均值；$Q = \sum_{k=1}^{n} x_k^2$ 为所有实验结果的平方和；$T = \sum_{k=1}^{n} x_k$ 为所有实验结果的和。

2）计算因素的离差平方和。下面以计算因素 A 的离差平方和为例来说明如何计算各因素的离差平方和。设因素 A 安排在正交表的第 i 列，可看作单因素实验，用 x_{ij} 表示因素（正交表）第 i 列 j 水平对应的实验结果的总和。则

$$S_A = S_i = \frac{1}{a} \sum_{j=1}^{p} x_{ij}^2 - n\bar{x}^2 = Q_A - \frac{T^2}{n}$$

$$Q_A = \frac{1}{a} \sum_{j=1}^{p} x_{ij}^2$$

其中，S_i 表示正交表第 i 列的离差平方和；p 表示第 i 列的水平数；x_{ij} 表示因素（正交表）第 i 列 j 水平对应的实验结果的总和（可以在正交表中计算出来）。

S_A 反映了因素 A 水平变化时所引起的实验结果的差异，即因素 A 对实验指标的影响。

相同的方法可以分别计算出正交表中其余各列的离差平方和。各因素的离差平方和与所在正交表相应列的离差平方和相等。对于因素间的交互作用，如果占两列或以上时，则交互作用的离差平方和等于所占列离差平方和之和。比如因素 A 和 B 的交互作用占正交表的 3、4 两列，则：

$$S_{AB} = S_3 + S_4$$

3）计算实验误差的平方和 S_E。设 $S_{因+交}$ 为所有因素及要考虑的交互作用的离差平方和，因为

$$S_T = S_{因+交} + S_E$$

所以 $$S_E = S_T - S_{因+交}$$

4）列出方差分析表（表 11-13）

表 11-13　方差分析表

离差来源	离差平方和	自由度	均　　方	$F_比$	显著性
因　素	$S_因$	$n_a - 1$	$\bar{S}_因 = \dfrac{S_因}{n_a - 1}$	$F_因 = \dfrac{\bar{S}_因}{\bar{S}_E}$	
交互作用	$S_交$	交互作用因素自由度之积	$\bar{S}_交 = \dfrac{S_交}{f_交 - 1}$	$F_交 = \dfrac{\bar{S}_交}{\bar{S}_E}$	
误　差	S_E	$f_T - f_因 - f_交$	$\bar{S}_E = \dfrac{S_E}{n - r}$		
总离差	S_T	$n - 1$			

对于例 11-8 来说：

1）计算总离差平方和

$$\bar{x} = \frac{1}{n} \sum_{k=1}^{n} x_k = \frac{1}{27}(1.30 + 4.65 + 7.23 + \cdots + 6.57) = 3.73$$

$$\sum_{k=1}^{n} x_k^2 = (1.30^2 + 4.65^2 + 7.23^2 + \cdots + 6.57^2) = 536.47$$

$$S_T = \sum_{k=1}^{n}(x_k - \bar{x})^2 = \sum_{k=1}^{n} x_k^2 - n\bar{x}^2 = 161.20$$

2）计算因素的离差平方和

$$S_A = S_1 = \frac{1}{9} \times (36.75^2 + 30.70^2 + 33.21^2) - 27 \times 3.73^2$$

$$= \frac{1}{9} \times (1350.56 + 942.49 + 1102.90) - 13.91 \times 27 = 2.04$$

$$S_B = S_2 = 1.17$$

$$S_{AB} = S_3 + S_4 = 1.32$$

$$S_C = S_5 = 155.87$$

$$S_{AC} = S_6 + S_7 = 0.29$$

$$S_{BC} = S_8 + S_{11} = 0.18$$

$$S_9 = 0.10$$

$$S_{10} = 0.12$$

$$S_{12} = 0.07$$

$$S_{13} = 0.05$$

3）计算实验误差的平方和 S_E

$$S_E = S_T - S_A - S_B - S_C - S_{AB} - S_{AC} - S_{BC} = S_9 + S_{10} + S_{12} + S_{13} = 0.34$$

4）列出方差分析表（表11-14）

表11-14 方差分析表

离差来源	离差平方和	自由度	均 方	统计量	临界值	显著性
A	2.04	2	1.02	25.50		★★★
B	1.17	2	0.58	14.50	$F_{0.01}(2,8) = 8.65$	★★★
AB	1.32	4	0.33	8.25	$F_{0.05}(2,8) = 4.46$	★★★
C	155.87	2	77.93	1948.25	$F_{0.1}(2,8) = 3.28$	★★★
AC	0.29	4	0.07	1.75	$F_{0.01}(4,8) = 7.01$	
BC	0.18	4	0.05	1.25	$F_{0.05}(4,8) = 3.84$	
误 差	0.34	8	0.04		$F_{0.1}(4,8) = 2.81$	
总离差	161.21	26				

5）显著性检验。查 F 分布表：$F_{0.01}(2,8) = 8.65$；$F_{0.05}(2,8) = 4.46$；$F_{0.1}(2,8) = 3.28$；$F_{0.01}(4,8) = 7.01$；$F_{0.05}(4,8) = 3.84$；$F_{0.1}(4,8) = 2.81$。

因为 F_A、F_B、F_C 均大于 $F_{0.01}(2,8) = 8.65$；F_{AB} 大于 $F_{0.01}(4,8) = 7.01$；F_{AC} 和 F_{BC} 均小于 $F_{0.1}(4,8) = 2.81$，所以因素 A 反应温度、因素 B 反应压力、因素 C 溶液浓度以及因素 A 与因素 B 的交互作用对实验指标（产品产量）均有高度显著性影响，因素 A 与因素 C 的交互作用和因素 B 与因素 C 的交互作用对实验指标（产品产量）没有影响。

6）确定最优方案及因素的主次顺序。由表11-12 的计算结果可知，因素各水平的最佳搭配为 A1B1C3。

确定主次顺序。由于三水平正交实验设计的交互作用占两列，采用离差平方和进行排序，由表11-14 中的离差平方和的大小顺序可以确定其主次顺序（从大到小）为：C、A、AB、B。

11.6 实验报告的编写

在科学研究中，有时要写"实验报告"，有时要写"检测报告"。对某种事物的现象或规律的研究后，要写的报告一般属于"实验报告"；而对矿物进行成分分析，或对矿物的某个（些）性能进行测定后，要写的报告一般属于"检测报告"。此外，在生产实践中对产品的质量进行鉴别和评定，或在商品流通过程中对商品的质量进行鉴别和评定后，要写的报告一般也属于"检测报告"的范畴。因此，我们对这两种报告都应有所了解。

此外，实验报告是写给别人看的，必须详细、清楚，同时简明、扼要。

11.6.1　实验报告的基本格式

学生在实验课做完实验后要写的报告属于"学习实验报告"，简称"实验报告"。应当指出，传统观点认为学生做实验是验证所学的书本知识，加深对知识的理解和记忆，这种概念是片面的，或者说是不够准确的。对于工科专业，即使在大学所开的基础课的实验中，有的实验项目是验证型的，有的也是检测型的（随着实验教学改革的深入开展，基础课的实验也有设计型或综合型的）。对于各种专业实验则比较明显，大部分实验项目是检测型的，少部分是验证型的。因此，学生到实验室去是既做实验，又做检测。严格地说，这两种实验的报告内容和格式是不同的，做验证型实验后应写实验报告，做检测型的实验后应写检测报告。

编写实验报告是进行实践能力培养和训练的重要环节。通常做实验都是有目的的，因此在实验操作时要仔细观察实验现象，操作完成之后，要分析讨论出现的问题，整理归纳实验数据，要对实验进行总结，要把各种实验现象提高到理性认识，并做出结论。在实验报告中还应完成指定的思考题，提出改进本实验的意见或措施等。

11.6.1.1　实验报告的基本格式

一个完整的实验报告应当包括的主要内容如下。

（1）实验名称

实验名称应当明确地表示你所做实验的基本意图，要让阅读报告的人一目了然。

（2）实验目的与要求

1）实验目的

实验目的是对实验意图的进一步说明，即阐述该实验在科研或生产中的意义与作用。对于设计性实验，应指出该项实验的预期设计目标或预期的结果。

2）实验要求

这是实验教材根据实验教学需要，对学生提出的基本要求，可以不写。

（3）实验原理

实验原理是实验方法的理论根据或实验设计的指导思想。

实验原理包括两个部分：一是实验中涉及的化学反应，这是能够进行实验的基础，如果没有反应，实验就无法进行，也没有实验的必要；二是仪器对该反应的接受与指示的原理，这是实验的保证，仪器不能接受和指示出反应的信号，实验就无法进行，就得更换仪器的类型或型号。当然，这两部分原理在实验教材中已有介绍。

（4）实验器材

实验所需的主要仪器、设备、工具、试剂等，这是实验的基本条件。

（5）实验步骤

实验步骤表明操作顺序，一般包括试样制备、仪器准备、测试操作三大部分，要求用文字简要地说明。视具体情况也可以用简图、表格、反应式等表示，不必千篇一律。

（6）数据记录与处理

1）实验现象记录包括测试环境有无变化，仪器运转是否正常，试样在处理或测试中有无变化，实验中有无异常或特殊的现象发生等。

2）原始数据记录做实验时，应将测得的原始数据按有效数据的处理方法进行取舍，再按一定的格式整理出来，填写在自己预习时所设计的表格（或教材的表格）中。

3）结果计算，首先，应对测量数据做分析，按测试结果处理程序，先分析有无过失误差、系统误差和随机误差，并进行相应的处理。然后计算每个试样的测试结果，再计算该批试样的测试结果，做出误差估计等。

4）有的实验结果得用图形或表格的形式表示，在这种情况下，要在报告中列出图表。

（7）实验结果分析

一般，实验结果分析包括如下几项：

1）实验现象是否符合或偏离预定的设想，测量结果是否说明问题；

2）影响实验现象的发生或影响测试结果的因素；

3）改进测试方法或测试仪器的意见或建议。

（8）实验结论

实验报告中应当明确写出实验结论。测定物理量的实验，必须写出测量的数值。验证型的实验，必须写出实验结果与理论推断结果是否相符。研究型的实验，要明确指出所研究的几个量之间的关系。思考题是在实验完成的基础上进一步提出一些开发学生视野的问题，有时帮助你分析实验中出现的问题，所以写实验报告时不能忽视思考题。

1）简要叙述实验结果，点明实验结论。

2）列出测试结果，注明测试条件。

11.6.1.2 实验报告的改进格式

随着实验教学改革的推进，实验报告的格式也在进行改革，目前各学校的做法不一，未形成统一（固定）的格式。改革后的实验报告一般只要求写清楚以下主要内容。

（1）数据测量的过程；

（2）数据处理的过程；

（3）实验结果的分析讨论；

（4）实验过程中是否出现问题。如果出现问题，应写正确处理出现问题的经验和体会；

（5）实验的改进意见。

11.6.2 检测报告的内容与格式

检测报告有单项报告和综合（多项）报告两种。有的科学研究和产品（商品）质量鉴定只要单项测试就够了，因此所写的报告是单项检测报告；有的则要做多项测试才能说明问题，因此要写的报告是综合报告。

11.6.2.1 单项检测报告

在国家标准和国际标准中，有一类标准是测试方法标准。在这类标准中，对测试原理、测试方法、测试仪器、测试条件、试样要求与制备、测试步骤、数据处理方法等都有具体的规定，有的还对测试报告提出要求。通常，单项检测报告以表格的形式给出，格式不完全固定，可自行设计。在本书中，有的实验项目附有测试数据记录表或测试结果报告表，可供读者作设计参考。比较简单的测试报告单如下所示。

_____大学报告单

委托单位：　　　　　　　　　　　　　　　　　测试日期：　　年　月　日
送样日期：　　年　月　日　　　　　　　　　　报告日期：　　年　月　日

样品名称			样品数量	
品种或代号			测试项目	
测试 条件	应用标准的代号和名称			
	仪器名称、型号、规格			
	测试环境			
	其　他			
测试 结果				
备　注				

测试操作：　　　　　　复核：　　　　　　　　　　实验室主任
（签字）　　　　　　　（签字）　　　　　　　　　　（签字）

在填写这种简单报告单时，测试结果一栏有较大的灵活性，只要清楚表达实验结果就行。当用公式法计算测试结果时，应注明所用的计算公式；对于原始测试数据很多的测试项目，报告中可以作附件附上，也可以不附。对需要用作图法才能求出结果的测试项目，应将所作的图附上。

在现代测试设备中，许多设备用微机处理测试数据，在仪器输出的结果中，有的是原始数据；有的是部分原始数据和测试结果；有的是一条曲线、一张图或一张照片，没有原始测试数据；有的在仪器输出的曲线或图中打印有最终实验结果；有的仅有部分结果，需人工进行分析归纳才能得出最终结果。因此，在填写测试结果一栏时要按具体情况分别处理，并将仪器的输出结果作附件附在报告中。

报告单中的备注栏可填写有关说明。报告单填写完毕，有关人员要签字，实验室要盖章。对于重要的测试报告，实验室还要编号存档，以备查询。

11. 6. 2. 2　综合检测报告

在国家标准和国际标准中，另有一类标准是矿物或产品检测标准。在这类标准中，对矿物或产品的各种性能指标作了具体的规定，对各种性能的测试原理、测试方法、测试仪器、测试条件、试样要求与制备、测试步骤、数据处理方法等也有具体的规定，有的也对检测报告提出要求。为了简化，这种标准通常采用组合方法来制定，如果各单项性能测试标准已经制定，即规定引用。

因此，综合检测报告一般也以组合的形式给出。具体做法是：将每项性能的测试结果以单项测试报告单的形式给出，且作为附件；将以上介绍的单项测试报告表进行改造，将每项测试结果进行汇总，列于测试结果栏中；将备注栏改为结论栏，注明按什么标准进行检验，综合检测结果是否合格等。

综合检测报告的内容较多，一般都装订成册，因此需要设计印制一个合适的封面。

11.6.3 设计型实验报告的基本要求

设计型实验、综合型实验、综合设计型实验具有研究的性质，因此要求学生以科技小论文的格式写出实验报告，尽量完整、准确、简明扼要地用文字表达出自己的思想和观点，在写实验报告中培养概括科学实验的能力。一般包括以下部分。

预习要求：主要包括了解实验目的、实验原理，掌握实验器材，写出实验步骤及注意事项，精心设计并画好原始数据记录表格。

实验目的：要说明为什么要进行该项实验，拟解决什么问题，具有什么意义等。

实验内容：写出应进行的实验项目。

实验原理：写出主要原理或公式，画出原理图等。要使用科学技术术语，叙述应正确、简洁、完整。

实验仪器和设备：列出实验中所要使用的主要设备、仪器，对所用器材、仪器、元件应介绍完全，包括名称、型号、规格、数量等。

实验注意事项：应明确写明在每个实验过程中学生应该注意的问题，包括实验现象、实验仪器的使用、实验数据的采集等。

实验步骤：应清晰准确地写出实验步骤流程，包括实验操作的方法和步骤、操作注意事项等内容。此外还包括实验数据的测量和选取方法，观察到的现象及注意事项等。

实验报告要求：应写明实验报告中需分析的问题，包括结果处理方法、观察到的现象以及对它们的解释、误差处理及产生误差的原因。

参 考 文 献

[1] 高里存. 无机非金属材料实验技术[M]. 北京：冶金工业出版社，2008.

[2] 徐岩. 新编选矿知识问答[M]. 北京：化学工业出版社，2008.

[3] 丘继存. 选矿学[M]. 北京：冶金工业出版社，1987.

[4] 许时. 矿石可选性研究[M]. 北京：冶金工业出版社，1981.

[5] 潘春旭. 材料物理与化学实验教程[M]. 长沙：中南大学出版社，2008.

[6] 周乐光. 工艺矿物学[M]. 北京：冶金工业出版社，2002.

[7] 李启衡. 碎矿与磨矿[M]. 北京：冶金工业出版社，2004.

[8] 郑水林. 超细粉碎[M]. 北京：中国建材工业出版社，1999.

[9] 马少健，陈建新. 球磨机适宜磨矿介质配比的研究[J]. 金属矿山，2000，(11)：27～31.

[10] 卢寿慈. 粉体加工技术[M]. 北京：中国轻工业出版社，1999.

[11] 盖国胜. 超细粉碎分级技术[M]. 北京：中国轻工业出版社，2000.

[12] 郑水林. 粉体表面改性[M]. 北京：中国建材工业出版社，1995.

[13] 伍洪标. 无机非金属材料实验[M]. 北京：化学工业出版社，2002.

[14] 葛山等. 无机非金属材料实验教程[M]. 北京：冶金工业出版社，2008.

[15] 陈运本. 无机非金属材料综合实验[M]. 北京：化学工业出版社，2007.

[16] 黄新友. 无机非金属材料专业综合实验与课程实验[M]. 北京：化学工业出版社，2008.

[17] 常铁军，祁欣. 材料近代分析测试方法[M]. 哈尔滨：哈尔滨工业大学出版社，1999.

[18] 范雄. X射线金属学[M]. 北京：机械工业出版社，1988.

[19] 穆华荣，陈志超. 仪器分析实验[M]. 北京：化学工业出版社，2004.

[20] 朱良漪. 分析仪器手册[M]. 北京：化学工业出版社，1997.

[21] 石巍. 无公害蜂产品生产技术[M]. 北京：金盾出版社，2004.

[22] 邓希贤，等. 高等物理化学实验[M]. 北京：北京师范大学出版社，1999.

[23] 陆家和，等. 表面分析技术[M]. 北京：电子工业出版社，1987.

[24] 潘家来. 光电子能谱在有机化学上的应用[M]. 北京：化学工业出版社，1987.

[25] 郑俊华. 生药学实验指导[M]. 北京：北京医科大学、中国协和医科大学联合出版社，2001.

[26] 潘清林. 金属材料科学与工程实验教程[M]. 长沙：中南大学出版社，2006.

[27] 郭素枝. 电子显微镜技术与应用[M]. 厦门大学出版社，2008.

[28] 张庆军. 材料现代分析测试实验[M]. 北京：化学工业出版社，2006.

[29] 周秀银. 误差理论与实验数据处理[M]. 北京：北京航空学院出版社，1986.

[30] 孙炳耀. 数据处理与误差分析基础[M]. 开封：河南大学出版社，1990.

[31] 肖明耀. 实验误差估计与数据处理[M]. 北京：科学出版社，1980.

[32] 孟尔熹，等. 实验误差与数据处理[M]. 北京：科学出版社，1980.

[33] 浙江大学普通化学教研组编. 普通化学实验[M]. 第3版. 北京：高等教育出版社，1996.

[34] 欧阳国恩，欧阳荣. 复合材料试验技术[M]. 武汉：武汉工业大学出版社，1993.

[35] 刘爱珍. 现代商品学基础与应用[M]. 北京：立信会计出版社，1998.

[36] 浙江大学数学系高等数学教研组. 概率论与数理统计[M]. 北京：人民教育出版社，1979.

[37] 伍洪标. 无机非金属材料实验[M]. 北京：化学工业出版社，2002.

[38] 陈云本，陆洪彬. 无机非金属材料综合实验[M]. 北京：化学工业出版社，2002.

[39] 葛山，尹玉成. 无机非金属材料实验教程[M]. 北京：冶金工业出版社，2008.

[40] 赵家凤. 大学物理实验[M]. 北京：科学出版社，2000.

[41] 费业泰. 误差理论与数据处理[M]. 第4版. 北京：机械工业出版社，2000.

[42] 刘文卿. 实验设计[M]. 北京：清华大学出版社，2005.

[43] 李云雁，胡传荣. 试验设计与数据处理[M]. 北京：化学工业出版社，2005.

冶金工业出版社部分图书推荐

书　名	作　者	定价(元)
现代选矿技术手册	张泾生　黄　丹	65.00
矿用药剂	张泾生　阙煊兰	249.00
选矿厂辅助设备与设施	周晓四　主编　陈　斌　副主编	22.00
矿浆电解原理	杨显万　等著	36.00
铁矿选矿新技术与新设备	印万忠　丁亚卓	28.00
钼矿选矿	马　晶　张文钲　李枢本	28.00
尾矿的综合利用与尾矿库的管理	印万忠　李丽匣	28.00
泡沫浮选	龚明光	30.00
选矿原理与工艺	于春梅　闻红军　主编	28.00
浮游选矿技术	王　资	36.00
磁电选矿技术	陈　斌	29.00
重力选矿技术	周晓四	40.00
磁电选矿	王常任	35.00
碎矿与磨矿技术	杨家文	35.00
振动粉碎理论及设备	张世礼	25.00
选矿厂工艺设备安装与维修	孙长泉　孙成林　等	62.00
选矿知识问答	杨顺梁　等	22.00
选矿厂设计	冯守本	36.00
选矿设计手册	编委会	199.00
选矿试验研究与产业化	朱俊士	138.00
生物技术在矿物加工中的应用	魏德洲	22.00
矿山工程设备技术	王荣祥	79.00
中国冶金百科全书·选矿	编委会	140.00
金属矿山尾矿综合利用与资源化	张锦瑞　等	16.00
中国冶金矿山可持续发展战略研究	焦玉书　等	45.00
矿石及有色金属分析手册	北京矿冶研究总院	47.80
硫化铜矿的生物冶金	李宏煦	56.00
含砷难处理金矿石的生物氧化工艺及应用	杨松荣	20.00
硫化锌精矿加压酸浸技术及产业化	王吉坤	25.00
铁矿石取制样及物理检验	应海松　李斐真	59.00
原地浸出采铀井场工艺	王海峰　等	25.80
金属及矿产品深加工	戴永年	68.00
有色金属矿石及其选冶产品分析	林大泽　张永德　吴　敏	22.00
非金属矿深加工	孙宝岐　等	38.00
非金属矿加工技术与应用手册	郑水林	119.00
矿产经济学	刘保顺　李克庆　袁怀雨　编著	25.00
工艺矿物学	周乐光	39.00